传感器与检测技术

主编　齐晓华　魏冠义　戴明宏

西南交通大学出版社
·成　都·

图书在版编目（CIP）数据

传感器与检测技术 / 齐晓华，魏冠义，戴明宏主编.
—成都：西南交通大学出版社，2018.1（2019.1 重印）
ISBN 978-7-5643-6010-8

Ⅰ. ①传… Ⅱ. ①齐… ②魏… ③戴… Ⅲ. ①传感器
– 检测 – 高等职业教育 – 教材 Ⅳ. ①TP212

中国版本图书馆 CIP 数据核字（2018）第 003214 号

传感器与检测技术

主编	齐晓华　魏冠义　戴明宏
责任编辑	王　旻　孟苏成
封面设计	何东琳设计工作室
出版发行	西南交通大学出版社
	（四川省成都市金牛区二环路北一段 111 号
	西南交通大学创新大厦 21 楼）
邮政编码	610031
发行部电话	028-87600564　028-87600533
官网	http://www.xnjdcbs.com
印刷	成都中永印务有限责任公司
成品尺寸	185 mm×260 mm
印张	16.5
字数	430 千
版次	2018 年 1 月第 1 版
印次	2019 年 1 月第 2 次
定价	39.00 元
书号	ISBN 978-7-5643-6010-8

前　言

本书根据教育部关于进一步加强高职高专教育教学质量的通知精神，紧跟行业发展步伐，在与生产实践紧密联系的基础上编写。在本书编写过程中，力图体现现代教育所要求的先进性、科学性和教育教学适用性，避开过深的理论分析和公式推导，崇尚课程内容的简洁、生动，突出传感器在生产生活中的应用。本书重点体现教材的趣味性及学生自主学习的条理性，图文并茂，并引入较多的应用实例，各模块均设置了有趣的课前导读，以增强学生的阅读兴趣。

本书着重介绍工业、科研、生活中常用传感器的工作原理、结构类型、测量转换电路及传感器的典型应用。全书共 13 个模块，包括传感检测技术基础知识、电阻传感器、电容传感器、电感传感器、电涡流传感器、热电偶传感器、压电传感器、光电传感器、霍尔传感器、超声波传感器、数字式位置传感器、其他传感器、现代检测技术及综合应用等内容。本书理论知识比较全面，在内容设置上符合高职教育的理论够用但不繁多的原则，传感器的应用实例贴近实际，可提高学生的学习兴趣。本书可作为高等职业教育机电类、电气类及相近专业的教材，也可作为生产管理人员及其他工程技术人员的参考用书，比较适合安排 48~54 学时的传感检测技术类课程选用。

本书由郑州铁路职业技术学院的齐晓华、魏冠义、戴明宏任主编，齐晓华负责全书的统稿。其中模块一由李春亚编写；模块二、模块十由齐晓华编写；模块三、模块四及模块五的单元一由张君霞编写；模块五的单元二、三、四由杨辰飞编写；模块六、模块七及模块九由刘海娥编写；模块八由戴明宏编写；绪论及模块十一由张勇编写；模块十二、模块十三及附录一、二由魏冠义编写。本书在编写过程中，得到了许多专家和同行的大力支持，也参阅了许多国内外公开出版的著作及文献，在此一并表示感谢。由于传感检测技术发展迅速，应用领域日益广泛，作者水平所限，本书难免存在疏漏或不妥之处，敬请广大读者批评指正。

编　者

2018 年 1 月

目　录

绪　论 ⋯⋯⋯⋯⋯⋯⋯⋯⋯⋯⋯⋯⋯⋯⋯⋯⋯⋯⋯⋯⋯⋯⋯⋯⋯⋯⋯⋯⋯⋯⋯⋯⋯ 001

模块一　传感检测技术基础知识 ⋯⋯⋯⋯⋯⋯⋯⋯⋯⋯⋯⋯⋯⋯⋯⋯⋯⋯⋯⋯ 007
  课前导读 ⋯⋯⋯⋯⋯⋯⋯⋯⋯⋯⋯⋯⋯⋯⋯⋯⋯⋯⋯⋯⋯⋯⋯⋯⋯⋯⋯⋯ 007
  单元一　检测技术概述 ⋯⋯⋯⋯⋯⋯⋯⋯⋯⋯⋯⋯⋯⋯⋯⋯⋯⋯⋯⋯⋯⋯ 007
  单元二　传感器基础知识 ⋯⋯⋯⋯⋯⋯⋯⋯⋯⋯⋯⋯⋯⋯⋯⋯⋯⋯⋯⋯⋯ 011
  课后思考与练习 ⋯⋯⋯⋯⋯⋯⋯⋯⋯⋯⋯⋯⋯⋯⋯⋯⋯⋯⋯⋯⋯⋯⋯⋯⋯ 017

模块二　电阻传感器 ⋯⋯⋯⋯⋯⋯⋯⋯⋯⋯⋯⋯⋯⋯⋯⋯⋯⋯⋯⋯⋯⋯⋯⋯⋯ 019
  课前导读 ⋯⋯⋯⋯⋯⋯⋯⋯⋯⋯⋯⋯⋯⋯⋯⋯⋯⋯⋯⋯⋯⋯⋯⋯⋯⋯⋯⋯ 019
  单元一　电位器式传感器 ⋯⋯⋯⋯⋯⋯⋯⋯⋯⋯⋯⋯⋯⋯⋯⋯⋯⋯⋯⋯⋯ 019
  单元二　电阻应变式传感器 ⋯⋯⋯⋯⋯⋯⋯⋯⋯⋯⋯⋯⋯⋯⋯⋯⋯⋯⋯⋯ 024
  单元三　测温热电阻传感器 ⋯⋯⋯⋯⋯⋯⋯⋯⋯⋯⋯⋯⋯⋯⋯⋯⋯⋯⋯⋯ 038
  单元四　气敏传感器及湿敏传感器 ⋯⋯⋯⋯⋯⋯⋯⋯⋯⋯⋯⋯⋯⋯⋯⋯ 043
  课后思考与练习 ⋯⋯⋯⋯⋯⋯⋯⋯⋯⋯⋯⋯⋯⋯⋯⋯⋯⋯⋯⋯⋯⋯⋯⋯⋯ 048

模块三　电容传感器 ⋯⋯⋯⋯⋯⋯⋯⋯⋯⋯⋯⋯⋯⋯⋯⋯⋯⋯⋯⋯⋯⋯⋯⋯⋯ 050
  课前导读 ⋯⋯⋯⋯⋯⋯⋯⋯⋯⋯⋯⋯⋯⋯⋯⋯⋯⋯⋯⋯⋯⋯⋯⋯⋯⋯⋯⋯ 050
  单元一　电容传感器的工作原理及类型 ⋯⋯⋯⋯⋯⋯⋯⋯⋯⋯⋯⋯⋯ 050
  单元二　电容传感器的测量转换电路 ⋯⋯⋯⋯⋯⋯⋯⋯⋯⋯⋯⋯⋯⋯ 055
  单元三　电容传感器的应用 ⋯⋯⋯⋯⋯⋯⋯⋯⋯⋯⋯⋯⋯⋯⋯⋯⋯⋯⋯ 060
  课后思考与练习 ⋯⋯⋯⋯⋯⋯⋯⋯⋯⋯⋯⋯⋯⋯⋯⋯⋯⋯⋯⋯⋯⋯⋯⋯⋯ 066

模块四　电感传感器 ⋯⋯⋯⋯⋯⋯⋯⋯⋯⋯⋯⋯⋯⋯⋯⋯⋯⋯⋯⋯⋯⋯⋯⋯⋯ 070
  课前导读 ⋯⋯⋯⋯⋯⋯⋯⋯⋯⋯⋯⋯⋯⋯⋯⋯⋯⋯⋯⋯⋯⋯⋯⋯⋯⋯⋯⋯ 070
  单元一　自感式电感传感器 ⋯⋯⋯⋯⋯⋯⋯⋯⋯⋯⋯⋯⋯⋯⋯⋯⋯⋯⋯ 071
  单元二　差动变压器式传感器 ⋯⋯⋯⋯⋯⋯⋯⋯⋯⋯⋯⋯⋯⋯⋯⋯⋯⋯ 076
  单元三　电感传感器的应用 ⋯⋯⋯⋯⋯⋯⋯⋯⋯⋯⋯⋯⋯⋯⋯⋯⋯⋯⋯ 081
  课后思考与练习 ⋯⋯⋯⋯⋯⋯⋯⋯⋯⋯⋯⋯⋯⋯⋯⋯⋯⋯⋯⋯⋯⋯⋯⋯⋯ 085

模块五　电涡流传感器 ⋯⋯⋯⋯⋯⋯⋯⋯⋯⋯⋯⋯⋯⋯⋯⋯⋯⋯⋯⋯⋯⋯⋯⋯ 086
  课前导读 ⋯⋯⋯⋯⋯⋯⋯⋯⋯⋯⋯⋯⋯⋯⋯⋯⋯⋯⋯⋯⋯⋯⋯⋯⋯⋯⋯⋯ 086
  单元一　电涡流传感器的工作原理及结构特性 ⋯⋯⋯⋯⋯⋯⋯⋯⋯ 086

单元二　电涡流传感器的测量转换电路 ……………………………………091
单元三　电涡流传感器的应用 ……………………………………………092
单元四　接近开关简介 ……………………………………………………095
课后思考与练习 ……………………………………………………………098

模块六　热电偶传感器 ……………………………………………………100
课前导读 ……………………………………………………………………100
单元一　热电偶传感器的工作原理 ………………………………………100
单元二　热电偶的材料、类型及结构 ……………………………………103
单元三　热电偶的冷端延长及冷端温度补偿 ……………………………107
单元四　热电偶传感器的应用 ……………………………………………110
课后思考与练习 ……………………………………………………………113

模块七　压电传感器 ………………………………………………………116
课前导读 ……………………………………………………………………116
单元一　压电传感器的工作原理及结构 …………………………………116
单元二　压电传感器的测量转换电路 ……………………………………119
单元三　压电传感器的应用 ………………………………………………121
课后思考与练习 ……………………………………………………………126

模块八　光电传感器 ………………………………………………………128
课前导读 ……………………………………………………………………128
单元一　光电效应及光电元件 ……………………………………………128
单元二　光电元件的基本应用电路 ………………………………………140
单元三　光电传感器的应用 ………………………………………………143
单元四　光导纤维传感器 …………………………………………………150
课后思考与练习 ……………………………………………………………159

模块九　霍尔传感器 ………………………………………………………162
课前导读 ……………………………………………………………………162
单元一　霍尔元件的工作原理及特性 ……………………………………162
单元二　霍尔集成电路 ……………………………………………………165
单元三　霍尔传感器的应用 ………………………………………………167
课后思考与练习 ……………………………………………………………172

模块十　超声波传感器 ……………………………………………………174
课前导读 ……………………………………………………………………174
单元一　超声波特性简介 …………………………………………………174
单元二　超声波换能器及耦合技术 ………………………………………177
单元三　超声波传感器的应用 ……………………………………………181
单元四　超声波无损探伤 …………………………………………………187
课后思考与练习 ……………………………………………………………192

模块十一　数字式位置传感器 ··· 194
    课前导读 ·· 194
    单元一　角编码器 ·· 194
    单元二　光栅传感器 ·· 201
    单元三　磁栅传感器概述 ·· 208
    单元四　容栅传感器概述 ·· 210
    课后思考与练习 ·· 212

模块十二　其他传感器 ··· 215
    课前导读 ·· 215
    单元一　红外传感器 ·· 215
    单元二　激光传感器 ·· 223
    课后思考与练习 ·· 233

模块十三　现代检测技术及综合应用 ·· 234
    课前导读 ·· 234
    单元一　现代检测技术概述 ·· 234
    单元二　传感器在机器人中的应用 ··· 237
    单元三　传感器在现代汽车中的应用 ·· 241
    单元四　传感器在数控机床中的应用 ·· 246
    课后思考与练习 ·· 252

附录一　工业热电阻分度表 ·· 253

附录二　镍铬-镍硅（镍铝）K 型热电偶分度表（冷端温度为 0 ℃） ············· 254

参考文献 ·· 255

绪　论

在现代信息社会的一切活动领域中，无论日常生活、工业生产还是科学实验，处处都离不开传感器与检测技术。检测（Detection）是利用各种物理、化学效应，选择合适的方法与装置，将生活、生产、科研等各方面的有关信息通过检查与测量的方法赋予定性或定量结果的过程。

一、传感器技术

传感检测技术涵盖了多种技术，关键的是传感器技术和检测技术。随着新技术革命的到来，世界开始进入了信息时代。传感器是构成现代信息技术的三大支柱之一，人们在利用信息的过程中，首先要获取信息，而传感器是获取信息的主要手段和途径。现代信息技术的三大支柱，传感器技术负责信息采集相当于人的"感官"，通信技术负责信息传输，相当于人的"神经"，而计算机技术负责信息处理，相当于人的"大脑"。

目前传感器涉及的领域包括现代大工业生产、基础科学研究、宇宙开发、海洋探测、军事国防、环境保护、资源调查、医学诊断、智能建筑、汽车、家用电器、生物工程、商检质检、公共安全甚至文物保护等极其广泛的领域。

现代大工业生产质量涉及质量监控、自动检测、过程控制的四大参量（流量、压力、温度、液位），基础科学研究涉及超高温、超高压、超低温、超高真空、超强磁场检测，航空航天领域研究涉及宇宙飞船的飞行速度、加速度、位置、姿态、温度、气压、磁场、振动测量等。"阿波罗 10"飞船对 3 295 个参数进行检测，其中涉及温度传感器 559 个、压力传感器 140 个、信号传感器 501 个、遥控传感器 142 个，可以说整个宇宙飞船就是多种高性能传感器的集合体。

智能建筑包括三大基本要素（3A）包含楼宇自动化系统 BAS（Building Automating System）、通信自动化系统 CAS（Communication Automating System）及办公自动化系统 OAS（Office Automating System）。其中楼宇自动化系统是智能建筑的重要组成部分，计算机通过中继器、路由器、网络、显示、网关控制管理各种机电设备；智能建筑还包括空调制冷、给水排水、变配电系统、照明系统、电梯等，实现以上功能的传感器涉及温度、湿度、液位、流量、压差、空气压力等检测。在安全防护方面包括防盗、防火、防燃气泄露、CCD 监视器、烟雾传感器、气体传感器、红外传感器、玻璃破碎传感器、门禁管理系统、感应式 IC 卡识别、指纹识别等，还有水、电、气、热量通过传感器实现远程抄收与管理系统。

现代家用电器大家都非常熟悉，包含的传感器有电视机、空调、风扇的红外遥控器，傻瓜照相机、数码相机中的自动曝光装置，电饭煲、电冰箱使用的温度传感器，抽油烟机上的气敏传感器，全自动洗衣机中水位、浊度传感器等。

随着传感器技术的发展，未来世界还会有智能房屋（自动识别主人，太阳能提供能源）、智能衣服（自动调节温度）、智能公路（自动显示、记录公路的压力、温度、车流量）、智能汽车（无人驾驶、卫星定位）等。

二、检测技术

检测技术是现代化领域中很有发展前途的技术，它在国民经济中起着极其重要的作用。

（一）检测技术是保证产品质量检验和质量控制顺利进行的有效手段

对工业产品进行质量评价，首先要借助于多种适合不同产品质量检测特性的检测工具来进行定量衡量，然后再根据相关质量监测标准对产品品质进行定性评价。

传统的检测技术是在产品加工之后，主要用以定量判断产品合格与否。但随着检测技术的发展，现代检测技术可以进行在线系统检测，即检测和生产加工同时进行。通过检测可以及时掌握生产加工过程中生产条件的变化对产品品质的影响，并对产生这种影响的因素进行实时分析控制，从而达到提高产品质量，改善、改进制造工艺的目的，从根本上保证了产品质量检验和质量控制的有效进行。

（二）检测技术是现代企业实施生产过程动态管理的重要保障

为满足大型设备负载安全以及经济运行的需要，在生产的重要环节关键部位，安装传感器等检测分析装置，对运行中的设备状况、生产工艺流程实施动态检测，从而达到对生产过程动态管理的目的。

例如电力、石油、化工、机械等行业的一些大型设备，通常都在高温、高压、高速和大功率状态下运行，保证这些关键设备的正常运行具有十分重要的意义。为此，通常设置故障检测系统对温度、压力、流量、转速、振动和噪声等多种参数进行长期动态检测，以便及时发现异常情况，加强故障预防，达到早期诊断的目的。这样做可以避免严重的突发事故，保证设备和人员的安全，提高经济效益。

随着计算机网络技术的发展，这类检测系统已经发展成故障自诊断系统。采用计算机网络来对检测到的信息进行实时分析、判断，针对可能的故障开展早期诊断，并给以及时的自动报警或自动采取相应的对策措施来消除产生故障的因素，保证生产过程顺利进行。

（三）检测技术是自动化控制系统中不可缺少的重要技术之一

任何生产过程都可以看作是由物流和信息流组合而成的反映物流的数量、状态和趋向的信息流，是管理和控制物流的依据。为了有目的地对生产过程进行控制，首先必须通过检测手段获取物流在生产过程中的有关信息，然后对检测到的信息进行分析判断和利用，继而实现生产过程的自动控制。因此，自动检测技术是自动化系统中实现物流向信息流转换的不可缺少的重要技术基础。

（四）检测技术是一门内容丰富、技术手段多样的现代综合技术

工业检测涉及的内容见表 0-1。从表中可以看出，为了达到对各种量的有效测量，需要研制各种传感器与检测设备，这不仅涉及物理、化学、数学等基础理论研究与应用，而且在对这些测量结果进行有效分析、判断、处理等过程中，更涵盖了机械、电子、信息、自动控制等技术领域的理论更新与应用技术的推广、普及与提高。

（五）检测技术的发展和完善推动着现代科学技术的进步

科学研究工作，一般是利用已知的规律对实验的结果进行概括、推理，从而对新研究的对象取得定量的概念，并发现它的规律性，然后上升到理论。因此，现代检测手段所能达到的水平在很大程度上决定了科学研究的深度和广度。检测技术达到的水平越高，提供的信息越丰富、

越可靠，科学研究取得突破性进展的可能性就越大。

表 0-1　工业检测涉及的内容

被测量类型	被测量	被测量类型	被测量
热工量	温度、热量、比热容、热流、热分布、压力（压强）、压差、真空度、流量、流速、物位、液位、界面	物体的性质和成分量	气体、液体、固体的化学成分、浓度、黏度、湿度、密度、酸碱度、浊度、透明度、颜色
机械量	直线位移、角位移、速度、加速度、转速、应力、应变、力矩、振动、噪声、质量（重量）	状态量	工作机械的运动状态（启停等）、生产设备的异常状态（超温、过载、泄漏、变形、磨损、堵塞、断裂等）
几何量	长度、厚度、角度、直径、间距、形状、平行度、同轴度、粗糙度、硬度、材料缺陷	电工量	电压、电流、功率、电阻、阻抗、频率、脉宽、相位、波形、频谱、磁场强度、电场强度、材料的磁性能

现代化生产和科学技术的发展也不断地对检测技术提出新的要求和课题，成为促进检测技术向前发展的动力。科学技术的新发现和新成果不断应用于检测技术中，也有力促进了检测技术自身的现代化。

总之，检测技术与现代化生产和科学技术的密切关系，使它成为一门十分活跃的技术学科，几乎渗透到人类的一切活动领域，并对社会劳动生产率的提高和科技进步起着越来越重要的作用。

三、传感检测系统的基本组成

一个完整的检测系统通常由传感器、信号处理电路、数据处理装置、执行机构和显示器等几部分组成，分别完成信息获取、转换、处理和显示等功能，当然还包括电源和传输通道等不可缺少的部分。图 0-1 为人体信息测控工程原理框图，图 0-2 为传感检测系统基本组成框图，传感器工作原理类似人的感官。

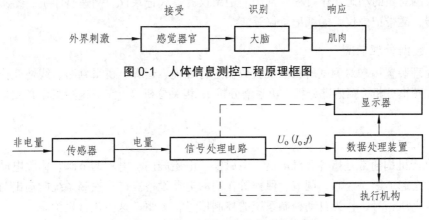

图 0-1　人体信息测控工程原理框图

图 0-2　传感检测系统基本组成框图

（一）系统框图

系统框图是将系统中的主要功能或电路的名称画在方框内，按信号的流程，将几个方框用箭头联系起来，有时还可以在箭头上方标出信号的名称。在产品说明书、科技论文中，利用框图可以较简明、清晰地说明系统的构成及工作原理。

对具体的检测系统或传感器而言，必须将框图中的各项内容赋以具体的内容。

（二）传感器（Transducer）

广义来讲，传感器是一种能把特定的信息（物理、化学、生物）按一定规律转换成某种可用信号输出的器件和装置。狭义来讲，传感器是能把外界非电信息转换成电信号输出的器件。

我国国家标准（GB/T 7665—2005）对传感器（Sensor/Transducer）的定义是"能够感受规定的被测量并按照一定规律转换成可用输出信号的器件和装置"。

传感器的含义：它是由敏感元件和转换元件构成的一种检测装置，能按一定规律将被测量转换成电信号输出，传感器的输出与输入之间存在确定的关系。

（三）信号处理电路

信号调理电路包括放大（或衰减）电路、滤波电路、隔离电路等。其中放大电路的作用是把传感器输出的电量变成具有一定驱动和传输能力的电压、电流或频率信号等，以推动后级的显示器、数据处理装置及执行机构工作。

（四）显示器

目前常用的显示器有 4 类：模拟显示、数字显示、图像显示及记录仪等。模拟量是指连续变化量，模拟显示是利用指针对标尺的相对位置来表示读数的，常见的有毫伏表、微安表、模拟光柱等。

数字显示目前多采用发光二极管（LED）和液晶屏（LCD）等，以数字的形式来显示读数。前者亮度高、耐震动，可适应较宽的温度范围；后者耗电省、集成度高。目前还研制出了带背光板的 LCD，便于在夜间观看 LCD 的内容。图像显示是用 CRT 或点阵 LCD 来显示读数或通过被测参数的变化曲线、图表或彩色图等形式来反映整个生产线上的多组数据。记录仪主要用来记录被检测对象的动态变化过程，常用的记录仪有笔式记录仪、高速打印机、绘图仪、数字存储示波器、磁带记录仪、无纸记录仪等。

（五）数据处理装置

数据处理装置用来对测试所得的实验数据进行处理、运算、逻辑判断、线性变换，对动态测试结果作频谱分析（幅值谱分析、功率谱分析）、相关分析等，完成这些工作必须采用计算机技术。

（六）执行机构

所谓执行机构通常是指各种继电器、电磁铁、电磁阀门、电磁调节阀、伺服电动机等，它们在电路中是起通断、控制、调节、保护等作用的电器设备。许多检测系统能输出与被测量有关的电流或电压信号，作为自动控制系统的控制信号，去驱动这些执行机构。

四、传感检测技术的发展趋势

21 世纪人类全面进入信息电子化的时代，随着人类探知领域和空间的拓展，使得人们需要获得的电子信息知识日益增加，这要求加快信息传递的速度和增强信息处理的能力，因而要求与此相对应的信息技术中的三大核心技术——传感器技术、通信技术和计算机技术必须跟上人类信息化飞速发展的需要。传感器领域的主要技术将在现有基础上予以延伸和提高，并加速新一代传感器的开发和产业化。

微电子机械系统技术（MEMS）的出现是传统机械加工技术的巨大变革，具有划时代的意义。微电子机械系统技术已成为 21 世纪传感器领域中带有革命性变化的高新技术。采用 MEMS 制作的微传感器与微系统，具有微小体积、低成本、高可靠性等独特的优点，预计由微传感器、微执行器以及信号和数据处理装置集成的微系统将很快进入商业市场。

新型敏感材料将加速开发，纳米材料与技术的发展，微电子、光电子、生物化学、信息处理等各学科、各种新技术的相互渗透和综合利用，有望研制出一批新颖、先进的传感器，如新一代光纤传感器、生物传感器、诊断传感器、超导传感器、焦平面阵列红外探测器、智能传感器以及模糊传感器等。敏感技术发展的总趋势是小型化、集成化、多功能化、智能化和系统化。

传感器将从具有单纯判断功能发展到具有学习功能，最终发展到具有创造能力。其表现如下：

（一）传感器的多功能化

传感器的多功能化经历了以下几个阶段：最初是孤立的传感器件，只能检测单一的量；后来把多个不同功能的传感器集成在一起，可以检测多种量；目前传感器的多功能化进展处于把电子线路与传感器集成在一起，能够实现信号处理，加上机械结构使之具有执行功能，甚至把能源也集成在一起，实现有源、智能、多功能传感器系统的阶段。

（二）向模糊识别方向发展

从传感器的模式看，微观信息由人工智能完成，感觉信息由神经元完成，宏观信息由模糊识别完成。以往传感器的局限性在于它只见树木不见森林，只见微观不见宏观，未来的神经元加模糊识别传感器将既见树木又见森林。

（三）传感器由经典型向量子型转化

以往的传感器由于尺寸大，可以用经典物理很好地描述。随着传感器尺寸的微小型化，量子效应将越来越起支配作用。从波动理论来看，当尺寸大的时候是光波发挥作用，在量子效应起支配作用的范围内，电子波将发挥作用。在将来，把两种波统一在一起的统一波（Union wave）将用来揭示传感器的工作规律。

（四）由数字传感器向模拟传感器发展

目前，传感器是以数字方式工作的。数字方式的含义并不是说检测量与输出量是数字编码形式，而是指它的检测方式是检测时间轴上的一点（瞬间），空间轴上的一点（零维），是单一检测量。未来的传感器将在时间上实现广延，空间上实现扩张（三维），检测量实现多元，检测方式实现模糊识别。从这个意义上讲，传感器的识别方式将由数字方式向模拟方式发展。

五、本课程的任务和学习方法

本书的学习任务是：理解传感检测技术的基本知识，在阐明传感器测量原理的基础上，逐一了解各种传感器如何将非电量转换为电量，掌握相应的测量转换、信号处理电路和应用。结合实际应用介绍传感器在各类检测系统中的应用，培养学生使用各类传感器的技巧和能力，使学生掌握常用传感器的工程测量方法和实验研究方法，了解传感器技术的发展动向。通过本课程的学习，读者能够获得正确分析使用常用传感器的基本知识、基本理论及基本技能，初步具备对简单检测系统的传感元件选型和调试能力，为学习相关专业课程及参与技术改造奠定必要的基础。

本书涉及的学科面广，需要有较广泛的专业知识和适当的理论知识。学好这门课程的关键在于理论联系实际，要举一反三，富于联想，善于借鉴，关心和观察周围的各种机械、电气、仪表等设备，重视实践，活学活用。本课程涉及的传感器种类比较全面，知识点多、信息量大，图文并茂，引入了较多的应用实例，在章节安排上采用比较生动的语言来衔接，按模块与单元进行设置，每个模块设置了比较有趣的课前导读，增强学生自主学习的兴趣。本书在理论知识上确保够用但不烦琐，给读者展现出专业课程的简洁、生动、易懂，尽量达到"专业趋向平民化"的效果，课后思考与练习实用性强，能够让学生活学活用传感器知识。

传感检测技术的应用涉及各行各业，技术发展日新月异，因此读者在学习过程中，除了学习各模块的知识外，还要掌握上网查阅资料的技巧，通过搜集网络有关资料练习撰写学术小论文和调研报告，这种学习方法有利于读者掌握最新的技术发展和学科动态。

模块一 传感检测技术基础知识

典型应用

传感检测技术是新技术革命和信息社会的重要技术基础，是现代科技的开路先锋，也是当代科学技术发展的一个重要标志，它与通信技术、计算机技术构成信息产业的三大支柱。如果说计算机是人类大脑的扩展，那么传感器就是人类五官的延伸，当集成电路、计算机技术飞速发展时，人们才逐步认识信息摄取装置——传感器。传感器没有跟上信息技术的发展而被比喻成"大脑发达、五官不灵"。从 20 世纪 80 年代起，逐步在世界范围内掀起了一股"传感器热"。

单元一 检测技术概述

所谓检测就是人们借助于仪器、设备，利用各种物理效应，采用一定的方法，将客观世界的有关信息通过检查与测量获取定性或定量信息的认识过程。这些仪器和设备的核心部件就是传感器，传感器是感知被测量（多为非电量），并把它转化为电量的一种器件或装置。检测包含检查与测量两个方面，检查往往是获取定性信息，而测量则是获取定量信息。

一、测量的基本概念及方法

测量（Measurement）就是借助专门的仪器设备，采用一定方法取得某一客观事物定量数据资料的认识过程。

对于测量方法，从不同的角度出发，有不同的分类方法。

（一）静态测量和动态测量

根据被测量是否随时间变化，可分为静态测量和动态测量。例如用激光测距仪测量两栋大楼间的距离，用电子秤称量重物就属于静态测量；而用光导纤维陀螺仪测量火箭的飞行速度，用压电式振动传感器监测设备的振动状态就属于动态测量。

（二）直接测量和间接测量

根据测量的手段不同，可分为直接测量和间接测量。用标定的仪表直接读取被测量的测量结果，该方法称为直接测量。例如，用磁电式仪表测量电流、电压，用离子敏场效应晶体管测量 pH 值和甜度等。间接测量的过程比较复杂，首先要对与被测量有确定函数关系的量进行直接测量，将测量值代入函数关系式，经过计算求得被测量。

（三）模拟式测量和数字式测量

根据测量结果的显示方式，可分为模拟式测量和数字式测量。要求精密测量时，绝大多数测量均采用数字式测量。

（四）接触式测量和非接触式测量

根据测量时是否与被测对象接触，可分为接触式测量和非接触式测量。例如用多普勒超声测速仪测量汽车超速与否就属于非接触式测量，用汽车衡测量汽车的载重量就属于接触式测量。非接触式测量不影响被测对象的运行工况，是目前发展的趋势。

（五）在线测量和离线测量

为了监视生产过程或在生产流水线上监测产品质量的测量称为在线测量，反之则称为离线测量。例如，现代自动化机床采用边加工、边测量的方式就属于在线测量，它能保证产品质量的一致性。离线测量虽然能测量出产品的合格与否，但无法实时监控生产质量。

二、测量误差及分类

测量的目的是希望得到被测事物的真实测量值——真值。但是，在实际测量中并不能绝对精确地测得被测量的真值，即总会出现误差。出现误差的原因有很多，如测量系统及标准量具本身精度有限；实验手段不完善，有些方法在理论上就是近似的；测量者的知识和技术水平有限；多数被测量值不可能用一个有限数字表示出来；被测量是随时间变化的；外界噪声的干扰等。因此，测量的目的仅在于根据实际需要得到被测量真值的逼近值。测量值与真值的差异程度称为误差，实际计算中用相对真值代替真值。对某一被测量用精度高一级的仪表测得的值，可视为精度低一级仪表的相对真值。

（一）绝对误差和相对误差

1. 绝对误差

绝对误差定义为示值与被测量真值之差，即

$$\Delta x = A_x - A_0 \tag{1-1}$$

式中，Δx 为绝对误差；A_x 为示值，具体应用中可以用测量结果的测量值、标准量具的标称值代替；A_0 为被测量的真值。真值 A_0 一般很难得到，所以通常用实际值 A 代替被测量的真值 A_0，因而绝对误差更有实际意义的定义是

$$\Delta x = A_x - A \tag{1-2}$$

2. 相对误差

相对误差用来说明测量精度的高低，又可分为如下几种：

（1）实际相对误差　实际相对误差定义为绝对误差 Δx 与实际值 A 的百分比，即

$$\gamma_A = \frac{\Delta x}{A} \times 100\% \tag{1-3}$$

（2）示值相对误差　示值相对误差定义为绝对误差 Δx 与示值的百分比，即

$$\gamma_x = \frac{\Delta x}{A_x} \times 100\% \tag{1-4}$$

（3）满度相对误差　满度相对误差定义为仪器量程内最大绝对误差 Δx_m 与测量仪器满度值 A_m 的百分比，即

$$\gamma_m = \frac{\Delta x_m}{A_m} \times 100\% \tag{1-5}$$

满度相对误差也叫满度误差或引用误差，满度误差实际上给出了仪表各量程内绝对误差的最大值，即

$$\Delta x_m = \gamma_m \times A_m \tag{1-6}$$

我国电工仪表的准确度等级 S 就是按满度相对误差 γ_m 分级的，依次划分成 0.1、0.2、0.5、1.0、1.5、2.5 及 5.0 七级。例如，某电压表 $S = 0.5$，即表明它的准确度等级为 0.5 级，也就是它的满度误差不超过 0.5%，即 $|\gamma_m| \leqslant 0.5\%$，或习惯上写成 $\gamma_m = \pm 0.5\%$。

一般而言，测量仪器在同一量程不同示值处的绝对误差实际上未必处处相等，但对使用者来讲，在没有修正值可利用的情况下，只能按最坏的情况处理，即认为仪器在同一量程各处的绝对误差为常数且等于 Δx_m，人们把这种处理叫做误差的整量化。由示值相对误差和满度相对误差表达式可以看出，为了减小测量中的示值误差，在进行量程选择时应尽可能使示值接近满度值，一般以示值不小于满度值的 2/3 为宜。

由式（1-4）和式（1-5）得出的为减小示值误差而使示值尽可能接近满度值的结论，只适合于正向刻度的一般电压表、电流表等类型的仪表，而对于测量电阻的普通型欧姆表，上述结论并不成立，因为欧姆表是反向刻度，且刻度是非线性的。可以证明此种情况下示值与刻度的中值接近时，测量结果的准确度最高。

在实际测量操作时，一般应先在大量程下测得被测量的大致数值，而后选择合适的量程再进行测量，以尽可能减小相对误差。

例 1-1　某压力表精度为 2.5 级，量程为 0~1.5 MPa，测量结果显示为 0.70 MPa，试求：1）可能出现的最大满度相对误差 γ_m；2）可能出现的最大绝对误差 Δx_m 为多少 kPa？3）可能出现的最大示值相对误差 γ_x。

解　1）可能出现的最大满度相对误差可以从精度等级直接得到，即 $\gamma_m = 2.5\%$。

2）$\Delta x_m = \gamma_m \times A_m = 2.5\% \times 1.5\ \text{MPa} = 0.0375\ \text{MPa} = 37.5\ \text{kPa}$

3）$\gamma_x = \dfrac{\Delta x_m}{A_x} \times 100\% = \dfrac{0.0375}{0.7} \times 100\% = 5.36\%$

由上例可知，γ_x 总是大于（满度时等于）γ_m。

例 1-2　现有 0.5 级的 0~300 ℃ 的和 1.0 级的 0~100 ℃ 的两个温度计，要测量 80 ℃ 的温度，试问采用哪一个温度计好？

解　用 0.5 级表测量时，可能出现的最大示值相对误差为

$$\gamma_x = \frac{\Delta x_{m1}}{A_x} \times 100\% = \frac{300 \times 0.5\%}{80} 100\% = 1.875\%$$

若用 1.0 级表测量时，可能出现的最大示值相对误差为

$$\gamma_x = \frac{\Delta x_{\mathrm{m1}}}{A_x} \times 100\% = \frac{100 \times 1.0\%}{80} 100\% = 1.25\%$$

计算结果表明，用 1.0 级表比用 0.5 级表的示值相对误差反而小，所以更合适。由上例可知，在选用仪表时应兼顾精度等级和量程，通常希望示值落在仪表满度值的 2/3 以上。

（二）粗大误差、系统误差和随机误差

1. 粗大误差

明显偏离真值的误差称为粗大误差，也叫过失误差。粗大误差主要是由于测量人员的粗心大意及电子测量仪器受到突然且强大的干扰所引起的。如测错、读错、记错、外界过电压尖峰干扰等造成的误差。就数值大小而言，粗大误差明显超过正常条件下的误差。当发现粗大误差时，应予以剔除。

2. 系统误差

在相同测量条件下多次测量同一物理量，其误差大小和符号保持恒定或按某一确定规律变化，此类误差称为系统误差。系统误差是有规律的，可以通过实验的方法或引入修正的方法计算修正，也可以重新调整测量仪表的有关部件予以消除。

3. 随机误差

在同一条件下，多次测量同一被测量，会发现测量值时大时小，误差的绝对值及正、负以不可预见的方式变化，该误差称为随机误差，也称偶然误差，它反映了测量值离散性的大小。随机误差是测量过程中许多独立的、微小的、偶然的因素引起的综合结果。

存在随机误差的测量结果中，虽然单个测量值误差的出现是随机的，既不能用实验的方法消除，也不能修正，但是就误差的整体而言，服从一定的统计规律。因此通过增加测量次数，利用概率论的一些理论和统计学的一些方法，可以掌握看似毫无规律的随机误差的分布特性，并进行测量结果的数据统计处理。在许多场合可以发现，由于存在随机误差，所以对同一被测量进行多次等精度测量，其结果每次均不同。

如果测量次数 $n \to \infty$ 时，则无限多的直方图的顶点中线的连线就形成一条光滑的连续曲线，称为高斯误差分布曲线或正态分布曲线。

对正态分布曲线进行分析，可以发现有如下规律：

（1）有界性：在一定的条件下，随机误差的测量结果 x_i 有一定的分布范围，超过这个范围的可能性非常小。当某一次测量结果的误差超过一定的界限后，即可认为该误差属于粗大误差，应予以剔除。

（2）对称性：x_i 对称地分布于图中的 $\bar{x}$ 两侧，当测量次数增多后，$\bar{x}$ 两侧的误差相互抵消。

（3）集中性：绝对值小的误差比绝对值大的误差出现的次数多，因此测量值集中分布于算术平均值 $\bar{x}$ 附近。人们常将剔除粗大误差后的 $\bar{x}$ 看成测量值的最近似值。

$$\bar{x} = \frac{1}{n}\sum_{i=1}^{n} x_i = \frac{x_1 + x_2 + x_3 + \cdots + x_n}{n} \tag{1-7}$$

（三）静态误差和动态误差

1. 静态误差

被测量不随时间变化时测得的误差称为静态误差。前面讨论的误差多属于静态误差。

2. 动态误差

当被测量随时间迅速变化时，系统的输出量在时间上不能与被测量的变化精确吻合，这种误差称为动态误差。动态误差是由于检测系统对输入信号响应滞后，或对输入信号中不同频率成分产生不同的衰减和延迟所造成的。动态误差值等于动态测量和静态测量所得误差的差值。

对用于动态测量、带有机械结构的仪表而言，应尽量减小机械惯性，提高机械结构的谐振频率，才能尽可能真实地反应被测量的迅速变化。

单元二　传感器基础知识

本单元主要介绍传感器的定义、作用、组成、分类和基本特性，传感器的测量误差与准确度，弹性敏感元件的作用、特性和种类。

一、传感器的定义与作用

（一）传感器的定义

什么是传感器？演员在舞台上演唱时要用传声器（话筒），传声器就是把声波（机械波）转换成电信号的传感器。传感器是指能感受规定的被测量，并按照一定的规律转换成可用输出信号的器件或装置。表 1-1 中列出了部分传感器的输入量、输出量及其转换原理。从表 1-1 可以看出，传感器就是利用物理效应、化学效应、生物效应，把被测的物理量、化学量、生物量等非电量转换成电量的器件或装置。

表 1-1　传感器的输入量、输出量及其转换原理

输入量				转换原理	输出量
物理量	机械量	几何学量	长度、位移、应变、厚度、角度、角位移	物理定律或物理效应	电量（电压或电流）
		运动学量	速度、角速度、加速度、角加速度、振动、频率、时间		
		力学量	力、力矩、应力、质量、荷重		
	流体量		压力、真空度、流速、流量、液位、黏度		
	温度		温度、热量、比热		
	湿度		湿度、露点、水分		
	电量		电流、电压、功率、电场、电荷、电阻、电感、电容、电磁波		
	磁场		磁通、磁场强度、磁感应强度		
	光		光度、照度、色、紫外光、红外光、可见光、光位移		
	放射线		X、α、β、γ 射线		
化学量			气体、液体、固体分析、pH、浓度	化学效应	
生物量			酶、微生物、免疫抗原、抗体	生物效应	

（二）传感器的作用和应用领域

1. 传感器的作用

人对外界的感受有触觉、视觉、听觉、嗅觉和味觉。在科学技术领域，对自然界的各种物质信息都需要通过传感器进行采集。如图 1-1 所示，人们把电子计算机比作人的大脑，把传感器比作人的五种感觉器官，执行器比作人的四肢，便制造出了工业机器人。尽管传感器与人的感觉器官相比还有许多不完善的地方，但在诸如高温、高湿、深井、高空等环境及高精度、高可靠性、远距离、超细微等方面是人的感觉器官所不能代替的。因此，传感器的作用可包括信息的收集、信息数据的交换及控制信息的采集三个方面。

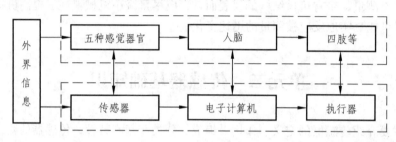

图 1-1　人机对应关系

2. 传感器的应用领域

传感器不仅充当着计算机、机器人、自动化设备的"感觉器官"及机电结合的接口，而且已渗透到军事和人类生命、生活、生产的各个领域，从太空到海洋，从各种复杂的工程系统到人们日常生活的衣食住行，都已经离不开各种各样的传感器。

（1）传感器在制造业中的应用。在石油、化工、电力、钢铁、机械等工业生产中，需要及时检测各种工艺参数的相关信息，并通过电子计算机或控制器对生产过程进行自动化控制。如图 1-2 所示，传感器是一个自动控制系统中必不可少的环节。

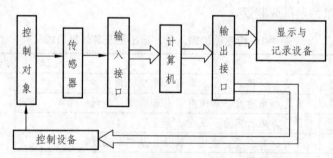

图 1-2　微机化检测与控制系统的基本组成

（2）传感器在汽车中的应用。在汽车上，温度、压力、流量、湿度、气体、位置、速度、加速度、扭矩等各种各样的传感器已经得到了广泛应用。利用传感器检测的信息，实现发动机燃油喷射系统的精确控制，以保障汽车安全行驶。

（3）传感器在智能建筑中的应用。采用新材料、新信息及通信技术的智能建筑是现代楼宇建设的发展趋势。在智能建筑物的各个方面，如信息和通信系统、交通管理、加热与通风及空气调节（HAVC）、能源管理、个人安全与保障系统、维护管理、灵巧的居室装置以及新的智能建筑结构，都要应用各种传感器。

（4）传感器在家用电器中的应用。现代家庭中，用电厨具、空调器、电冰箱、洗衣机、电热水器、安全报警器、吸尘器、电熨斗、照相机、音像设备等都用到了传感器。

（5）传感器在安全防范中的应用。火灾、盗窃，不断地给人类生命和财产安全带来极大的威胁。安全防范技术在世界各国已经形成产业。防火、防盗，广泛应用了光电、热电、压电、气体、红外、超声波、微波及图像等传感器。

（6）传感器在机器人中的应用。在生产用的单能机器人中，传感器用来检测臂的位置和角度，在智能机器人中，传感器用作视觉和触觉等。传感器占机器人成本的1/2以上。

（7）传感器在人体医学上的应用。在医疗上应用传感器可以对人体温度、血压、心脑电波及肿瘤等进行准确的测量与诊断。

（8）传感器在环境保护中的应用。为保护环境，研制用以监测大气、水质及噪声污染的传感器，已为世界各国所重视。

（9）传感器在航空航天中的应用。在飞机及火箭等飞行器上，要使用传感器对飞行速度、加速度、飞行距离及飞行方向、飞行姿态进行检测。

（10）传感器在遥感技术中的应用。在飞机及卫星等飞行器上利用紫外、红外光电传感器及微波传感器探测气象、地质等；在船舶上利用超声波传感器进行水下探测。

（11）传感器在军事方面的应用。利用红外探测仪可以探测地形，发现地物及敌方各种军事目标；红外雷达具有搜索、跟踪、测距等功能，可以搜索几十到上千千米内的目标；其他还有红外制导、红外通信、红外夜视、红外对抗等。

二、传感器的组成与分类

（一）传感器的组成

从功能上讲，传感器通常由敏感元件、转换元件及转换电路组成，如图1-3所示。

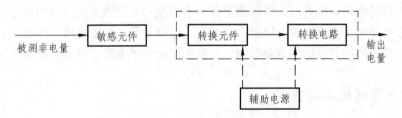

图 1-3　传感器的组成

敏感元件是指传感器中能直接感受（或响应）被测量的部分。在完成非电量到电量的变换时，并非所有的非电量都能利用现有手段直接转换成电量，往往是先变换为另一种易于变成电量的非电量，然后再转换成电量。如传感器中各种类型的弹性元件，常被称为弹性敏感元件。

转换元件是指能将感受到的非电量直接转换成电量的器件或元件。如光电池将光的变化量转换为电动势，应变片将应变转换为电阻量等。转换电路是指将无源型传感器输出的电参数量转换成电量。常用的转换电路有电桥电路、脉冲调宽电路、谐振电路等，它们将电阻、电容、电感等电参数转换成电压、电流或频率等电量。

实际上，有些传感器的敏感元件可以直接把被测非电量转换成电量输出，如压电晶体、光电池、热电偶等。通常称它们为有源型传感器，辅助电源为无源传感器的转换电路提供电能。

（二）传感器的分类

传感器的种类很多，目前尚没有统一的分类方法，下面介绍几种常用分类方法。

1. 按输入量分类

输入量即被测对象，按此方法分类，传感器可分为物理量传感器、化学量传感器和生物量传感器 3 大类。其中，物理量传感器又可分为温度传感器、压力传感器和位移传感器等。这种分类方法给使用者提供了方便，容易根据被测对象选择所需要的传感器。

2. 按转换原理分类

从传感器的转换原理来说，通常分为结构型、物性型和复合型 3 大类。结构型传感器是利用机械构件（如金属膜片等）在动力场或电磁场的作用下产生变形或位移，将外界被测参数转换成相应的电阻、电感和电容等物理量，它是利用物理学运动定律或电磁定律实现转换的。物性型传感器是利用材料的固态物理特性及其各种物理、化学效应（即物质定律，如胡克定律、欧姆定律等）实现非电量的转换。它是以半导体、电介质、铁电体等作为敏感材料的固态器件。复合型传感器是由结构型传感器和物性型传感器组合而成的，兼有两者的特征。例如电阻式、电感式、电容式、压电式、光电式、热敏、气敏、湿敏和磁敏等。这种分类方法清楚地指明了传感器的原理，便于学习和研究。

3. 按输出信号的形式分类

按输出信号的形式，传感器可分为开关式、模拟式和数字式。

4. 按输入和输出的特性分类

按输入和输出特性，传感器可分为线性和非线性两类。

5. 按能量转换的方式分类

按转换元件的能量转换方式，传感器可分为有源型和无源型两类。有源型也称能量转换型或发电型，它将非电量直接变成电压量、电流量、电荷量等，如磁电式、压电式、光电池、热电偶等。无源型也称能量控制型或参数型，它将非电量变成电阻、电容、电感等量。

三、传感器的基本特性

传感器的特性参数有很多，且不同类型的传感器，其特性参数的要求和定义也各有差异，但都可以通过其静态特性和动态特性进行全面描述。

（一）传感器的静态特性

静态特性表示传感器在被测各量值处于稳定状态时的输入与输出的关系。它主要包括灵敏度、分辨力（或分辨力）、测量范围及误差特性。

1. 灵敏度

灵敏度是指稳态时传感器输出量变化量和输入量变化量之比，用 K 表示，即

$$K = \frac{\mathrm{d}y}{\mathrm{d}x} \approx \frac{\Delta y}{\Delta x} \tag{1-8}$$

线性传感器的灵敏度 K 为一常数，非线性传感器的灵敏度随输入量的变化而变化。从输出

曲线上看，曲线斜率越大，曲线越陡，灵敏度越高。

2. 分辨力

传感器在规定的测量范围内能够检测出的被测量的最小变化量称为分辨力。它往往受噪声的限制，所以噪声电平的大小是决定传感器分辨力的关键因素。

实际中，分辨力可用传感器的输出值代表的输入量表示。模拟式传感器以最小刻度的一半所代表的输入量表示；数字式传感器则以显示值的最后一位所代表的数值表示。注意不要与分辨力混淆。分辨力是与被测量有相同量纲的绝对值，而分辨力则是分辨力与量程的比值。

3. 测量范围和量程

在允许误差范围内，传感器能够测量的下限值（y_{min}）到上限值（y_{max}）之间的范围称为测量范围，表示为 $y_{min} \sim y_{max}$；上限值与下限值的差称为量程，表示为 $y_{F.S} = y_{max} - y_{min}$。如某温度计的测量范围是 $-20 \sim 100\ ℃$，量程则为 $120\ ℃$。

4. 误差特性

传感器的误差特性包括线性度、迟滞、重复性、零漂和温漂等。

（1）线性度。线性度即非线性误差。为了便于对传感器进行标定和数据处理，要求传感器的特性为线性关系，而实际的传感器特性常呈非线性，这就需要对传感器进行线性化。传感器的静态特性是在标准条件下校准（标定）的，即在没有加速度、振动、冲击及温度为（20 ± 5）℃、湿度不大于 85% RH、标准大气压条件下，用一定等级的设备，对传感器进行反复循环测试，得到的输入和输出数据用表格列出或画出曲线，这条曲线称为校准曲线。传感器的校准曲线与理论拟合直线之间的最大偏差（ΔL_{max}）与满量程值（$y_{F.S}$）的百分比称为线性度，用 γ_L 表示，即

$$\gamma_L = \pm \frac{\Delta L_{max}}{\Delta y_{F.S}} \times 100\% \tag{1-9}$$

由此可知非线性误差是以一定的拟合直线为基准算出来的，拟合直线不同，所得线性度也不同。图 1-4 所示为常用的两种拟合直线，即端基拟合直线和独立拟合直线。

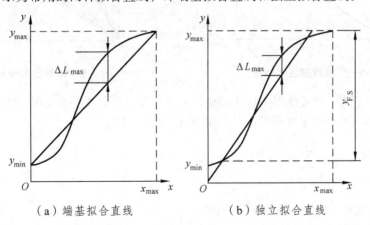

（a）端基拟合直线　　　　（b）独立拟合直线

图 1-4　传感器拟合直线示意图

① 端基拟合直线是由传感器校准数据的零点输出平均值和满量程输出平均值连成的一条直线。由此所得的线性度称为端基线性度。这种拟合方法简单直观、应用较广，但拟合精度很

低，尤其对非线性比较明显的传感器，拟合精度更差。

② 独立拟合直线方程是用最小二乘法求得的，在全量程范围内各处误差都最小。由此所得的独立线性度也称最小二乘法线性度。这种方法拟合精度最高，但计算很复杂。

（2）迟滞。迟滞是指在相同工作条件下，传感器正行程特性与反行程特性的不一致的程度，如图 1-5 所示。其数值为对应同一输入量的正行程和反行程输出值间的最大偏差 ΔH_{max} 与满量程输出值的百分比，用 γ_H 表示，即

$$\gamma_H = \pm \frac{\Delta H_{max}}{y_{F.S}} \times 100\% \tag{1-10}$$

或用其一半表示。

（3）重复性。重复性是指在同一工作条件下，输入量按同一方向在全测量范围内连续变化多次所得特性曲线的不一致性，如图 1-6 所示。在数值上用各测量值正、反行程标准偏差最大值 σ 的 2 倍或 3 倍与满量程的百分比表示，记作 γ_K，即

$$\gamma_K = \pm \frac{c\sigma}{\gamma_{F.S}} \times 100\% \tag{1-11}$$

式中，c 为置信因数，取 2 或 3。置信因数取 2 时，置信概率为 95%，置信因数取 3 时，置信概率为 99.73%。

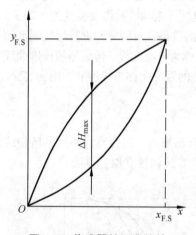

图 1-5　传感器的迟滞特性

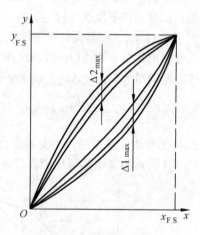

图 1-6　传感器的重复性

从误差的性质讲，重复性误差属于随机误差。若误差完全按正态分布，则随机误差的标准误差 σ，可由各次校准测量数据间的最大误差 Δ_{im} 求出，即

$$\sigma = \sqrt{\frac{\sum_{i=1}^{n} \Delta_{im}^2}{n-1}} \tag{1-12}$$

式中，n 为重复测量的次数。

（4）零漂和温漂。传感器无输入（或某一输入值不变）时，每隔一定时间，其输出值偏离原示值的最大偏差与满量程的百分比，即为零漂。温度每升高 1 ℃，传感器输出值的最大偏差与满量程的百分比，称为温漂。

5. 稳定性

稳定性包括稳定度和环境影响量两个方面。稳定度指的是仪表在所有条件都不变的情况下，在规定的时间内维持其示值不变的能力。稳定度一般以仪表的示值变化量和时间的长短之比来表示。例如，某仪表的输出电压值在 5 h 内的最大变化量为 1.0 mV，则稳定度表示为 1.0 mV/5 h。环境影响量仅指由外界环境变化而引起的示值变化。示值的变化由两个因素构成：一是零漂；二是灵敏度漂移。

6. 电磁兼容性

电磁兼容性是指电子设备在规定到的电磁干扰环境中能按原设计要求而正常工作的能力，而且向处于同一环境中的其他设备释放的电磁干扰也不超过允许的范围。对检测系统来说，主要考虑在恶劣的电磁干扰环境中，系统必须能正常工作，并能取得精度等级范围内的正确结果。

7. 可靠性

可靠性是反映检测系统在规定的条件下，在规定的时间内是否耐用的一种综合性的质量指标。常用的可靠性指标有以下几种：

故障平均间隔时间（MTBF）：它是指两次故障间隔的时间。

平均修复时间（MTTR）：它是指排除故障所花费的时间。

故障率（λ）：它通常用故障率变化曲线来衡量。

（二）传感器的动态特性

动态特性是描述传感器在被测量随时间变化时的输出和输入的关系。对于加速度等动态测量的传感器必须进行动态特性的研究，通常是用输入正弦或阶跃信号时传感器的响应来描述的，即传递函数和频率响应。

课后思考与练习

1-1　单项选择题

（1）某压力仪表厂生产的压力表满度相对误差均控制在 0.4% ~ 0.6%，该压力表的精度等级应定为_____级，另一家仪器厂需要购买压力表，希望压力表的满度相对误差小于 0.9%，应购买_____级的压力表。

  A. 0.2   B. 0.5   C. 1.0   D. 1.5

（2）某采购员分别在 3 家商店购买 100 kg 大米、10 kg 苹果、1 kg 巧克力，发现均缺少约 0.5 kg，但该采购员对卖巧克力的商店意见最大，在这个例子中，产生此心理作用的主要因素是_____。

  A. 绝对误差   B. 示值相对误差 C. 满度相对误差 D. 精度等级

（3）仪器量程内最大绝对误差 Δx_m 与测量仪器满度值 A_m 的百分比称为_____。

  A. 实际相对误差 B. 示值相对误差 C. 满度相对误差 D. 精度等级

（4）一台最大量程为 1 000 g 的电子秤显示屏显示物品重量为 368.8 g，则该电子秤的分辨力为_____，它的分辨力为_____。

    A. 0.1 g   B. 1/10 000   C. 1.0 g   D. 1/10 000 g

（5）在选购线性仪表时，必须在同一系列的仪表中选择适当的量程。这时必须考虑到应尽量使选购的仪表量程为欲测量的_____左右为宜。

    A. 3 倍   B. 10 倍   C. 1.5 倍   D. 0.75 倍

（6）用万用表交流电压档（频率上限仅为 5 kHz）测量频率高达 500 kHz、10 V 左右的高频电压，发现示值还不到 2 V，该误差属于_____。用该表直流电压档测量 5 号干电池电压，发现每次示值均为 1.8 V，该误差属于_____。

    A. 系统误差   B. 粗大误差   C. 随机误差   D. 动态误差

1-2   什么叫传感器？传感器有哪些作用？试述传感器在国民经济中的地位。

1-3   简述传感器的应用领域。

1-4   从功能上讲，传感器由哪些部分组成？

1-5   传感器是如何分类的？

1-6   传感器的主要静态特性有哪些？

1-7   产生测量误差的原因有哪些？测量误差是如何分类的？

1-8   各举出两个非电量电测的例子来说明

（1）静态测量；   （2）动态测量；   （3）直接测量；（4）间接测量；

（5）接触式测量；（6）非接触式测量；   （7）在线测量；（8）离线测量。

1-9   有一温度计，它的测量范围为 0～200 ℃，精度为 0.5 级，试求：

（1）该表可能出现的最大绝对误差。

（2）当示值分别为 200 ℃、100 ℃ 时的示值相对误差。

1-10   有 1 台测温仪表，测量范围为 -200～+800 ℃，准确度为 0.5 级。现用它测量 500 ℃ 的温度，求仪表引起的绝对误差和相对误差。

1-11   有 2 台测温仪表，测量范围为 -200～+300 ℃ 和 0～800 ℃，已知两台仪表的绝对误差最大值是 5 ℃，试问哪台仪表精度高？

1-12   有 3 台测温仪表量程均为 600 ℃，精度等级分别为 2.5 级、1.5 级和 1.0 级，现要测量温度为 500 ℃ 的物体，允许相对误差不超过 2.0%，问选用哪一台最合适（从精度和经济性综合考虑）？

模块二　电阻传感器

课前 LEAD-IN
导读

典型应用

> 　　电阻传感器种类繁多，应用领域也很广泛。大家在日常生活或生产实践中都会遇到很多电阻传感器的应用实例，你知道它们是怎么实现非电量电测的吗？本模块研究的电阻式传感器有电位器式、电阻应变式、热电阻、气敏电阻及湿敏电阻传感器等。让我们一起进入本模块的学习，去真正熟悉电阻传感器的奇妙之处吧！通过本模块的学习，你会知道什么叫应变效应，数字温度计是怎么实现测温的？电阻传感器用到哪些敏感元件，都可以测量哪些非电量的物理量？

单元一　电位器式传感器

　　电位器是人们常用到的一种电子元件，它作为传感器可以将机械位移或其他能转换为位移的非电量转换为与其有一定函数关系的电阻值的变化，从而引起输出电压的变化。所以它是一个机电传感元件。电位器的种类繁多，本单元主要针对工业传感器用的电位器予以介绍。

一、电位器的基本概念

　　电位器是大家熟悉的三端电子器件，通过调节电位器的滑动臂，可从恒压源 U_i 取得平滑或跳跃变动的输出电压。图 2-1 是电位器的结构图，它由电阻体、电刷、转轴、滑动臂、焊片等组成，电阻体的两端和焊片相连，因此 AC 端的电阻值即为电阻体的总阻值。转轴是和滑动臂相连的，调节转轴时滑动臂随之转动。在滑动臂的一端装有电刷，它靠滑动臂弹性压在电阻体上并与之紧密接触，滑动臂的另一端与焊片 B 相连。图 2-2 是电位器电路图，电位器转轴上的电刷将电阻体电阻 R 分为两部分，输出电压为 U_o。改变电刷的接触位置，电阻 R_x 亦随之改变，输出电压 U_o 也随之变化。由于电刷和电位器的转轴是连在一起的，用机械运动调节电位器的转轴，便可使电位器的输出电压发生相应的变化，这就是用电位器测量机械位移的基本原理。电位器的输出电压与滑动臂的行程成正比，圆盘式电位器的输出电压与滑动臂的角位移成正比。检测技术中使用的电位器式传感器耐磨程度是普通电位器的数百倍甚至数千倍，温漂也小于万分之一。

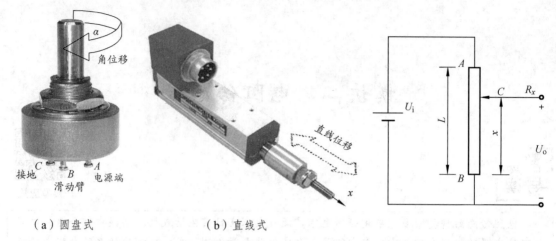

（a）圆盘式	（b）直线式

图 2-1　电位器结构图　　　　　　　　图 2-2　电位器电路图

图 2-2 中的电位器输出电压 U_o 与滑动臂的直线位移成正比，即

$$U_o = \frac{x}{L} \times U_i \tag{2-1}$$

对圆盘式来说，U_o 与滑动臂的旋转角度成正比，即

$$U_o = \frac{\alpha}{360} \times U_i \tag{2-2}$$

二、常用电位器式传感器

（一）线绕电位器式传感器

线绕电位器的电阻体由电阻丝缠绕在绝缘物上构成。电阻丝的种类很多，电阻丝的材料是根据电位器的结构、容纳电阻丝的空间、电阻值和温度系数来选择的。电阻丝越细，在给定空间内越能获得较大的电阻值和分辨力。但电阻丝太细，在使用过程中容易断开，影响传感器的寿命。

线绕电位器由于电阻体由电阻丝绕制，因而能承受较高的温度，常被制成功率型电位器，其额定功率范围一般为 0.25 ~ 50 W。阻值范围为 100 Ω ~ 100 kΩ 之间。线绕电位器的突出优点是结构简单，使用方便；缺点是分辨力低，这是由于电阻丝是一匝一匝地绕制在骨架上的，当接触电刷从这一匝到另一匝时，阻值的变化呈阶梯式。

（二）非线绕电位器式传感器

为了克服线绕电位器存在的缺点，人们在电阻体的材料及制造工艺上下了很多功夫，发展了各种非线绕式电位器。

1. 合成膜电位器

合成膜电位器的电阻体是用具有某一电阻值的悬浮液喷涂在绝缘骨架上形成电阻膜而制成的。这种电位器的优点是分辨力较高、阻值范围很宽（100 Ω ~ 4.7 MΩ）、耐磨性较好、工艺简单、成本低、输入-输出信号的线性度好等；其主要缺点是接触电阻大、功率不够大、容易吸潮、噪声较大等。

2. 金属膜电位器

金属膜电位器由合金、金属或金属氧化物等材料通过真空溅射或电镀方法，在瓷基体上沉积一层薄膜而制成。金属膜电位器具有无限分辨力，接触电阻很小，耐热性好，它的满负荷温度可达 70 ℃。与线绕电位器相比，它的分布电容和分布电感很小，所以特别适合在高频条件下使用。它的噪声信号仅高于线绕电位器。金属膜电位器的缺点是耐磨性较差，阻值范围窄，一般在 100 Ω ~ 100 kΩ 之间。由于这些缺点，限制了它的使用范围。

3. 导电塑料电位器

导电塑料电位器又称有机实心电位器，这种电位器的电阻体是由塑料粉及导电材料的粉料经塑压而成。导电塑料电位器的耐磨性很好，使用寿命较长，允许电刷接触压力很大，因此它在振动、冲击等恶劣环境下仍能可靠地工作。此外，它的分辨力较高，线性度较好，阻值范围大，能承受较大的功率。导电塑料电位器的缺点是阻值易受温度和湿度的影响，故精度不易做得很高。

4. 导电玻璃釉电位器

导电玻璃釉电位器又称金属陶瓷电位器，它是以合金、金属氧化物或难溶化合物等为导电材料，以玻璃釉粉为黏合剂，经混合烧结在陶瓷或玻璃基体上制成的。导电玻璃釉电位器的耐高温性好，耐磨性好，有较宽的阻值范围，电阻温度系数小且抗湿性强。导电玻璃釉电位器的缺点是接触电阻变化大，噪声大，不易保证测量的高精度。

由于玻璃釉电位器具有许多突出的性能，因此在位移传感器上应用较广。

（三）光电电位器式传感器

光电电位器是一种非接触式电位器，它用光束代替电刷，结构如图 2-3 所示。光电电位器主要由电阻体、光电导层和导电电极组成。光电电位器的制作过程是先在基体上沉积一层硫化镉或硒化镉的光电导层，然后在光电导层上再沉积一条电阻体和一条导电电极，在电阻体和导电电极之间留有一个狭窄的间隙。平时无光照时，由于电阻体和导电电极之间光电导层电阻很大而呈现绝缘状态。当光束照射在电阻体和导电电极的间隙上时，光电导层被照射部位的亮电阻很小，使电阻体被照射部位和导电电极导通，于是光电电位器的输出端就有电压输出，输出电压的大小与光束位移照射到的位置有关，从而实现了将光束位移转换为电压信号输出。

光电电位器最大的优点是非接触型，不存在磨损问题，它不会对传感器系统带来任何有害的摩擦力矩，从而提高了传感器的精度、寿命、可靠性及分辨力。光电电位器的缺点是接触电阻大、线性度差，由于它的输出阻抗较高，需要配接高输入阻抗的放大器。尽管光电电位器有着不少缺点，但由于它的优点是其他电位器所无法比拟的，因此在许多重要场合仍得到应用。

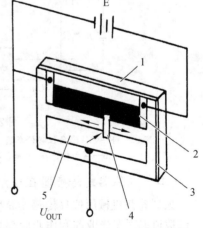

图 2-3　光电电位器式传感器
结构原理示意图

1—基体；2—电阻体；3—光电导层；
4—光束；5—导电电极

三、电位器式传感器的应用

电位器式传感器大都属于接触式测量，有一定的摩擦力，所以适合于能提供一定驱动能力、慢速、重复次数较少的场合。电位器式传感器在非电量电测中，可用于测量直线位移及角位移，目前多用于张力测量、直线行程控制、角度控制、压力测量、油箱油位测量及在各种伺服系统中作为位置反馈元件。

（一）电位器式传感器在张力测量中的应用

在纺织、印染、塑料薄膜、纸张等生产过程中，均需要测量它们在卷取过程中的张力并加以控制。图 2-4 是布料张力测量及控制的原理示意图。卷取辊在伺服电动机的驱动下，将成品（例如布料）顺时针卷成筒状。如果卷取力（张力）太大或太小（与卷取速度有关）均影响成品质量。在图 2-4 中，张力辊由于受到砝码重力，而将棉织品往下拉伸，向下的拉力与张力 F 成正比。当张力变化时，张力辊将上下移动，摆动杆带动摆动轮产生角位移 α，带动圆盘式电位器的转轴旋转。电位器的输出电压 U_F 与 α 及棉织品的张力 F 成正比。U_F 控制驱动卷取辊的伺服电动机，使卷取辊的旋转速度满足恒张力的要求，电位器传感器在这个闭环系统中起负反馈的作用。

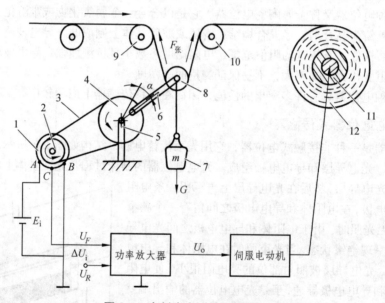

图 2-4　布料张力测量及控制原理

1—电位器角位移传感器；2—从动轮；3—同步齿形带；4—摆动轮；5—支架；
6—摆动杆；7—砝码；8—张力辊；9、10—传动辊；11—卷取辊；12—布料

（二）电位器式传感器在铁路大型养路机械中的应用

大型养路机械用位移传感器简称大机传感器，主要测量原理就是基于电位器式传感器。抄平起拨道捣固车作业前和作业后都必须对线路的几何形状参数进行测量，以便对作业过程进行控制，测量作业后的参数送入记录仪用于检查作业效果。抄平起拨道捣固车上主要安装有捣固深度传感器、矢距传感器、电子摆、抄平传感器、测量轮、记录仪传感器等，D08-32 型捣固车和 D09-32 型捣固车由于车型不同安装的传感器种类和数量也不同。大机传感器主要有线位移传感器、角位移传感器及测量轮传感器，主要工作原理是将位移量转化为直流电压信号输出，根据用途不同有 20 多种，下面介绍几类常用传感器。

1. 1330型深度传感器

主要作用是测量捣固头的作业深度，拨叉移动时，固定在拨叉上的钢丝绳拖动绳轮转动，再通过一对啮合齿轮，使电位器轴转动而发生偏转，并输出电位差。电位差与位移量呈线性关系，电位差有正负之分，可判断位移方向，如图2-5所示。

2. 609（609HG）型矢距传感器

矢距传感器用来测量线路曲线的矢距，其工作原理是：在抄平起拨道捣固车前后两端装有两个测量小车，靠液压装置紧靠于轨道一侧。两小车之间张紧一根钢丝绳，张紧于前后测量小车上的钢丝绳穿过传感器的拨叉，拖动拨叉左右移动，固定在拨叉上的钢丝绳绕过两个滑轮，拖动绳轮转动，然后再通过一对啮合齿轮，使电位器轴转动而发生偏转，并输出电位差。电位差与位移量呈线性关系，电位差有正负之分，可判断位移方向。如图2-6所示。

图2-5　1330型深度传感器

图2-6　609型正矢传感器

3. 856型记录仪传感器

记录仪传感器（见图2-7），实际上属于矢距传感器的一种，它是测量抄平起拨道捣固车作业后线路的矢距值，然后将该值送往记录仪，其结构原理与609型矢距传感器差不多。

4. 2036型电子摆传感器

电子摆是用于检测左、右钢轨高度差的传感器，如图2-8所示。在直道上用于测量左右钢轨的水平度，弯道上用于测量左右钢轨的超高量。该传感器的工作原理是：利用一摆锤，在重力作用下，当钢轨左右有高度差时，摆锤偏转一角度，与摆锤共轴的电位器也相应偏转同样角度，于是电位器输出一电位差，再经过线性放大后作为电子摆输出。

图2-7　856型记录仪传感器

图2-8　2036型电子摆传感器

5. 2044型、2013型（大）抄平传感器

抄平传感器是测量轨道前后的坡度量（即纵向超高量）的一种传感器，如图2-9所示。其工作原理是：张紧于捣固车上端的钢丝绳，穿过传感器平衡框架滑杆上的滑块，当钢丝绳上下运动时，拖动抄平传感器平衡框架上下摆动，同时通过同步皮带和离合器，使电位器轴转动而发生偏转，并输出电位差。

图 2-9　2044 型、2013 型（大）抄平传感器

6. 1064、2085 型传感器

1064 型传感器装于稳定车上，用于测量轨道前后的坡度量，即纵向超高量；2085 型传感器装于道岔捣固车上，用于测量捣固头摆动的角度，如图 2-10 所示。

7. 750 型、750ZS 型轮式传感器

750 型滚轮式传感器是用来测量捣固头的作业深度及拨道弦横向移动位置信号，如图 2-11 所示。适用于 CD08-475 型道岔捣固车等大型养路机械。

图 2-10　1064、2085 型传感器　　　图 2-11 750 型、750ZS 型轮式传感器

（三）电位器式传感器在车辆油箱油位测量中的应用

电位器传感器在液位测量中有广泛的应用，如图 2-12 所示为摩托车油箱油位传感器，它由随液位升降的浮球经过曲杆带动电位器电刷位移，将液位变成电阻变化。

电子电路中使用的电位器性能较差，检测技术中使用的电位器传感器耐磨程度是普通电位器的数百倍甚至数千倍，温漂也小于万分之一。电位器传感器结构简单，价格低廉，性能稳定，能承受恶劣环境条件，输出功率大，一般不需要对输出信号放大就可以直接驱动伺服元件和显示仪表。电位器式传感器应用广泛，其缺点是精度不高，动态响应较差，不适于测量快速变化量。

图 2-12　摩托车油箱油位传感器

单元二　电阻应变式传感器

电阻应变式传感器简称应变式传感器，是一种利用电阻应变效应，由电阻应变片和弹性敏感元件组成的传感器。早在 1856 年，人们在轮船上往大海里铺设海底电缆时就发现，电缆的阻值

由于拉伸而增加。我们可以做一个小实验：取一根细铜丝，两端接上一台四位半数字式欧姆表（分辨力为 1/1999），记下其初始阻值。我们可以尝试用力将该铜丝拉长，会发现欧姆表的数值比之前略有增大。这是什么物理现象呢？平时测量应力、应变及力的传感器就是利用这种称之为应变效应物理现象制作的一类传感器。传感器中用到的能产生应变效应的敏感元件被称为应变片。

一、应变式传感器的工作原理

导体或半导体材料在外力作用下，会产生机械变形，其阻值也将相应地发生变化，这种现象称为电阻应变效应。根据引起阻值变化时机械变形的方向不同，我们又把应变效应分为轴向应变效应和横向应变效应。我们以一根金属单丝为例分析电阻应变效应。

假设金属单丝的长度为 l，半径为 r，横截面面积为 A，电阻率为 ρ，当金属丝没有受到外力作用时其电阻值 R 可表示为：

$$R = \rho \frac{l}{A} = \rho \frac{l}{\pi r^2} \tag{2-3}$$

当沿金属丝的长度方向施加均匀拉力（或压力）时，上式中的 ρ、r、l 都将发生变化，从而导致电阻值 R 发生变化。金属材料受到拉力时，l 将变大、r 将变小，电阻值 R 则变大。一般来讲，半导体受拉时，ρ 将变大导致电阻值 R 变大。

实验证明，金属应变片或半导体应变片的电阻相对变化量 $\Delta R / R$ 与材料力学中的轴向应变 ε_x 的关系在很大范围内是线性的，即

$$\frac{\Delta R}{R} = K \varepsilon_x \tag{2-4}$$

式中，K 为电阻应变片的灵敏度。

对于不同的金属材料，K 略微不同，一般为 2 左右。而对半导体材料而言，由于其感受到应变时，电阻率 ρ 会产生很大的变化，所以灵敏度比金属材料大几十倍。

在材料力学中，$\varepsilon_x = \Delta l / l$ 称为电阻丝的轴向应变，也称纵向应变，ε_x 通常很小。例如，当 ε_x 为 0.000 001（10^{-6}）时，在工程中常表示为 1 μm/m 或 1 微应变（$\mu\varepsilon$）。对金属材料而言，当它受力之后所产生的轴向应变最好不要大于 1 000 $\mu\varepsilon$，即 1 000 μm/m，否则有可能超过材料的极限强度而导致非线性或断裂。

由材料力学可知，$\varepsilon_x = F / AE$，所以 $\Delta R / R$ 又可表示为

$$\frac{\Delta R}{R} = K \frac{F}{AE} \tag{2-5}$$

通常情况下，可以认为粘贴在试件上应变片的应变量约等于试件上的应变，试件与应变片之间存在蠕变等影响，但这种差异在工程上可以忽略。如果应变片的灵敏度 K 和试件的横截面面积 A 以及弹性模量 E 均为已知，则只要设法测出 $\Delta R / R$ 的数值，即可获知试件受力 F 的大小，可用于电子秤的称重和测量拉力等。

二、应变片的种类和结构

电阻应变式传感器主要有电阻应变片及测量转换电路等组成，应变片根据所使用的材料不

同，可分为金属应变片及半导体应变片两大类。1936 年，人们制出了纸基丝式电阻应变片；1952 年制出了箔式应变片；1957 年制出了第一批半导体应变片，并利用应变片制出了各种传感器。

（一）金属应变片

金属应变片根据其制造工艺及结构不同，可分为金属丝式应变片、金属箔式应变片及金属薄膜式应变片三类。

金属丝式应变片使用最早，有纸基和胶基之分。它是用直径约为 0.025 mm 左右的高电阻率的电阻丝制成的。为了获得高的电阻值，电阻丝排列成梳状并粘贴在绝缘基片上，上面覆盖保护层，电阻丝两端焊接引出线（见图 2-13）。由于金属丝式应变片蠕变较大，金属丝易脱胶，逐渐被金属箔式应变片所取代。但金属丝式应变片价格便宜，多用于应力、应变的大批量、一次性低精度试验。

金属箔式应变片中的箔栅是金属箔通过光刻、腐蚀等工艺制成的，箔的材料多为电阻率高、热稳定性好的铜镍合金，箔的厚度一般为 0.001 ~ 0.005 mm，箔栅的形状、尺寸可以按使用需要制作。箔式应变片与片基的接触面积大得多，散热条件较好，在长时间测量时的蠕变较小，一致性较好，适合大批量生产，目前广泛用于各种应变式传感器中。常用的金属箔式应变片结构如图 2-14 所示，在制造工艺上还可以对金属箔式应变片进行适当的热处理，使它的线胀系数、电阻温度系数与被粘贴试件的线胀系数三者相互抵消，从而将温度影响减小到最低程度。

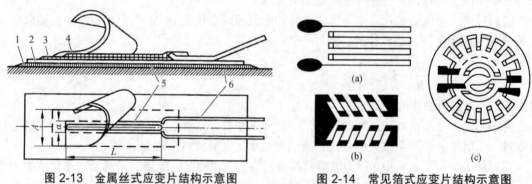

图 2-13　金属丝式应变片结构示意图　　　　　图 2-14　常见箔式应变片结构示意图
1、3—黏合剂；2—基底；4—保护层；
5—敏感栅；6—引线

金属薄膜式应变片主要是采用真空蒸镀技术，在薄的绝缘基片上蒸镀上金属材料薄膜，最后加保护层形成。这类应变片灵敏度较高，薄膜层厚度可达 0.1 μm，成本也比前两种要高，它是近年来薄膜技术发展的产物。

（二）半导体应变片

半导体应变片是由半导体材料做敏感栅制成的，当它受力时，其电阻率随应力的变化而变化。半导体应变片的主要优点是灵敏度高，但是灵敏度的一致性差、温漂大、电阻与应变间非线性严重。在使用时，需采用半桥、全桥温度补偿及非线性补偿措施。随着半导体工业和集成电路的迅速发展，利用半导体的压阻效应制成的固态压阻式传感器正广泛得到应用。

表 2-1 列出了部分应变片的主要技术参数，请分析应变片的参数名称及灵敏度的特点。PZ 型为纸基丝式应变片，PJ 型为胶基丝式应变片，BA、BB、BX 型为箔式应变片，PBD 为半导体型应变片。

表 2-1 应变片主要技术指标

参数名称	电阻值/Ω	灵敏度	电阻温度系数/°C⁻¹	极限工作温度/°C	最大工作电流/mA
PZ-120 型	120	1.9~2.1	20×10^{-6}	$-10\sim40$	20
PJ-120 型	120	1.9~2.1	20×10^{-6}	$-10\sim40$	20
BX-200 型	200	1.9~2.2	—	$-30\sim60$	25
BA-120 型	120	1.9~2.2	—	$-30\sim200$	25
BB-350 型	350	1.9~2.2	—	$-30\sim170$	25
PBD-1K 型	1 000（1±10%）	140±5%	<0.4%	<40	15
PBD-120 型	120（1±10%）	120±5%	<0.2%	<40	20

三、应变片的粘贴技术

应变片是通过黏合剂粘贴到试件上的，黏合剂的种类很多，选用时要根据基片材料、工作温度、潮湿程度、稳定性、是否加温加压、粘贴时间等多种因素合理选择黏合剂。

应变片的粘贴质量直接影响应变测量的准确度，技术要求较高，必须十分注意。应变片的粘贴工艺简述如下：

（1）试件的表面处理：为了保证一定的粘合强度，必须将试件表面处理干净。可采用手持砂轮工具除去试件表面的油污、漆、锈斑等，粘贴表面应保持平整，并用细纱布交叉打磨出细纹以增加粘贴力，用浸有酒精或丙酮的纱布片或脱脂棉球擦洗。面积约为应变片的3~5倍。

（2）确定贴片位置：在应变片上标出敏感栅的纵、横向中心线，在试件上按照测量要求划出中心线。精密的可以用光学投影方法来确定贴片位置。

（3）粘贴：在应变片的表面和处理过的粘贴表面上，各涂一层均匀的粘贴胶，用镊子将应变片放上去，并调好位置，在应变片上盖上聚乙烯塑料薄膜，用手指揉和滚压将多余的胶水和气泡排出。加压时要注意防止应变片错位。

（4）固化：粘贴好后，根据使用黏合剂的固化工艺要求进行固化处理和时效处理。

（5）质量检查及测量：检查粘贴位置是否正确，粘合层是否有气泡和漏贴。检查应变片敏感栅是否有短路和短路现象。用万用表从分开的端子处测量应变片的电阻，发现端子折断和坏的应变片。

（6）引线的焊接与防护：检查合格后即可焊接引出线。引出线要用柔软、不易老化的胶合物适当固定，以防止导线摆动时折断应变片的引线。然后在应变片上涂一层柔软的防护层，以防止大气对应变片的侵蚀，保证应变片长期工作的稳定性。

四、应变片的主要特性

（一）灵敏系数 K

当应变片在被测量的作用下工作时，应变片的阻值相对变化 $\Delta R/R$ 与应变片的应变 ε 之比即为灵敏度系数 K。K 值的准确度直接影响测量结果，一般要求 K 值尽量大而且稳定。实验表明电阻应变片的灵敏系数 K 在很大范围内是常数。

（二）绝缘电阻

绝缘电阻是指已安装的应变计的敏感栅和引线与被测件之间的电阻值，一般应大于$10^{10}\Omega$。

（三）机械滞后

在一定温度下，当应变片粘贴在试件上感受被测压力时，被测量加载和卸载时的输入-输出特性曲线不重合的现象称为机械滞后。机械滞后产生的主要原因大多是由于敏感栅、基底、黏合剂在承受机械应变后产生了残余变形。为减少机械滞后对测量的影响，要选择性能良好的黏合剂和基底。在正常使用之前，预先加载卸载若干次。

（四）零漂和蠕变

零漂和蠕变是衡量应变片对时间的稳定性的重要指标，对长时间测量具有重要意义。在恒定温度下，粘贴在试件上的应变片，当不承受机械应变时，随着时间变化指示应变值发生变化的特性称为应变片的零漂。蠕变是指在恒定温度下，当应变片承受恒定的机械应变时，其指示应变值随时间变化的特性。零漂和蠕变产生的主要原因在于制造过程中产生了内应力，丝栅材料、黏合剂及基底在温度和载荷的影响下内部结构发生了变化。在测量中，为减少零漂和蠕变的影响，在条件允许状况下，要及时标定或重新调整零点。

（五）应变极限

理想情况下，应变片的灵敏系数为常数，即其电阻的相对变化与所承受的轴向应变成比，但这种情况只能保持在一定范围内。当试件表面的应变超过某一数值时，应变计的输出将出现非线性。应变片的应变极限是指在规定的使用条件下，指示应变与真实应变的相对误差不超过规定值（一般为10%）时的最大真实应变值。若规定为10%，则指示应变值为真实应变值的90%时的真实应变值即为应变极限。当应变片承受的应变超过本身的应变极限时，构件的真实应变不能全部作用在敏感栅上，测得的值就会产生误差。应变极限是衡量应变片的测量范围和过载能力的指标。

五、测量转换电路

金属应变片的电阻变化范围很小，如果直接用欧姆表测量其电阻值的变化将十分困难，而且误差很大。

例 2-1 有一金属箔式应变片，其灵敏度 K 为 2，标称阻值 R_0 为 100 Ω，粘贴在横截面面积为 9.8 mm² 的钢制圆柱体上，钢的弹性模量 $E = 2 \times 10^{11}$ N/m²，钢柱所受拉力为 $F = 0.2$ t，求受拉后应变片的阻值 R。

解 一般情况可认为粘贴在试件上的应变片的应变约等于试件上的应变。根据式 2-2 和式 2-3 可计算得受拉后应变片的阻值 R 的变化量 ΔR 仅为 0.2 Ω。

直接用欧姆表很难观察到这 0.2 Ω 的变化，所以必须使用不平衡电桥来测量这一微小的变化量，将 $\Delta R / R$ 转换为输出电压 U_o。

为什么要使用不平衡电桥呢？如果直接测应变片电阻的改变，可能很困难。因为测量一个在很大的基值上附加的一个很小的信号是很困难的。利用电桥可以把这个信号的基值去掉，变成了一个在零值附近的信号，并且可以通过放大电路来增大灵敏度。把对某物理量的电阻敏感材料加工成传感器，作为电桥中的某一臂电阻或某几个臂电阻，通过电桥的失衡程度（桥路电流或电压）来判断该物理量的大小。

不平衡电桥［如图 2-15（a）］所示由 4 个电阻 R_1、R_2、R_3、R_4 组成一个四边形的回路，每一边称作电桥的"桥臂"，回路有 4 个结点。在 a、c 结点之间接入电源 U_i，而另一对结点（b、d）之间的电压差作为输出电压端 U_o。b、d 的对地电压相等时称作"电桥平衡"；反之，称作"电桥不平衡"。电桥平衡的条件是 $R_1 R_3 = R_2 R_4$ 或 $R_1 / R_2 = R_4 / R_3$。

当每个桥臂电阻变化值 $\Delta R_i \ll R_i$，且电桥输出端的负载电阻为无限大、全等臂形式工作，即（初始值 $R_1 = R_2 = R_3 = R_4$）时，电桥的输出电压近似为（误差小于 5%）：

$$U_o = \frac{U_i}{4}\left(\frac{\Delta R_1}{R_1} - \frac{\Delta R_2}{R_2} + \frac{\Delta R_3}{R_3} - \frac{\Delta R_4}{R_4}\right) \tag{2-6}$$

由于 $\Delta R / R = K\varepsilon_x$，当各桥臂应变片的灵敏度 K 都相同时，输出可表示为：

$$U_o = \frac{U_i}{4}K(\varepsilon_1 - \varepsilon_2 + \varepsilon_3 - \varepsilon_4) \tag{2-7}$$

式中的应变 ε_1、ε_2、ε_3、ε_4 可以是试件的拉应变，也可以是试件的压应变，取决于应变片的粘贴方向及受力方向。若是拉应变，ε 以正值代入；若是压应变，ε 应以负值代入。如果设法使试件受力时，应变片 $R_1 \sim R_4$ 产生的电阻增量（或感受到的应变 $\varepsilon_1 \sim \varepsilon_4$）正负号相间，就可以使电桥输出电压 U_o 成倍地增大。因此，为了提高电桥的灵敏度，将电阻应变片接入电桥时应保证电桥各桥臂中电阻应变片对臂受力方向一致，邻臂受力方向相反。

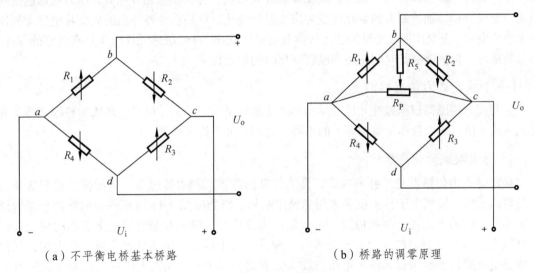

（a）不平衡电桥基本桥路　　　　　　（b）桥路的调零原理

图 2-15　桥式测量转换电路

根据不同的要求，应变电桥有 3 种工作方式（假设各应变片的特性及参数相同）：

单臂电桥工作方式（即 R_1 为应变片，R_2、R_3、R_4 为固定电阻，$\Delta R_2 \sim \Delta R_4$ 均为零），电桥输出电压为：

$$U_o = \frac{U_i}{4}\frac{\Delta R}{R} = \frac{U_i}{4}K\varepsilon \tag{2-8}$$

双臂电桥工作方式（即 R_1、R_2 为应变片，R_3、R_4 为固定电阻，$\Delta R_3 = R_4 = 0$），电桥输出

电压为：

$$U_\text{o} = \frac{U_\text{i}}{2}\frac{\Delta R}{R} = \frac{U_\text{i}}{2}K\varepsilon \tag{2-9}$$

全桥工作方式（即电桥的四个桥臂均为应变片），电桥输出电压为：

$$U_\text{o} = U_\text{i}\frac{\Delta R}{R} = U_\text{i}K\varepsilon \tag{2-10}$$

上述 3 种工作方式中，全桥四臂工作方式的灵敏度最高，双臂半桥次之，单臂电桥灵敏度最低。

采用双臂半桥或全桥的另一个好处是能实现温度自补偿。当环境温度升高时，桥臂上的应变片温度同时升高，温度引起的电阻值漂移数值一致，可以相互抵消，所以全桥的温漂较小，半桥也同样能克服温漂。

实际使用中，R_1、R_2、R_3、R_4 不可能严格地成比例关系，所以即使在未受力时，桥路的输出也不一定为零，因此必须设置调零电路，如图 2-15（b）所示。调节 R_P，最终可以使 $R_1' / R_2' = R_4 / R_3$（R_1'、R_2' 是 R_1、R_2 并联 R_P 后的等效电阻），电桥趋于平衡，U_o 被预调到零位，这一过程称为调零。图中的 R_5 是用于减小调节范围的限流电阻。

六、应变式传感器的应用

应变式传感器由弹性敏感元件、应变片和外壳组成。弹性敏感元件把力、压力或加速度转换成应变或位移，把被测力的变化转变为应变量的变化。粘贴在弹性体上的应变片也感受到同样大小的应变，应变片把应变量的变化转换成电阻的变化。弹性敏感元件应该具有良好的弹性、足够的精度，保证能够长时间使用和温度变化时的稳定性。

（一）应变式力传感器的类型

应变式力传感器根据弹性元件的结构形式（悬臂梁式、柱式、筒式、环式和轮辐式等）和受载形式（拉、压、弯曲、剪切等）的不同，它们可分为许多种类。

1. 悬臂梁式力传感器

悬臂梁式力传感器是一种高精度、性能优良的称重、测力传感器，采用弹性梁和应变片作为转换元件。民用电子秤中就多采用悬臂梁结构，当力以图 2-16 所示的方向作用于悬臂梁的末端时，梁的上表面产生拉应变，下表面产生压应变，粘贴在悬臂梁上下表面的应变片产生机械变形，上下表面的应变大小相等符号相反，四个应变片组成四臂全桥工作电路，通过全桥测量电路转换后可得到输出电压与输入力 F 之间的关系，输出电压越大代表施加的力 F 越大。

悬臂梁式传感器有多种形式。等截面梁即悬臂梁的横截面处处相等的梁，当外力作用在梁的自由端时，在固定端产生的应变最大。等强度梁是一种特殊形式的悬臂梁，特点是沿梁长度方向的截面按一定规律变化，当集中力作用在梁端三角形顶点时，在梁表面整个长度 z 方向上产生的应变大小相等，与贴片位置无关，这种梁的优点是在长度方向上粘贴应变片的要求不严格。

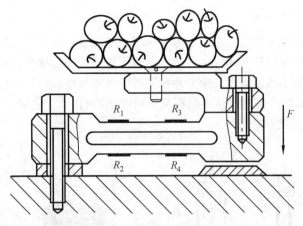

图 2-16　悬臂梁式电子秤称重原理示意图

如图 2-17 所示为悬臂梁实物图，多用于小量程工业电子秤和商业电子秤。悬臂梁式传感器最小可测几十克重，也可达到很大的量程，如钢制工字悬臂梁结构传感器量程为 0.2～30 t，精度可达 0.02%（FS）。悬臂梁式传感器具有结构简单、应变片容易粘贴、灵敏度高等特点。

图 2-17　悬臂梁式力传感器

2. S 形结构力传感器

S 形弹性结构也称为环式结构，适用于测量拉力或压力，市面上常见的吊钩秤多采用这种结构，称重传感器及起重设备上的吊钩秤如图 2-18 所示。

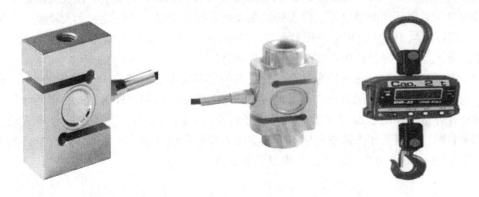

图 2-18　S 形称重传感器及吊钩秤实物图

3. 柱式、筒式力传感器

柱式、筒式力传感器常用于荷重、压力等物理量的测量，这类传感器常用于较大载荷的测量，可用于测量汽车质量的汽车衡，也可用于自动配料系统的液罐秤。图 2-19（a）、（b）分别为柱式、筒式力传感器结构示意图，应变片粘贴在弹性体外壁应力分布均匀的中间部分，对称地粘贴 4 片，电桥连线时考虑尽量减小载荷偏心和弯矩影响。4 个电阻应变片 R_1、R_2、R_3 和 R_4 组成全桥电路，以减小弯矩影响。

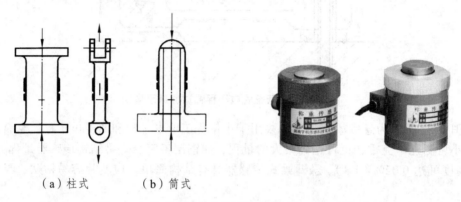

（a）柱式　　　（b）筒式

图 2-19　柱式、筒式力传感器结构示意图及实物图

（二）应变式传感器的应用

电阻应变式传感器可以测量力、压力、力矩、应力、应变、荷重、加速度等参数，这里列举几个常见实例。

1. 电子秤

电阻应变式电子秤精度高、反应速度快、结构紧凑、抗震抗冲击性强，能广泛应用于商业计价秤、邮包秤、医疗秤、计数秤、港口秤、人体秤及家用厨房秤。

（1）商用电子计价秤：电阻应变式计价称重传感器的误差已可做到小于满量程的 0.02%。

图 2-20 为 0～5 kg 电子计价秤的外形、功能部件位置示意图及内部结构图，在中间装置一只专门设计的传感器来承担物料的全部重量。尽管单只传感器支撑了一个大面积的秤台，但能保证四角误差小于 1/3 000～1/2 000。单只传感器支撑秤台的设计方案，不仅大大降低了秤台和传感器的造价，而且使激励电源、仪表的数据处理及秤的调试大为简化，大大降低了系统的成本。微处理器的应用，使商用电子秤具有多种功能，例如自动跟踪去零、自动去皮、单价显示、费用累计等，通过一定接口电路，还可进行自动打印。

（2）电子汽车衡　公路运输是社会物资集散的主要渠道之一。工厂、矿山、港口、机场、车站、仓库等企业，均需用电子汽车衡对运输物料的车辆进行商贸计量，或在车间分厂之间进行内部结算计量。如图 2-21 为双台面低坑电子汽车秤应用示意图，图 2-22 为便携式动态汽车秤应用示意图。随着近年来荷重传感器、称重仪表和秤台设计制作技术的快速进步，制造系统精度优于 2000～3000 分度的电子汽车衡也已非难事。

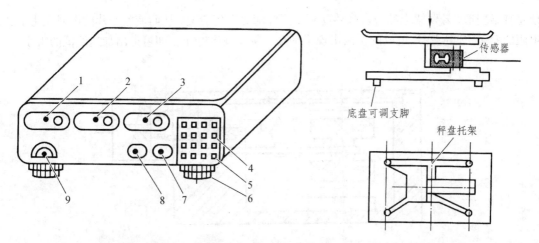

图 2-20　电子计价秤的外形及功能部件位置示意图及内部结构图

1—重量；2—单价；3—金额；4—计数器；5—清除按钮；6—校平角；7—去皮；8—置零；9—水平仪

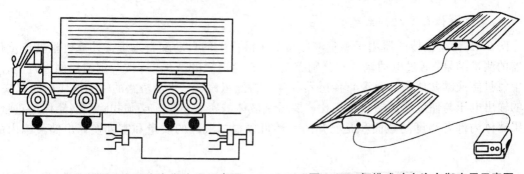

图 2-21　双台面低坑电子汽车衡应用示意图　　　图 2-22　便携式动态汽车衡应用示意图

2. 应变式数显扭矩扳手

电阻应变片粘贴在扭转轴上可以测量扭矩大小，可用于汽车、摩托车、飞机、内燃机、机械制造和家用电器等领域，准确控制紧固螺纹的装配扭矩。如图 2-23 为数显式扭矩扳手，量程 2～500 N·m，耗电量≤10 mA，有公制/英制单位转换、峰值保持、自动断电等功能。

图 2-23　数显式扭矩扳手

3. 应变式加速度传感器

应变式加速度传感器不适用于频率较高的振动和冲击场合，一般适用频率为 10～60 Hz。图 2-24 是依据 $a = F/m$ 的原理测量物体加速度的应变式加速度传感器。将传感器壳体与被测对象刚性连接，当被测物体以加速度运动时，质量块受到一个与加速度方向相反的惯性力作用，使悬臂梁变形，悬臂梁上的应变片感受到变形并随之产生应变，从而使应变片的电阻发生变化。电阻的变化引起应变片组成的桥路出现不平衡，从而输出电压，即可得出加速度值的大小。

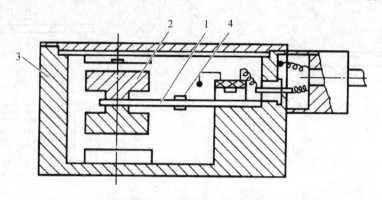

图 2-24 应变式加速度传感器

1—等强度梁；2—质量块；3—壳体；4—电阻应变敏感元件

4. 灌装液体自动配料系统

图 2-25 为荷重传感器用于测量液体质量（液位）的自动配料系统，计算机根据荷重传感器的测量结果，通过电动调节阀分别控制 A、B 储液罐的液位，并按一定的比例进行混合。图中每只储液罐共使用 4 只荷重传感器及 4 个桥路激励源，4 个桥路的输出电压串联起来，总的输出电压与储液罐的质量成正比。要得到液体的实际质量，必须扣除金属罐体的重量。如果罐体内部各高度的截面积是已知的，还可以根据液体的质量和密度换算出储液罐内的液位。

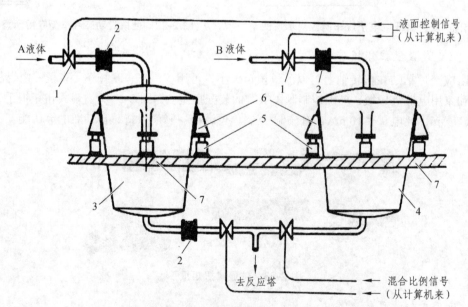

图 2-25 荷重传感器用于测量液体质量（液位）的自动配料系统

1—电动比例调节阀；2—膨胀节；3—储液罐 A；4—储液罐 B；5—荷重传感器；6—支撑构件；7—支撑平台

5. 称重式料位计

称重式料位计由装在料槽的测力传感器、支承架、运算处理器以及料位指示报警仪组成。

其工作原理如图 2-26 所示，它实际上是通过检测料位槽原料质量间接指示其料位的，并可发出料位的上下限报警。

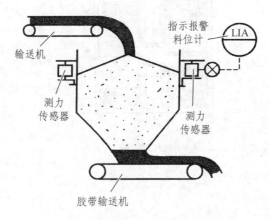

图 2-26　称重式料位计工作原理图

6. 固态压阻式压力传感器

压力与生产、科研生活等各方面密切相关，因此压力测量也是本课的重点之一。根据不同的测量条件，压力又可分为绝对压力和相对压力，相对压力又可分为差压和表压，因此测量压力的传感器也可分为绝对压力传感器、差压传感器和表压传感器。

（1）绝对压力传感器：所测得的压力数值是相对于密封在绝对压力传感器内部的基准真空而言的，是以真空为起点的压力。当绝对压力小于 101 kP 时，可以认为是"负压"，所测得压力相当于真空度。

（2）差压传感器：差压是指两个压力 P_1 和 P_2 之差，又称压力差。一般情况下，管道左右两侧均存在很大的压力，膜片的弯曲方向主要由左右两侧的压力之差决定，而与大气压（环境压力）无关。例如 $P_1 = 0.9 \sim 1.1$ MPa，$P_2 = 0.9 \sim 1.0$ MPa，就必须选择测量范围为 $-0.1 \sim + 0.2$ MPa 的差压传感器。差压传感器在使用时不允许在一侧仍保持很高压力的情况下，将另一侧的压力降低到零（环境压力），这样将使原来用于测量微小差压的膜片破裂。

（3）表压传感器：表压测量是差压测量的特殊情况。测量时，它以环境大气压为测量基准，将差压传感器的一侧向大气敞开，就形成表压传感器。表压传感器的输出为零时，而膜片实际上均存在一个大气压的绝对压力。当医生测量血压时，实际上就是测量人体血压与大气压力之差。这类传感器的输出随大气压的波动而波动，但误差不大。在工业生产和日常生活中所提到的压力绝大多数指的是表压。

单晶硅材料受到力的作用后，其电阻率就要发生变化，这种现象称为压阻效应。根据应用目的和制作工艺不同，压阻式压力传感器有体型、薄膜型、扩散型、外延型等多种类型。扩散型压阻式传感器就是利用单晶硅材料的压阻效应和集成电路制造技术制成的新型传感器。它是在电阻率很大的单晶硅膜片上直接扩散一层 P 型或 N 型半导体，形成一层极薄的导电层，硅膜片在压力作用下产生微量变形，从而使硅片阻值变化，利用全桥电路将电阻值的变化转换为电压信号输出，如图 2-27 为扩散硅式压力传感器的结构示意图及等效电路图。

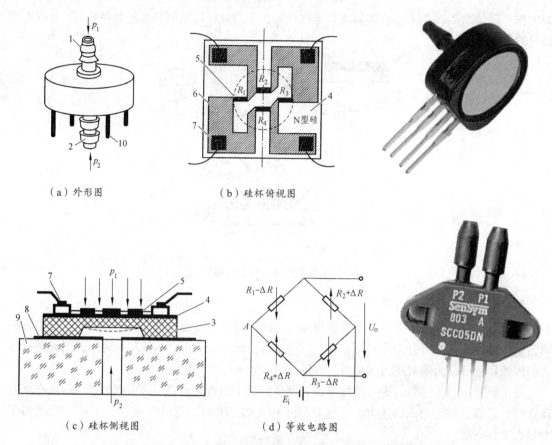

（a）外形图　　　　　　　　　　（b）硅杯俯视图

（c）硅杯侧视图　　　　　　　　（d）等效电路图

图 2-27　扩散硅式压力传感器的结构示意图及等效电路图
1—进气口 1；2—进气口 2；3—硅杯；4—单晶硅膜片；5—扩散型应变片；6—扩散电阻引线；
7—电极及引线；8—玻璃黏结剂；9—玻璃基板；10—引脚

随着集成电路技术的发展，扩散型压阻式传感器获得了迅速发展，它克服了体型压阻式传感器的缺点，能够将电阻条、补偿线路、信号调整线路集成在一块硅片上，甚至还可以将计算机电路与传感器集成一体，制成"智能传感器"。扩散型压阻式传感器稳定性好，机械滞后和蠕变小，电阻温度系数也比一般体型的小一个数量级。

压阻式传感器可以进行压力、压力差、冲击波、液位、加速度、应变、真空度等物理量的测量和控制。例如，在石油勘探和开发上，作为随钻测向、测位系统的敏感元件。在机械工业上可用来测量冷冻机、空调器、空气压缩机、燃气涡轮发动机等气流流速，以监测机器的工作状态。在邮电系统用作地面和地下密封电缆故障点的检测和确定。在航运上测量水的流速以及测量输水管道、天然气管道、灌溉沟渠内的流速等。随着计算机、微处理器的普遍应用，压阻式压力传感器的应用将会更加重要和广泛。

压阻式压力传感器体积小、结构简单、灵敏度高，将其倒置于液体底部时，可以测出液体的液位，这种形式的液位计称为投入式液位计（见图 2-28）。压阻式压力传感器安装在不锈钢壳体内，并由不锈钢支架固定放置于液体底部。传感器高压侧进气孔与液体相通，传感器的低压侧进气孔通过一根长长的橡胶背压管与大气相通，传感器的信号线、电源线也通过背压管与外界的仪表接口相连接。被测液位可由公式 $h = h_0 + h_1 = h_0 + p_1 / \rho g$ 得到。这种投入式液位传感器安装方便，适应于深度为几米至几十米且混有大量污物、杂质的水或其他液体的液位测量。

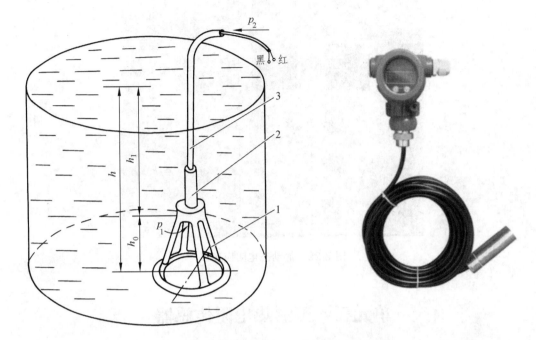

图 2-28 投入式液位计使用示意图及实物图
1—支架；2—压阻式压力传感器壳体；3—背压管

（三）电阻应变仪简介

电阻应变仪是专门用于测量电阻应变片的应变量的仪器。当被测量是被测试件的应变、应力等物理量时，可以将应变片贴在被测试点上，然后将其接到电阻应变仪上就可直接从应变仪上读取被测试件的应变量，经适当换算，还可以得到应力等参数。

1. 电阻应变仪的分类

从应变仪的用途来看，应变仪可分为静态应变仪和动态应变仪。静态应变仪是用于测量不随时间而变化的（或缓慢变化）静态应变的，它的准确度很高，分辨力可达 1 με。动态应变仪用于测量动态应变，其工作频率一般为 0 ~ 2 kHz，有的可高达 10 kHz。它采用动态特性、稳定性、线性度均很好的放大器来放大桥路输出的动态电压信号，放大器的输出可以直接驱动示波器，描绘出动态应变的波形。

一台应变仪通过一系列切换开关，可测几十个测点。随着集成电路、数显技术的不断发展，智能化应变仪应运而生，其功能和性能日趋完善。能做到定时、定点自动切换，测量数据可自动修正、存储、显示和打印记录。图 2-29 为一台静动态电阻应变仪。

2. 电阻应变仪的应用实例

电阻应变仪可以测量飞机、汽车、农具等应力集中处的应力、应变，以确定材料的最佳厚度。工程技术人员经常进行桥梁的荷载试验、斜拉桥上的斜拉绳应变测试、水泥管桩的质量检验等工作，都需要粘贴应变片借助电阻应变仪测量相关数据。

图 2-29 静动态电阻应变仪

单元三　测温热电阻传感器

温度是工业领域及生活中常用的一个物理量，大家在生活中经常接触到数字显示的电子温度计，读数直观、方便。测量温度的传感器很多，有热电偶、红外线辐射温度计、半导体集成温度计等，热电阻传感器就是一种能将温度信号转换为电信号的温度传感器。

按热电阻性质不同，热电阻分为金属热电阻和半导体热电阻两大类，大多数金属热电阻具有正温度系数，即温度越高电阻越大，而半导体热电阻因其材料不同，有正温度系数和负温度系数两类。金属热电阻简称热电阻，而半导体热电阻灵敏度比前者高得多，又被称为热敏电阻。

一、热电阻

热电阻主要是利用电阻值随温度升高而增大的特性进行温度测量的。在工业上，热电阻广泛用来测量 $-200 \sim +960\ ℃$ 范围内的温度。热电阻材料一般应满足下列要求：

（1）电阻温度系数要大，以便提高热电阻的灵敏度。

（2）电阻率尽可能大，以便在相同灵敏度下减少电阻体尺寸。

（3）热容量要小，以便提高热电阻的响应速度。

（4）在整个测量温度范围内，应具有稳定的物理和化学性能。

（5）电阻与温度的关系最好接近于线性。

（6）加工容易、价格便宜等。

根据对热电阻的要求及金属材料的特性，目前最广泛使用的热电阻材料是铜和铂，另外随着低温和超低温测量技术的发展，已开始采用铟、锰和碳等作为热电阻的材料。

（一）热电阻的结构

金属热电阻传感器的结构随用途不同而各异，一般有普通型、铠装型、薄膜型等。普通型热电阻由感温元件（金属电阻丝）、支架、引出线、保护套管、接线盒等基本部分组成。普通工业热电阻的结构示意图及实物图如图 2-30 所示，市场上还有很多其他结构的热电阻如图 2-31 所示。

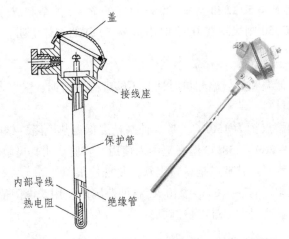

图 2-30　普通工业热电阻传感器结构图及实物图

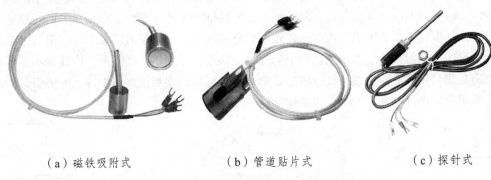

（a）磁铁吸附式　　　　　（b）管道贴片式　　　　　（c）探针式

图 2-31　常见金属热电阻传感器实物图

（二）常用热电阻

1. 铂热电阻

铂具有稳定的物理、化学性能，是目前制造热电阻的最好材料，可作为高精度工业测温元件和温度标准元件。它通常用作标准温度计，被广泛应用于作温度的基准、标准的传递，因其长时间稳定，复现性非常好，是目前测温复现性最好的一种温度计。主要缺点是在还原气氛中容易被侵蚀变脆，因此一定要加保护套管。铂电阻温度计的使用范围是 - 200 ~ + 960 ℃。目前我国规定工业用铂热电阻有 $R_0 = 25\ \Omega$ 和 $R_0 = 100\ \Omega$ 两种，它们的分度号分别为 Pt25 和 Pt100，其中以 Pt100 最为常用。Pt100 表示在 0 ℃时阻值为 100 Ω 的铂热电阻。不同分度号的铂热电阻有相应分度表，即 $R_t - t$ 的关系表，参考书后附录一。现行热电阻分度表是按照 1990 年国际温标的要求制定的。这样在实际测量中，只要测得热电阻的阻值 R_0，便可从分度表上查出对应的温度值。

2. 铜热电阻

当测量精度要求不高，测量范围不大时，可以用铜电阻代替铂电阻，以便在测量精度要求范围内降低成本。铜热电阻测量范围为 $-50 \sim +150\,°C$，电阻温度系数大，铜电阻在测量范围内其电阻值与温度的关系几乎是线性的，即在一定温度范围内为常数。铜电阻电阻率低、体积较大、热惯性大、在 $100\,°C$ 以上容易氧化，因此在使用时要根据具体情况选用。与铂电阻一样，在工业中也把 $R_0 = 50\,\Omega$ 和 $R_0 = 100\,\Omega$ 对应的 $R_t - t$ 关系制成分度表，相应分度号分别为 Cu50 和 Cu100，Cu50 则表示在 $0\,°C$ 时阻值为 $50\,\Omega$ 的铜热电阻，参考书后附录二。

3. 其他热电阻

铂、铜热电阻用于低温和超低温测量时性能不够理想，而铟、锰、碳等热电阻材料都是测量低温和超低温的理想材料。

（1）铟电阻：铟的熔点约为 $150\,°C$，是一种高精度低温热电阻。铟电阻用 99.99% 高纯度的铟丝绕成电阻，可在 $-269 \sim 258\,°C$ 温度范围内使用。实验证明其灵敏度比铂高 10 倍，故可用于不能使用铂的低温范围。其缺点是材料很软，复现性很差。

（2）锰电阻：锰电阻适宜在 $-271 \sim 210\,°C$ 温度范围内使用，电阻值随温度变化大，灵敏度高。锰电阻的缺点是脆性很大，难以控制成丝。

（三）热电阻的测量转换电路

在用热电阻温度传感器进行测温时，经常使用直流电桥作为测量线路。为满足不同测量精度的要求，热电阻内部导线的形式有两线制、三线制和四线制，如图 2-32 所示。两线制适用于不需要较高精度且测温热电阻与检测仪表距离较近的场合。三线制可以减小热电阻与测量仪表之间连接导线的电阻因环境温度变化所引起的测量误差，适用于工业测量。四线制不仅可以消除热电阻与测量仪表之间连接导线电阻的影响，而且可以消除测量线路中寄生电势引起的测量误差，多用于标准计量和实验室，测量精度高。

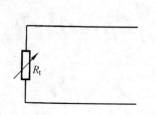 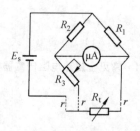 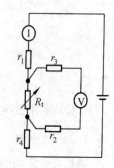

图 2-32 热电阻的测量转换电路

（四）热电阻传感器的应用

热电阻温度传感器根据需要可应用在不同的场合，比如铜热电阻可用于热水器水温测量、装配式热电阻可用于管道内气体液体温度测量、探针式铂热电阻可做家用油温计、贴片式热电阻可用于管道表面温度测量、铠装式热电阻可用于解决狭长复杂结构的测温问题等。测温传感器有时是直接进行温度测量，有时可利用温度与其他物理量的关系，实现其他物理量的测量、温度补偿、保护以及控制等功能。

图 2-33 是采用铂热电阻测量气体或液体管道中流量的原理图。热电阻 R_{T1} 的探头放在气体或液体的实测流路中，而另一个热电阻 R_{T2} 的探头则放置在温度与被测介质相同，但不受介质流速影响的连通室内。热电阻式流量计是根据介质内部热传导现象制成的，如果将温度为 T_n 的热电阻放入温度为 T_c 的介质内，设热电阻与介质相接触的面积为 A，通过计算热电阻耗散的热量 Q，可获得气体或液体介质的平均流速或流量。

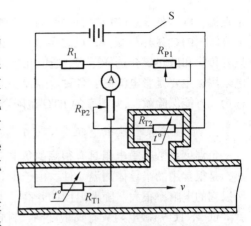

图 2-33　铂热电阻测量管道流量的原理图

电阻 R_{T1}、R_{T2}、R_{P1}、R_{P2} 组成一个电桥，电桥在气体或液体介质静止不流动时处于平衡状态，电流表中无电流指示；当介质流动时，由于介质会带走热量，从而使热电阻片 R_{T1} 与 R_{T2} 的散热情况出现差异，R_{T1} 的温度下降，使电桥电路失去平衡，产生一个与介质流量变化相对应的电流流经电流表。如果事先将电流表按平均流量标定过，则从电流表的刻度上便知气体或液体介质流量的大小。

二、热敏电阻

热敏电阻是一种新型的半导体测温元件，一般适用于 $-100 \sim +300\ ^\circ\text{C}$ 之间的温度及其有关参数的测量，也被广泛用在温度控制及电子线路的热补偿电路中。

热敏电阻灵敏度高，是热电阻灵敏度的几百倍，可以完成更精确的温度测量任务；体积小，可以制成各种不同的形状；还具有稳定性好、使用方便、寿命长、工作温度范围宽、过载能力强等优点，但是它的电阻值与温度变化关系的线性特性差。

（一）热敏电阻的类型及特性

一般情况下，金属导体的电阻值随温度的升高而增大，但半导体的电阻值随温度的升高有的增大，而有的则急剧减小，甚至呈现非线性。但是在温度变化相同时，热敏电阻的阻值变化约为铂热电阻的 10 倍，因此可以用它来测量 $0.01\ ^\circ\text{C}$ 或更小的温度差异。

热敏电阻的温度系数可以分为正温度系数（PTC）、负温度系数（NTC）和临界温度系数（CTR），其电阻值与温度之间的特性曲线如图 2-34 所示。

1. 正温度系数热敏电阻（PTC）

正温度系数热敏电阻的阻值随温度升高而增大，且有斜率最大的区域，当温度超过某一数值时，其电阻值朝正的方向快速变化。

多数 PTC 热敏电阻的温度-电阻特性呈非线性，如图 2-34 中曲线 4 所示。由本征锗或本征硅材料制成的线性 PTC 热敏电阻的线性度较好，如图 2-34 中曲线 3 所示。

PTC 热敏电阻有如下优点：①具有恒温、调温和自动控温的特殊功能；②只发热，不发红，无明火，不易燃烧；③对电源无特殊要求，电源无论是交流还

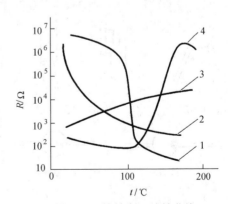

图 2-34　热敏电阻特性曲线

是直流，电压从 3 ~ 440 V 均可使用；④ 热交换率高，节约能源，PTC 元件有限流作用，温度上升时，PTC 发热量减少，反之则增加，因而能节约大量能源；⑤ 响应时间快，一般情况下，只要传热和散热媒介选择适当，通电几秒钟即可达到预定的温度；⑥ 使用寿命长等。PTC 热敏电阻用途主要是彩电消磁、各种电器设备的过热保护等，在电子线路中常作自恢复熔断器，被称为"万能保险丝"，大功率的 PTC 型陶瓷热电阻还可以作为发热元件用于电热暖风机。

2. 负温度系数热敏电阻（NTC）

负温度系数热敏电阻具有很高的负电阻温度系数，NTC 型热敏电阻研制得较早，也比较成熟，是很常用的半导体测温元件。由于半导体中载流子的数目远比金属中的自由电子少得多，所以它的电阻率很大。随着温度的升高，半导体中参加导电的载流子数目就会增多，电阻率也就降低。NTC 热敏电阻具有灵敏度高、响应速度快、寿命长、价格低等优点。NTC 热敏电阻主要用于测温，常用于家用电器、电子设备的温度测量，其电阻值与温度之间呈负指数关系，特性曲线如图 2-34 中曲线 2 所示。

3. 临界温度系数热敏电阻（CTR）

临界温度系数热敏电阻也具有负温度系数，但在某个温度范围内电阻值急剧下降，曲线斜率在此区段特别陡，灵敏度极高。由于具有开关特性和一个温度突变点，主要用作温度开关或各种电子电路中抑制浪涌电流，起保护作用。特性曲线如图 2-34 中曲线 1 所示。各种热敏电阻的阻值在常温下很大，通常都在数千欧以上，所以连接导线的阻值几乎对测温没有影响，不必采用三线制或四线制接法，给使用带来了方便。另外，热敏电阻的阻值随温度改变显著，只要很小的电流流过热敏电阻，就能产生明显的电压变化，而电流对热敏电阻自身有加热作用，所以应注意不要使电流过大，防止带来测量误差。

（二）热敏电阻的结构

一般情况下，热敏电阻主要由热敏探头 1、引线 2、壳体 3 构成，如图 2-35 所示。最常见的热敏电阻是由金属氧化物半导体材料在不同的条件下烧制而成的，如锰、钴、铁、镍、铜等多种氧化物混合烧结而成。

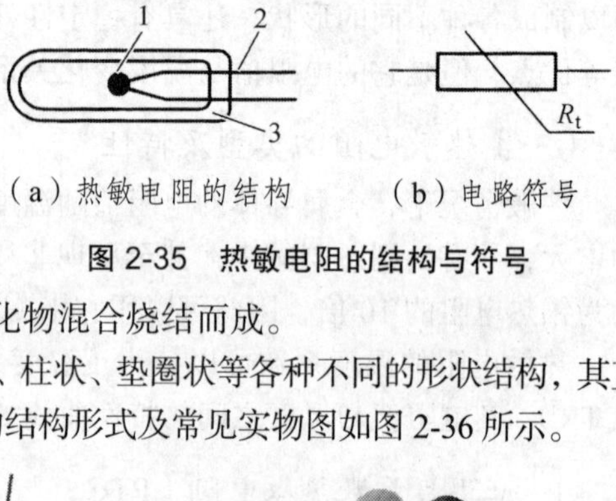

（a）热敏电阻的结构　　　（b）电路符号

图 2-35　热敏电阻的结构与符号

根据不同的使用要求，可以把热敏电阻制成片状、柱状、垫圈状等各种不同的形状结构，其直径或厚度约为 1 cm，长度往往不到 3 cm，热敏电阻的结构形式及常见实物图如图 2-36 所示。

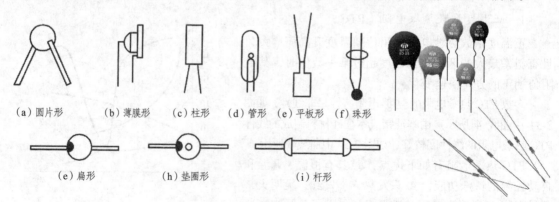

（a）圆片形　　（b）薄膜形　　（c）柱形　　（d）管形　　（e）平板形　　（f）珠形

（e）扁形　　　　（h）垫圈形　　　　　（i）杆形

图 2-36　热敏电阻的结构形式及实物图

（三）热敏电阻的常用型号

热敏电阻具有尺寸小、响应速度快、灵敏度高等优点，因此在许多领域得到广泛应用。但是根据产品型号不同，其适用范围也各不相同，表 2-2 给出了部分热敏电阻传感器的型号与用途。

表 2-2　部分热敏电阻传感器的型号与用途

名称/型号	性 能 指 标		应 用
PXN-64 型热敏电阻传感器	量程：0～60 ℃ 电阻值：5.4 kΩ 绝缘电阻：>100 MΩ 功率：0.5 mW	工作温度：−10～90 ℃ 电阻误差：10% AC 耐电压：500 V	热响应性、再现性和稳定性良好，利用其温度特性构成工业测温用温度传感器，也可用作家用温度调节器及微型计算机的温度传感器
BYE-64 型热敏电阻传感器	量程：50～200 ℃ 电阻值：34.1 kΩ 绝缘电阻：>1 000 MΩ 功率：0.5 mW	工作温度：−30～230 ℃ 电阻误差：10% AC 耐电压：500 V	用于测量物体表面温度
BXB-53 型热敏电阻传感器	量程：0～150 ℃ 电阻值：10.67 kΩ 绝缘电阻：>100 MΩ	工作温度：−50～250 ℃ AC 耐电压：500 V 功率：0.5 W	用于测量液体温度和物体内部温度
PXA-24 型热敏电阻传感器	量程：0～100 ℃ 电阻值：8.536 kΩ 绝缘电阻：>100 MΩ	工作温度：−30～230 ℃ AC 耐电压：500 V 功率：0.5 mW	可用于控制热水温度、浴池温度及暖气设备温度
PXK-67 型热敏电阻传感器	量程：0～100 ℃ 电阻值：8.536 kΩ 绝缘电阻：>100 MΩ	工作温度：−30～230 ℃ AC 耐电压：500 V 功率：0.5 mW	用于高精度测量液体温度

（四）热敏电阻的应用

热敏电阻常被用来对温度进行测量，可用来作为补偿元器件，也可作为控制开关来应用，还可用来对流量进行测量，对电路进行保护等。将热敏电阻用于温度补偿，是其应用的重要方面，利用热敏电阻的电阻温度特性来补偿电路中某些具有相反电阻温度系数的元件，从而改善该电路对环境温度变化的适应能力。比如利用 NTC 热敏电阻来补偿晶体管 VT 温度特性，当温度升高使晶体管集电极电流 I_c 增加，同时由于温度升高也使 NTC 热敏电阻器 R 的阻值相应地减小，则晶体管基极电位 U_b 下降，从而使基极电流 I_b 减小，达到稳定静态工作点的目的。在汽车空调温度控制中，热敏电阻常与继电器或与相应的信号保护装置的电磁线圈相连用。把热敏电阻置于要控制的地方，当温度改变时，引起热敏电阻阻值剧变，电流雪崩式地增加，该电流经过放大或直接流经继电器使之动作，从而达到控制温度的目的。热敏电阻一般功率较小，但现在已开发出特殊用途的大功率热敏电阻，它的电流容量与体积比普通热敏电阻大得多。大功率热敏电阻主要用于限制电流，因此多用于各种电子装置的过流保护。

单元四　气敏传感器及湿敏传感器

工业、科研、生活、医疗、农业等许多领域都需要测量环境中某些气体的成分、浓度，而且很多场合也离不开温度及湿度测量。例如，煤矿中瓦斯气体浓度超过极限值时，有可能发生爆炸；家庭发生煤气泄漏时，可能发生悲剧性事件；锅炉和汽车发动机汽缸燃烧过程中 O_2 含量不达标时，效率将下降，并造成环境污染。许多储物仓库在湿度超过某一程度时，物品易发生变质或霉变现象；而纺织厂要求车间的相对湿度保持在 60% ~ 70%；在农业生产中的温室育苗、食用菌培养、水果保鲜等都需要对湿度进行检测和控制。居室的湿度适中人们才会感觉舒适；下面就简单介绍一下检测特定气体的气敏电阻传感器和测量相对湿度测量的湿敏电阻传感器。

一、气敏电阻传感器

使用气敏电阻传感器（简称气敏电阻）可以把某种气体的成分、浓度等参数转换成电阻变化量，再转换为电流或电压信号。气敏电阻品种繁多，这里主要介绍还原性气体气敏电阻及氧浓度气敏电阻。

1. 气敏电阻传感器的类型

所谓还原性气体就是在化学反应中能给出电子，化学价升高的气体。还原性气体多数属于可燃性气体，例如石油蒸气、酒精蒸气、甲烷、乙烷、煤气、天然气、氢气等。

测量还原性气体的气敏电阻一般是用 SnO_2、ZnO 或 Fe_2O_3 等金属氧化物粉料添加少量铂催化剂、激活剂及其他添加剂，按一定比例烧结而成的半导体器件。金属氧化物的成分及比例不同，对气体的敏感程度也不同。一般来讲，SnO_2 可以检测 CH_4，C_3H_8，H_2，CO，酒精蒸汽及 H_2S 等；ZnO 中加入 Pt 对异丁烷、丙烷及乙烷敏感，而加入 Pd 对 H_2、CO、CH_4 及烟雾敏感；Fe_2O_3 对烷类气体敏感。气敏半导体器件一般由塑料底座、电极引线、不锈钢网罩、气敏烧结体以及包裹在烧结体中的两组铂丝组成。一组铂丝为工作电极，另一组为加热电极及工作电极，如图 2-37 所示。

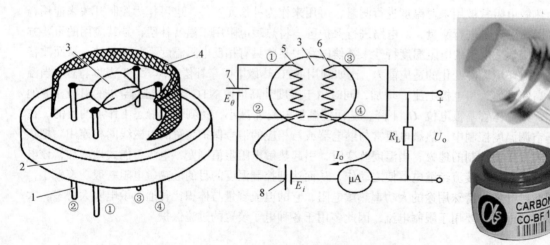

（a）气敏电阻外形　　　（b）基本测量转换电路　　　（c）气敏电阻实物图

图 2-37　气敏电阻结构、电路与实物图

1—引脚；2—塑料底座；3—烧结体；4—不锈钢网罩；5—加热电极；
6—工作电极；7—加热回路电源；8—测量回路电源

气敏电阻的工作原理比较复杂，一般来讲还原性气体浓度增高，气敏电阻电阻率下降，导致电阻值下降。气敏电阻工作时必须加热到 200～300 ℃，其目的是烧去气敏电阻表面的污物，加速化学吸附提高灵敏度。气敏半导体灵敏度特性曲线如图 2-38 所示，气敏电阻在被测气体浓度较低时有较大的电阻变化，而当被测气体浓度较大时，其电阻率的变化逐渐趋缓，有较大的非线性。这种特性较适用于气体的微量检漏、浓度检测或超限报警，被广泛用于煤炭、石油、化工、家居等各种领域。

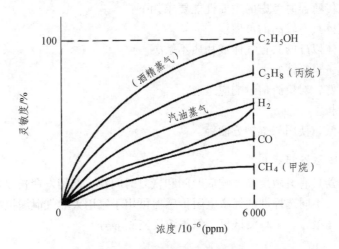

图 2-38　气敏电阻的灵敏度特性曲线

半导体材料二氧化钛（TiO_2）属于 N 型半导体，对氧气十分敏感。其电阻值的大小取决于周围环境的氧气浓度。当周围氧气浓度较大时，氧原子进入二氧化钛晶格，改变了半导体的电阻率，使其电阻值增大。上述过程可逆，当氧气浓度下降时，氧原子析出，电阻值减小。

TiO_2 气敏电阻必须在上百度的高温下才能工作，因此气敏电阻外面套一个加热电阻丝进行预热以激活 TiO_2 气敏电阻。如图 2-39 为氧浓度传感器结构图，与 TiO_2 气敏电阻串联的热敏电阻 R_t 起温度补偿作用。当环境温度升高时，TiO_2 气敏电阻的阻值会逐渐减小，只要 R_t 也以同样的比例减小，根据分压比定律，U_o 不受温度影响，减小了测量误差。

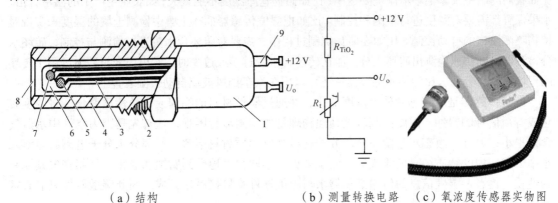

（a）结构　　　　　　　（b）测量转换电路　（c）氧浓度传感器实物图

图 2-39　TiO_2 氧浓度传感器及测量转换电路

1—外壳（接地）；2—安装螺栓；3—搭铁线；4—保护管；5—补偿电阻；
6—陶瓷片；7—TiO_2 氧敏电阻；8—进气口；9—引脚

目前还有一种二氧化锆氧浓度传感器，也可用于氧浓度测量。氧浓度传感器常用于汽车或燃烧炉排放气体中氧含量的测量，汽车上通常会安装有氧传感器，把检测到的排气中氧含量信息反馈回给汽车电控单元，以调整点火时间和喷油时间,做到尽可能充分燃烧，减少大气污染。如图 2-39（c）为用于汽车尾气分析的氧浓度传感器。

2. 气敏电阻传感器的主要性能要求

选配气敏电阻传感器时考虑的主要性能要求如下：

（1）对被测气体具有较高的灵敏度。

（2）对被测气体以外的共存气体或物质不敏感。

（3）性能稳定，重复性好。

（4）动态特性好，对检测信号响应迅速。

（5）使用寿命长。

（6）制造成本低，使用与维护方便等

3. 气敏电阻传感器的应用

气敏电阻传感器具有灵敏度高、响应时间和恢复时间快、使用寿命长以及成本低等优点，得到了广泛的应用。不同选择性的气敏电阻传感器可用于家用天然气泄漏报警器、矿井瓦斯超限报警器、有害气体报警、酒精测试仪、氧气浓度监测等等。

二、湿敏传感器

湿度是指大气中的水蒸气含量，通常采用绝对湿度和相对湿度两种表示方法。绝对湿度是指在一定温度和压力条件下，每单位体积的混合气体中所含水蒸气的质量，单位为 g/m^3，一般用符号 AH 表示。相对湿度是指气体的绝对湿度与同一温度下达到饱和状态的绝对湿度之比，一般用符号 %RH 表示。相对湿度给出大气的潮湿程度，它是一个无量纲的量，在实际使用中多使用相对湿度这一概念。

湿度的检测与控制在现代科研、生产、生活中越来越重要，湿度传感器的应用也越来越广泛。比如我们的居室及车辆环境湿度要适中；比如储物仓库湿度不能太大；如农业生产中的温室育苗、水果保鲜都需要对湿度进行检测和控制。比如把湿度传感器插在土壤中检测土壤的湿度来实现对植物喷灌设施的自动控制。比如在砖瓦烧制过程中，需要对砖坯含水量进行检测与控制，砖坯水分检测器可以快速检测出砖坯水分，能在砖坯含水量过多或过少时，发出声光报警，可用于砖坯的现场检测与分选。比如结露感湿器件还可以用在汽车挡风玻璃自动去湿装置上。

湿敏传感器是能够感受外界湿度变化，并通过器件材料的物理或化学性质变化，将湿度转化成有用信号的器件。湿度检测较之其他物理量的检测显得困难，这首先是因为空气中水蒸气含量很小；另外，液态水会使一些高分子材料和电解质材料溶解，一部分水分子电离后与溶入水中的空气中的杂质结合成酸或碱，使湿敏材料不同程度地受到腐蚀和老化，从而丧失其原有的性质；再者，湿度信息的传递必须靠水与湿敏器件直接接触来完成，因此湿敏器件只能直接暴露于待测环境中，不能密封。

通常，对湿敏器件有下列要求：在各种气体环境下稳定性好，响应时间短，寿命长，有互换性，耐污染和受温度影响小等。微型化、集成化及廉价是湿敏器件的发展方向。湿度的检测已广泛用于工业、农业、国防、科技、生活等各个领域，湿度不仅与工业产品品质有关，而且是环境条件的重要指标。下面介绍一些现已发展得比较成熟的几类湿敏传感器。

1. 金属氧化物陶瓷湿敏传感器

通常，两种以上的金属氧化物半导体材料混合高温烧结而成多孔性陶瓷半导体薄片（简称半导瓷）。这些材料有 ZnO-LiO$_2$-V2O$_5$ 系、Si-Na$_2$O-V$_2$O$_5$ 系、TiO$_2$-MgO-Cr$_2$O$_3$ 系、Fe$_2$O$_3$ 等，前 3 种材料的电阻率随湿度增加而下降，故称为负特性湿敏半导体陶瓷，最后一种的电阻率随湿度增加而增大，故称为正特性湿敏半导体陶瓷。由于多孔陶瓷置于空气中，易被灰尘、油烟污染，从而堵塞气孔使感湿面积下降。如果将湿敏陶瓷加热到 400 ℃ 以上，就可以将使污物挥发或烧掉，使陶瓷恢复到初始状态，因此必须定期给加热丝通电。陶瓷湿敏传感器吸湿快（3 min 左右），而脱湿慢许多，从而产生滞后现象，称为"湿滞"，因此每次使用前应先加热 1 min 左右，待其冷却至室温后，方可进行测量。

2. 氯化锂湿敏传感器

氯化锂湿敏传感器是利用吸湿性盐类潮解导致离子电导率发生变化而制成的测湿器件。由引线、基片、感湿层与电极组成。氯化锂通常与聚乙烯醇组成混合体，在氯化锂（LiCl）溶液中，Li 和 Cl 以正、负离子的形式存在，而 Li 对水分子的吸引力强，离子水合程度高，其溶液中的离子导电能力与浓度成正比。当溶液置于一定温湿场中，若环境相对湿度高，溶液将吸收水分，使浓度降低，导致其溶液电阻率增高。反之，环境相对湿度变低时，则溶液浓度升高，电阻率下降，从而实现对湿度的测量。

氯化锂湿敏传感器的优点是滞后小，不受测试环境风速影响，检测精度 ± 5%，但其耐热性差，不能用于露点以下测量，性能重复性不理想，使用寿命短。

3. 金属氧化物膜型湿敏传感器

Cr$_2$O$_3$、Fe$_2$O$_3$、Fe$_3$O$_4$、Al$_2$O$_3$、Mg$_2$O$_3$、ZnO 及 TiO 等金属氧化物的细粉吸湿后导电性增加，电阻下降。它吸附或释放水分子的速度比多孔陶瓷要快许多倍，在陶瓷基片上先做钯金梳状电极，然后采用丝网印刷等工艺，将调制好的金属氧化物糊状物印刷在陶瓷基片上，采用烧结或烘干的方法使之固化成膜，其结构如图 2-40 所示。这种膜能在空气中吸附或释放水分子，而改变其自身的电阻值。陶瓷湿敏电阻应采用交流供电，若长期采用直流供电，会使湿敏材料极化，吸附的水分子电离，导致灵敏度降低性能变坏。

图 2-40 金属氧化物膜型湿敏传感器

4. 高分子湿敏电阻传感器

高分子湿敏电阻传感器是目前发展迅速、应用广泛的新型湿敏电阻传感器。它的外观与金属氧化物膜型湿敏传感器类似，吸湿材料用可吸湿电离的高分子材料制作。例如有亲水性基的有机硅氧烷、四乙基硅烷的共聚膜等，具有响应快、线性好、成本低等特点。

课后思考与练习

2-1 单项选择题

（1）民用电子秤中所使用的应变片应选择_____应变片；为提高集成度，测量气体压力应选择_____；一次性、几百个应力试验测点应选择_____应变片。

    A. 金属丝式　　　B. 金属箔式　　　C. 电阻应变仪　　D. 固态压阻式传感器

（2）应变测量中，希望灵敏度高、线性好、有温度自补偿功能，应选择_____测量转换电路。

    A. 单臂半桥　　　B. 双臂半桥　　　C. 四臂全桥

（3）还原性气敏电阻可测量_____的浓度，TiO_2 气敏电阻可测量_____的浓度。

    A. CO_2　　　　　　　　　　B. N_2

    C. 气体打火机车间的有害气体　　D. 锅炉烟道中剩余的氧气

（4）湿敏电阻用交流电作为激励电源是为了_____。

    A. 提高灵敏度　　　　　　　　B. 防止产生极化、电解作用

    C. 减小交流电桥平衡难度

（5）在使用测谎器时，被测试人由于说谎、紧张而手心出汗，可用_____传感器来检测。

    A. 应变片　　　　　　　　　　B. 热敏电阻

    C. 气敏电阻　　　　　　　　　D. 湿敏电阻

2-2 应变式传感器的工作原理是什么？

2-3 引起电阻应变片温度误差的原因是什么？电阻应变片的温度补偿方法是什么？

2-4 电阻应变传感器的桥式测量电路的电桥平衡条件是什么？简述应变电桥的几种工作方式及其输出特性。

2-5 简述电位器式传感器测量直线位移的原理，电位器有哪几种结构类型？

2-6 什么是应变效应？请说明金属应变片和半导体应变片有什么异同，从参数名称上如何区别？

2-7 在等截面的悬臂梁上粘贴 4 个完全相同的电阻应变片组成全桥电路，请问 4 个应变片应怎样粘贴在悬臂梁上？请画出相应的电桥电路。

2-8 请根据温度系数对热敏电阻进行分类，并叙述其各自不同的特点。

2-9 气敏电阻传感器有哪几种类型？常用在哪些场合，如何合理选用？

2-10 应变式力传感器常用弹性体的类型有哪几种，它们分别应用在哪些场合，请举例。

2-11 根据电阻应变式传感器相关知识分析超市打印秤的工作原理，并画示意图表示。

2-12 有一起重设备的吊钩秤，其拉力传感器的弹性元件及应变片粘贴如图 2-41 所示，4 个应变片组成全桥，桥路电源为直流 6 V，请说明应变片的受力情况并画出测量转换电路（包括调零电路）。

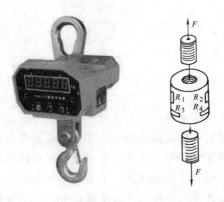

图 2-41　传感器的弹性元件及应变片粘贴

模块三　电容传感器

典型应用

　　收音机是依靠什么元件来调谐电台的？打开收音机的后盖，我们可以看到与调谐旋钮联动的是一个可变电容器，当我们旋转调谐旋钮时，可变电容器的动片就随之转动，与定片之间的覆盖面积就发生了改变，电容值发生变化，从而改变电路的谐振频率，选听不同频率的电台。电容器在电子仪表中作为元器件来使用，在非电量测量时可作为传感器使用。

　　电容传感器是将被测量如尺寸、位移、压力等非电量的变化转化成电容量的变化的一种传感器。目前电容式传感器已在位移、振动、角度、加速度等机械量的精密测量以及压力、差压、液位、料位、成分含量等方面的测量等方面得到了广泛应用。电容式传感器的精度和稳定性也日益提高。作为一种频响宽、可非接触测量的传感器，电容传感器应用广泛，有着很好的发展前景。

　　电容式传感器具有如下优点：

　　（1）可获得较大的相对变化量。用应变片测量时，一般得到电阻的相对变化量小于1%。而电容式传感器的相对变化量可达到100%或更大些。

　　（2）能在恶劣的环境条件下工作。

　　（3）本身发热的影响小，所需的激励源功率小。

　　电容传感器用真空、空气或其他气体作为绝缘介质时，介质损失是非常小的，因此本身发热的问题实际上可不考虑，激励源提供的电流也较小。

　　（4）动态响应快。电容传感器具有较小的可动质量，动片的谐振频率较高，所以能用于动态测量。

　　由于电容式传感器具有一系列突出的优点，随着电子技术的迅速发展，特别是大规模集成电路的应用，以上优点将得到进一步的发扬，而它所存在的引线电缆分布电容影响以及非线性的缺点也随之得到克服，因此电容传感器在自动检测中得到越来越广泛的应用。

单元一　电容传感器的工作原理及类型

　　电容传感器的基本原理是基于物体间的电容量与其结构参数之间的关系。

　　由绝缘介质分开两个平行金属板组成的平板电容器如图3-1所示。由物理学可知，如果不考虑边缘效应，其电容量为：

$$C = \frac{\varepsilon S}{\delta} = \frac{\varepsilon_r \varepsilon_0 S}{\delta} \qquad (3\text{-}1)$$

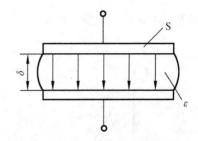

式中，S 为极板相对覆盖面积；δ 为两平行极板间距离；ε_r 为极板间介质相对介电常数；ε_0 为真空介电常数；ε 为电容极板间介质的介电常数，且满足 $\varepsilon = \varepsilon_0 \cdot \varepsilon_r$。

由式（3-1）可知，当被测参数变化使得式中的 S、δ 或 ε 中任意一个发生变化时，电容量 C 也随之变化。如果保持其中两个参数不变，仅改变其中一个参数，就可把该参

图 3-1　平板电容器结构示意图

数的变化转换为电容量的变化 ΔC，这就是电容传感器的基本工作原理。

根据上述原理可知，电容传感器有 3 种基本类型，即变极距型（变间隙型）、变面积型和变介质型。而它们的电极形状又有平板形、圆柱形和球平面形 3 种。

在实际使用中，电容传感器常以改变平行极板间距来进行测量，因为这样获得的测量灵敏度高于改变其他参数的电容传感器的灵敏度。改变平行极板间距 δ 的传感器可以测量微米数量级的位移，改变面积 S 的传感器则适用于测量厘米级的位移，改变介电常数式的传感器适用于液面和厚度的测量。

一、变极距型电容传感器

如图 3-2 所示为该类传感器的结构原理图。1 为固定极板，2 为可动极板，其位移是被测量变化引起的，初始位移为 δ。当可动极板向上移动时，设初始电容为 C_0，则电容量增大 ΔC 后，电容为：

$$C = C_0 + \Delta C = \frac{\varepsilon S}{\delta - \Delta \delta} = \frac{\varepsilon S}{\delta} \frac{1}{1 - \Delta \delta / \delta} = C_0 \frac{(1 + \Delta \delta / \delta)}{1 - (\Delta \delta / \delta)^2} \qquad (3\text{-}2)$$

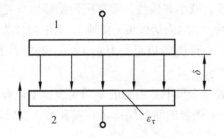

图 3-2　变极距型电容传感器结构原理图

1—固定极板；2—可动极板

（3-2）式说明，传感器的输出特性 $C = f(\delta)$ 不是线性关系，而是如图 3-3 的曲线关系。但当极距的变化远小于极板的初始距离，即 $1 - \left(\dfrac{\Delta \delta}{\delta}\right)^2 \approx 1$，$\Delta \delta / \delta \ll 1$ 时，上式可以简化为：

$$C \approx C_0 (1 + \Delta \delta / \delta) \qquad (3\text{-}3)$$

此时可认为 C 与 $\Delta \delta$ 呈现近似线性关系，所以变极距型电容式传感器只有在 $\Delta \delta / \delta$ 很小时，才有近似的线性输出。

另外，在 δ 较小时，对于同样的 $\Delta \delta$ 变化所引起的 ΔC 可以增大，从而使传感器灵敏度提高。但 δ 过小，容易引起电容器击穿或短路。为此，极板间可采用高介电常数的材料（云母、塑料

膜等）作介质，如图 3-4 所示。

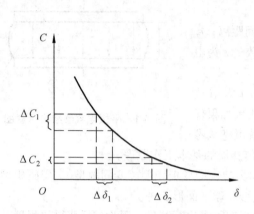

图 3-3　电容量与极板间距离的关系

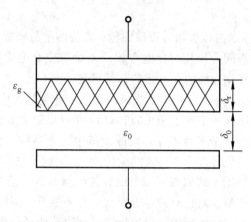

图 3-4　放置云母片的电容器

云母片的相对介电常数是空气的 7 倍，其击穿电压不小于 1 000 kV/mm，而空气仅为 3 kV/mm。因此有了云母片，极板间起始距离可大大减小。

一般变极距型电容传感器的起始电容为 20 ~ 100 pF，极板间距离为 100 ~ 1 000 μm，最大位移应小于两极板间距的 1/10 ~ 1/4，电容的变化量高达 2 ~ 3 倍，故这类传感器在微位移测量中应用最广，变极距型电容传感器常用于测量压力、振动及相关物理量。近年来，随着计算机技术的发展，电容传感器大多配置了单片机，所以其非线性误差可以用微机来计算修正。

为了减少变极距型电容传感器的边缘效应，一般应在电容器的边缘设置保护环，又称屏蔽电极。保护环与动极板同电位，但不随极板位移。它的作用是将动极板与定极板间的边缘效应移到保护环与定极板的边缘，以得到均匀的电场分布，减少测量误差。

为了提高传感器的灵敏度，减小非线性，常常把传感器做成差动形式。图 3-5（a）为差动变极距型电容传感器的示意图。中间为动极板（接地），上下两块为定极板。当动极板向上移动 Δx 后，C_1 的极距变为 $d_0 - \Delta x$，而 C_2 的极距变为 $d_0 + \Delta x$，电容 C_1 和 C_2 形成差动变化，灵敏度提高近一倍，线性也得到改善。

图 3-5（b）示出了电子数显卡尺中常用到的差动变面积型电容传感器原理。当接地的动极板向左平移时（动极板与两个定极板的间距保持 d_0 保持不变），C_1 增大，C_2 减小，$\Delta C = C_1 - C_2$，

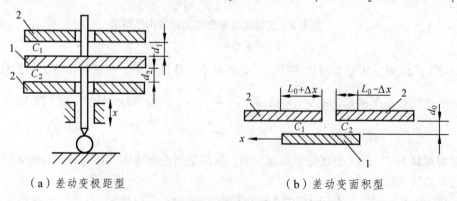

（a）差动变极距型　　　　　　　　　（b）差动变面积型

图 3-5　差动式电容传感器结构示意图

1—动极板；2—定极板

电容的变化量与位移成线性关系。这种形式的电容传感器行程较大（实际上有许多对定片和动片以及屏蔽电极，通称为容栅），外界的影响诸如温度、激励源电压、频率变化等也基本能相互抵消，因此在工业中应用较广。

二、变面积型电容传感器

图 3-6 是一线位移电容式传感器的原理图。被测量通过动极板移动引起两极板有效覆盖面积 S 改变，从而得到电容量的变化。

设两极板原来的覆盖长度为 b，极板宽度为 a，极距为 δ，当动极板相对于定极板沿长度方向平移 Δx 时，两极板的遮盖面积 S 会减小，电容量也随之减小，电容量为：

$$C_x = \frac{\varepsilon_0 \varepsilon_r (a - \Delta x) \cdot b}{\delta} = C_0 \left(1 - \frac{\Delta x}{a}\right) \qquad (3\text{-}4)$$

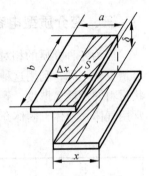

图 3-6　电容式线位移
传感器原理图

式中 $C_0 = \varepsilon_0 \varepsilon_r ba / \delta$ 为初始电容。

电容相对变化量为：

$$\frac{\Delta C}{C_0} = \frac{\Delta x}{a}$$

此传感器的灵敏度为

$$K = \frac{\mathrm{d}C}{\mathrm{d}x} = -\frac{\varepsilon_0 \varepsilon_r b}{\delta} \qquad (3\text{-}5)$$

这种形式的传感器其灵敏度为常数，即其输入与输出呈线性关系。

图 3-7 是电容式角位移传感器原理图，当动极板有一个角位移 θ 时，与定极板间的有效覆盖面积就发生改变，从而改变了两极板间的电容量。

当 $\theta = 0$ 时，则

$$C_0 = \frac{\varepsilon_0 \varepsilon_r S_0}{\delta_0} \qquad (3\text{-}6)$$

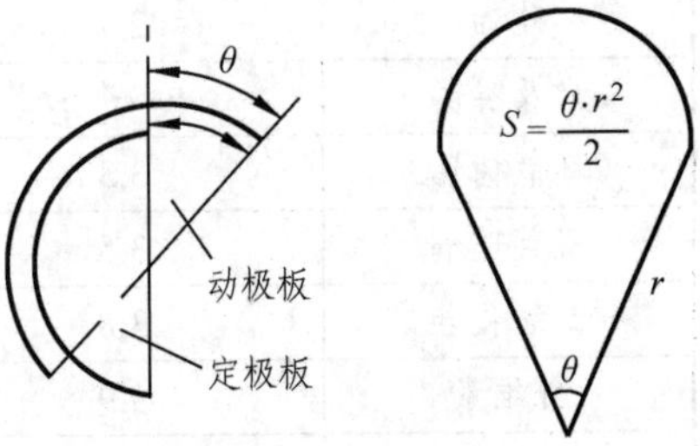

图 3-7　电容式角位移传感器原理图

式中，ε_r 为介质相对介电常数；δ_0 为两极板间距离；S_0 为两极板间初始覆盖面积。

当 $\theta \neq 0$ 时，则

$$C = \frac{\varepsilon_0 \varepsilon_r S_0 \left(1 - \dfrac{\theta}{\pi}\right)}{\delta_0} = C_0 - C_0 \frac{\theta}{\pi}$$

此传感器的灵敏度为

$$K = \frac{\mathrm{d}C}{\mathrm{d}\theta} = -\frac{\varepsilon_0 \varepsilon_r S_0}{\pi \delta_0} \qquad (3\text{-}7)$$

在实际使用中，可增加动极板和定极板的对数，比如做成齿形结构或差动结构，使多片同轴动极板在等间隔排列的定极板中转动，以提高灵敏度。由于动极板与轴连接，所以一般动极

板接地，但必须制作一个接地的金属屏蔽盒，将定极板屏蔽起来。

由式（3-5）、式（3-7）可知，变面积型电容传感器的输出特性是线性的，灵敏度是常数。这一类传感器多用于检测直线位移、角位移、尺寸等参量，常用的电子数显卡尺就是采用变面积型电容传感器的原理，数显电子卡尺的结构实际上有许多对的定片、动片及屏蔽电极，称为容栅。

三、变介质型电容传感器

因为各种介质的相对介电常数不同，所以在电容器两极板间插入不同介质时，电容器的电容量也就不同，利用这种原理制作的电容传感器称为变介质型电容传感器，它们常用来检测片状材料的性质、厚度，颗粒状物体的含水量、物位以及测量液体的液位等。表 3-1 列出了几种常用气体、液体、固体介质的相对介电常数。

表 3-1　几种电介质材料的相对介电常数

材料	相对介电常数 ε_r	材料	相对介电常数 ε_r
真空	1	硬橡胶	4.3
其他空气	1 ~ 1.2	石英	4.5
纸	2.0	玻璃	5.3 ~ 7.5
聚四氟乙烯	2.1	陶瓷	5.5 ~ 7.0
石油	2.2	盐	6
聚乙烯	2.3	云母	6 ~ 8.5
硅油	2.7	三氧化二铝	8.5
米及谷类	3 ~ 5	乙醇	20 ~ 25
环氧树脂	3.3	乙二醇	35 ~ 40
石英玻璃	3.5	甲醇	37
二氧化硅	3.8	丙三醇	47
纤维素	3.9	水	80
聚氯乙烯	4.0	钛酸钡	1 000 ~ 10 000

图 3-8 为一种常用的变介质型电容传感器结构形式。利用此传感器可以测量被测介质的插入深度。图中两平行电极固定不动，极距为 δ，相对介电常数为 ε_{r2} 的电介质以不同深度插入电容器中，从而改变两种介质的极板覆盖面积。

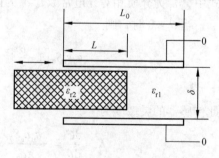

1. 无介质插入情形

为一简单平行板电容器，初始电容为：

$$C_0 = \frac{\varepsilon_0 \varepsilon_{r1} L_0 b_0}{\delta_0} \qquad （3-8）$$

式中，b_0 表示极板的宽度。

图 3-8　变介质型电容传感器结构图

2. 有介质插入情形

此时相当于两段电容并联，因而有传感器总电容量 C 为：

$$C = C_1 + C_2 = \varepsilon_0 b_0 \frac{\varepsilon_{r1}(L_0 - L) + \varepsilon_{r2}L}{\delta_0} \tag{3-9}$$

电容的相对变化量为：

$$\frac{\Delta C}{C_0} = \frac{C - C_0}{C_0} = \left(\frac{\varepsilon_{r2}}{\varepsilon_{r1}} - 1\right)\frac{L}{L_0} \tag{3-10}$$

可见，电容量的变化与电介质 ε_{r2} 的移动量 L 成线性关系。

图 3-9 为检测液面高度的电容式液位变送器结构原理图，被测介质的相对介电常数为 ε_1，液面高度为 h，电容器的总高度为 H，内筒外径为 d，外筒内径为 D，此时相当于两个同心圆柱状极板间构成电容并联组成电容式传感器，其容量

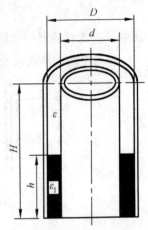

$$C = C_1 + C_2 = \frac{2\pi\varepsilon_1 h}{\ln\dfrac{D}{d}} + \frac{2\pi\varepsilon(H - h)}{\ln\dfrac{D}{d}}$$

$$= \frac{2\pi\varepsilon H}{\ln\dfrac{D}{d}} + \frac{2\pi h(\varepsilon_1 - \varepsilon)}{\ln\dfrac{D}{d}} = C_0 + \frac{2\pi h(\varepsilon_1 - \varepsilon)}{\ln\dfrac{D}{d}} \tag{3-11}$$

图 3-9 电容式液位
变送器结构原理图

由式 3-11 可知，此电容器的电容增量与被测液位高度 h 呈线性关系。其灵敏度为

$$K = \frac{\mathrm{d}C}{\mathrm{d}h} = \frac{2\pi(\varepsilon_1 - \varepsilon)}{\ln\dfrac{D}{d}} \tag{3-12}$$

由上式可知，D/d 越小，灵敏度越高。但是，在 D/d 较小的情况下，由于液体黏附作用的影响，两圆管间的液面将高于实际液位，从而带来测量误差。在被测液体为黏性液体时，由黏附作用引起的测量误差将更大。

单元二　电容传感器的测量转换电路

电容传感器中电容值以及电容变化值都十分微小，这样微小的电容量还不能直接为目前的显示仪表所显示，也很难为记录仪所接收。为了便于传输、记录和显示输出，必须采用某种合适的测量电路，以检出这一微小电容增量，并将其转换成与其成单值函数关系的电压、电流或者频率。电容转换电路主要有桥式电路、调频电路、运算放大器式电路、二极管双 T 型交流电桥、脉冲宽度调制电路等。

一、桥式电路

图 3-10 所示为桥式测量转换电路。其中图（a）为单臂接法的桥式测量电路，1 MHz 左右

的高频电源经变压器接到电容桥的一条对角线上，电容 C_1、C_2、C_3、C_x 构成电桥的四臂，C_x 为电容传感器，交流电桥平衡时

$$\frac{C_1}{C_2} = \frac{C_x}{C_3}, \quad \dot{U}_o = 0$$

当 C_x 改变时，$\dot{U}_o \neq 0$，有输出电压。

在图 3-10（b）中，接有差动电容传感器，其空载输出电压可用下式表示

$$\dot{U}_o = \frac{C_{x1} - C_{x2}}{C_{x1} + C_{x2}} \frac{\dot{U}}{2} = \frac{(C_0 \pm \Delta C) - (C_0 \mp \Delta C)}{(C_0 \pm \Delta C) + (C_0 \mp \Delta C)} \frac{\dot{U}}{2} = \pm \frac{\Delta C}{C_0} \frac{\dot{U}}{2} \tag{3-13}$$

式中，C_0 为传感器的初始电容值；ΔC 为差动电容的差值。

该线路的输出还应经过相敏检波电路才能分辨 U_o 的相位。

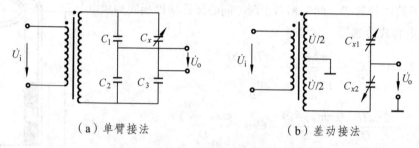

（a）单臂接法　　　　　　　　　（b）差动接法

图 3-10　电容传感器的桥式转换电路

二、调频测量电路

调频测量电路原理框图如图 3-11 所示，其中 C_x 为可变电容器。它把电容传感器作为振荡器谐振回路的一部分。当输入量导致电容量发生变化时，振荡器的振荡频率就发生变化。

图 3-11　调频电路

虽然可将频率作为测量系统的输出量，用以判断被测非电量的大小，但此时系统是非线性的，不易校正，因此必须加入鉴频器，将频率的变化转换为电压振幅的变化，再经过放大就可以用仪器指示或记录仪记录下来。

调频振荡器的振荡频率为

$$f = \frac{1}{2\pi(LC)^{1/2}} \tag{3-14}$$

式中，L 为振荡回路的电感；C 为振荡回路的总电容，且 $C = C_1 + C_2 + C_0 \pm \Delta C$。其中，$C_1$ 为振荡回路固有电容；C_2 为传感器引线分布电容；$C_0 \pm \Delta C$ 为传感器的电容。

当被测信号为 0 时，$\Delta C = 0$，则 $C = C_1 + C_2 + C_0$，所以振荡器有一个固有频率 f_0：

$$f_0 = \frac{1}{2\pi \left[(C_1 + C_2 + C_0)L \right]^{1/2}} \qquad (3-15)$$

当被测信号不为 0 时，$\Delta C \neq 0$，振荡器频率有相应变化，此时频率为：

$$f = \frac{1}{2\pi \left[(C_1 + C_2 + C_0 + \Delta C)L \right]^{1/2}} = f_0 + \Delta f \qquad (3-16)$$

调频电容传感器测量电路具有较高灵敏度，可以测至 0.01 μm 级位移变化量。频率输出易于用数字仪器测量和与计算机通信，抗干扰能力强，可以发送、接收信号以实现遥测遥控。

三、运算放大器式电路

运算放大器的放大倍数 K 非常大，而且输入阻抗 Z_i 很高。运算放大器的这一特点可以使其作为电容传感器的比较理想的测量电路。

图 3-12 是运算放大器式电路原理图。将电容传感器接于放大器反馈回路，输入电路接固定电容，构成反相放大器。该测量电路的最大特点是能克服变极距型电容传感器的非线性。

由运算放大器工作原理可得

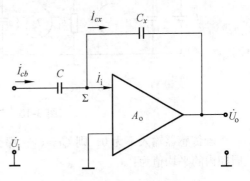

$$\dot{U}_o = -\frac{C}{C_x} \dot{U}_i \qquad (3-17)$$

图 3-12　运算放大器式电路

如果传感器为一只平行板电容，则 $C_x = \varepsilon S / \delta$，代入式（3-17），有：

$$\dot{U}_o = -\frac{C\delta}{\varepsilon S} \dot{U}_i \qquad (3-18)$$

式中 "−" 号表示输出电压 U_o 与电源电压 U_i 相位相反。

可见，运算放大器的输出电压与极板间距离 δ 成线性关系。因此，运算放大器式电路解决了单个变极板间距离式电容传感器的非线性问题，但要求 Z_i 及放大倍数足够大。同时，为保证仪器精度，还要求电源电压的幅值和固定电容 C 值稳定。

四、二极管双 T 形交流电桥

二极管双 T 形交流电路如图 3-13 所示。

e 是高频电源，它提供了幅值为 U 的对称方波，VD_1、VD_2 为特性完全相同的两只二极管，固定电阻 $R_1 = R_2 = R$，C_1、C_2 为传感器的两个差动电容。当传感器没有输入时，$C_1 = C_2$。

电路工作原理如下：

当 e 的正半周时，二极管 VD_1 导通、VD_2 截止，于是电容 C_1 充电，在随后负半周出现时，电容 C_1 上的电荷通过电阻 R_1 向负载电阻 R_L 放电，流过 R_L 的电流为 I_1。

在 e 的负半周内，VD_2 导通、VD_1 截止，则电容 C_2 充电，在随后出现正半周时，C_2 通过电阻 R_2 向负载电阻 R_L 放电，流过 R_L 的电流为 I_2。根据上面所给的条件，则电流 $I_1 = I_2$，且方向相反，在一个周期内流过 R_L 的平均电流为零。

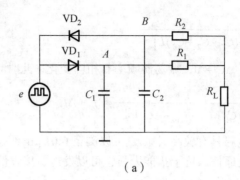

（a）

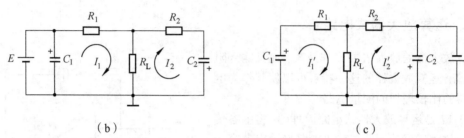

（b）   （c）

图 3-13　二极管双 T 型交流电路

若传感器输入不为 0，则 $C_1 \neq C_2$，那么 $I_1 \neq I_2$，此时 R_L 上必定有信号输出，其输出在一个周期内的平均值为：

$$U_o = I_L R_L = \left[\frac{1}{T}\int_0^T |i_1(t) - i_2(t)|\mathrm{d}t\right] \cdot R_L \approx \frac{R(R + 2R_L)}{(R + R_L)^2} \cdot R_L \cdot U_i \cdot f \cdot (C_1 - C_2) \quad （3\text{-}19）$$

式中，f 为电源频率。

当 R_L 已知，式（3-20）中，令：$\dfrac{R(R + 2R_L)}{(R + R_L)^2} \cdot R_L = M$（常数）则式（3-19）可改写为：

$$U_o = U_i \cdot f \cdot M \cdot (C_1 - C_2) \quad （3\text{-}20）$$

从式（3-20）可知，输出电压 U_o 不仅与电源电压幅值和频率有关，而且与 T 形网络中的电容 C_1 和 C_2 的差值有关。当电源电压确定后，输出电压 U_o 是电容 C_1 和 C_2 的函数。

电路的灵敏度与电源电压幅值和频率有关，故输入电源要求稳定。当 U 幅值较高，使二极管 VD_1、VD_2 工作在线性区域时，测量的非线性误差很小。电路的输出阻抗与电容 C_1、C_2 无关，而仅与 R_1、R_2 及 R_L 有关，约为 1~100 kΩ。输出信号的上升沿时间取决于负载电阻。对于 1 kΩ 的负载电阻上升时间为 20 μs 左右，故可用来测量高速的机械运动。

五、脉冲宽度调制电路

脉冲宽度调制电路如图 3-14 所示，图中 C_1、C_2 为差动电容传感器，利用对传感器电容的充放电使电路输出脉冲的宽度随电容传感器的电容量变化而变化，通过低通滤波器就能得到对应被测量变化的直流信号。

差动电容传感器、双稳态触发器、比较器及低通滤波器有机配合，实现信号的转换。

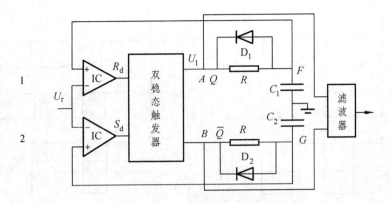

图 3-14　双 T 差动脉冲调宽式测量电路

1. 电路工作原理

（1）正半周　设上电后 RS 触发器 $R_d = S_d = 0$。$Q = 1$、$\bar{Q} = 0$，差动电容传感器上电压 $U_F = U_G = 0$，Q 点输出电压 U_1 通过 R 对 C_1 充电，U_F 渐增（C_2 如有电荷，通过二极管 D_2 快速放掉）。当 $U_F > U_r$ 时，比较器 IC_1 翻转，$R_d = 1$，双稳态触发器复位。

（2）负半周　这时 $R_d = 1$，$S_d = 0$、$Q = 0$、$\bar{Q} = 1$，C_1 通过 D_1 快速放电，$\bar{Q}$ 输出电压 U_1 通过 R 对 C_2 充电，U_G 渐增。当 $U_G > U_r$ 时，比较器 IC_2 翻转，$S_d = 1$、$R_d = 0$，双稳态触发器置位。$Q = 1$，$\bar{Q} = 0$。在 A、B 两点输出方波电压 U_{AB}，经低通滤波器得到其平均值 U_o。

从以上的分析可知：比较器的输出控制双稳态触发器的状态，双稳态触发器的输出提供差动电容器的电压，电容端的电压控制比较器的翻转。

2. 各点电压的波形

设 $C_1 > C_2$，C_1 充电速度慢于 C_2 充电速度，U_A 持续时间长于 U_B 的持续时间。各点电压波形如图 3-15 所示。U_{AB} 经低通滤波后，就可得到一直流电压 U_o 为：

$$U_o = U_A - U_B = \frac{T_1}{T_1 + T_2}U_1 - \frac{T_2}{T_1 + T_2}U_1 = \frac{T_1 - T_2}{T_1 + T_2}U_1 \qquad （3-21）$$

式中，U_A、U_B 分别为 A 点和 B 点的矩形脉冲的直流分量；T_1、T_2 分别为 C_1 和 C_2 的充电时间；U_1 为触发器输出的高电位。

C_1、C_2 的充电时间为：

$$T_1 = R_1 C_1 \ln \frac{U_1}{U_1 - U_r}, T_2 = R_2 C_2 \ln \frac{U_1}{U_1 - U_r} \qquad （3-22）$$

式中，U_r 为触发器的参考电压。设 $R_1 = R_2 = R$，则得：

$$U_o = \frac{C_1 - C_2}{C_1 + C_2}U_r \qquad （3-23）$$

可以看出，输出的直流电压与传感器两电容差值成正比。

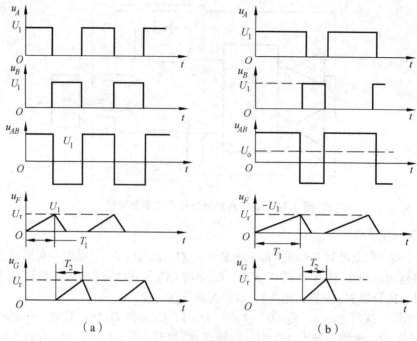

（a）　　　　　　　（b）

图 3-15　脉冲宽度调制波形

单元三　电容传感器的应用

随着新工艺、新材料问世，特别是电子技术的发展，使得电容传感器越来越广泛地得到应用。电容传感器可用来测量直线位移、角位移、振动振幅（可测 0.05 μm 的微小振幅），尤其适合测量高频振动振幅、加速度等机械量，还可用来测压力、液位、材料厚度、粮食中的水分含量、电解质的湿度等等。下面简单介绍几种电容传感器的应用。

一、电容式差压传感器

图 3-16 为差动电容式差压传感器的结构示意图，它的核心部分是一个差动变极距型电容传感器。由一个膜片动电极和两个在凹型玻璃上电镀成的固定电极组成差动电容器。弹性平膜片由于受到两侧的压力之差而凹向压力较低的一侧，膜片产生微小位移，使两个电容器的容量一个增加，一个减小，测量转换电路将此电容的变化量转换成 4～20 mA 的标准电流信号输出，通过信号电缆线输出到二次仪表。

差动式电容差压传感器的输入激励源通常设在信号调理壳体中，频率通常选取 100 kHz 左右，幅值约为 10 V 左右。对额定量程较小的差动电容式差压变送器来说，当某一侧突然失压时，巨大的差压有可能将很薄的平膜片压破，所以内部还设置了安悬浮膜片和限位波纹盘，起过压保护作用。

和前面论述的固态压阻式压力传感器一样，差动电容式差压变送器也可以用来测量液体的液位，可以安装在储液罐的一侧进行液体的表压测量，也可以做成投入式液位计。

060

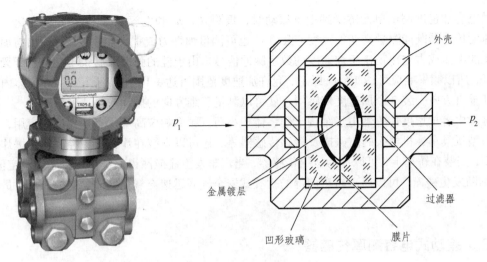

图 3-16　差动电容式差压传感器

二、电容式加速度传感器

随着微电子机械系统技术的发展，以硅微细加工技术为基础将一块多晶硅加工成多层结构，制作成"三明治"结构的电容加速度传感器，如图3-17所示。它是在硅衬底上，利用表面微加工技术，制造出3个多晶硅电极，组成变极距式差动电容 C_1、C_2。图中的底层多晶硅和顶层多晶硅固定不动，中间层的多晶硅一端固定在衬底上，是一个可以上下微动的振动片，相当于悬臂梁。它的核心部分很小，与测量转换电路封装在一起，外形酷似普通的集成电路。

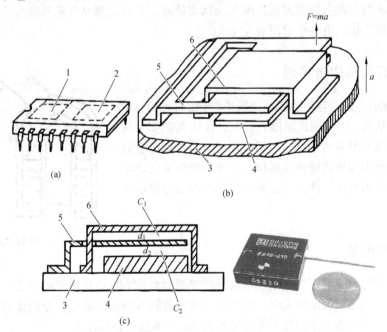

图 3-17　电容加速度传感器

1—加速度测试单元；2—信号处理电路；3—衬底；4—底层多晶硅（下电极）；
5—多晶硅悬臂梁；6—顶层多晶硅（上电极）

当硅微电容加速度测试单元感受到上下振动时，极距 d_1、d_2 和电容 C_1、C_2 呈差动变化。该类型加速度传感器既能测量交变加速度（振动），也可测量惯性力或重力加速度，可输出与加速度成正比的电压或占空比正比于加速度的数字脉冲信号。由于硅的弹性滞后很小，且悬臂梁的质量很轻，所以频率响应可达 1 kHz 以上，允许加速度范围可达 ±100 g 以上。如果在壳体内的 3 个相互垂直方向安装 3 个加速度传感器，就可以测量三维方向的振动或加速度。

硅微电容加速度传感器由于结构牢固、体积小巧、频率响应高等优点得到广泛应用，比如用于小型玩具车、机器人的防碰撞及触感传感器等。还可以安装在炸弹上，控制炸弹爆炸的延时时刻；安装在轿车上，可以作为碰撞传感器，当汽车发生碰撞测得的负加速度超过设定值时，CPU 判断发生碰撞，可以启动轿车前部的折叠式安全气囊迅速充气而膨胀，保护乘车人员的生命安全。

三、差动式电容测厚传感器

差动式电容测厚传感器结构图如图 3-18 所示，这一类应用适合带材类的测厚及厚度监测。传感器上下两个极板与带材上下表面间构成电容传感器。如果中间为金属带材，带材的厚度有变化，将导致它与上下两个极板间的距离发生变化，从而引起电容量的变化。将两块动极板用导线连接起来，就相当于 C_1、C_2 并联，总电容 $C = C_1 + C_2$，将总电容量作为交流电桥的一个桥臂，电容的变化将使得电桥产生不平衡输出，从而实现对厚度的检测。使用上下两个极板是为了克服带材在传输过程中

图 3-18　差动式电容测厚传感器

的上下波动带来的误差。如果需要检测非金属类带材，电容式测厚传感器就变为介质型电容传感器，带材厚度变小，电容量也跟着变小。

四、电容式料位传感器

图 3-19 所示为用电容传感器测量颗粒类、粉料类的料位及液体液位的情况。由于固体摩擦力较大，容易"滞留"，所以一般采用单极式电容传感器，可用电极棒及容器壁组成的两极来测量非导电固体或液体的料位，或在电极外套以绝缘套管测量导电体的料位，此时电容的两极由物料及绝缘套中电极组成。

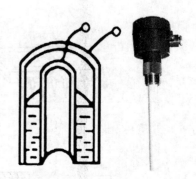

图 3-19　电容式料位传感器

五、湿敏电容

所谓湿敏电容是指利用具有很大吸湿性的绝缘材料作为电容传感器的介质，在其两侧面镀上多孔性电极。当相对湿度增大时，吸湿性介质吸收空气中的水蒸气，使两块电极之间的介质相对介电常数大为增加（水的相对介电常数为 80），所以电容量增大。

目前，成品湿敏电容主要使用以下两种吸湿性介质：一种是多孔性氧化铝，另一种是高分子吸湿膜。图 3-20 是硅 MOS 型 Al_2O_3 湿敏电容传感器结构简图，图 3-21 是其电容量与相对湿

度的关系曲线。

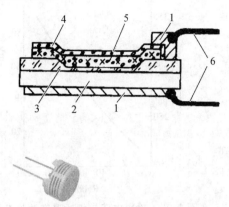

图 3-20　多孔性氧化铝湿敏电容结构简图
1—铝电极；2—单晶硅基底；3—SiO₂ 绝缘膜；
4—多孔 Au 电极；5—吸湿层 Al₂O₃；6—引脚

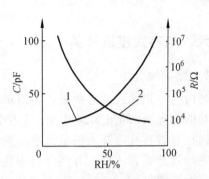

图 3-21　氧化铝湿敏电容的电容量及漏电阻
与相对湿度的关系
1—电容量变化曲线；2—漏电阻变化曲线

MOS 型 Al₂O₃ 湿度传感器是在单晶硅上制成 MOS 晶体管。其栅极绝缘层是用热氧化法生成的厚度约 80 nm 的 SiO₂ 膜，在此 SiO₂ 膜上，用蒸发或电解法制得多孔性 Al₂O₃ 膜，然后再镀上多孔金（Au）膜而制成。由于多孔性氧化铝可以吸附及释放水分子，所以其电容量将随空气的相对湿度而改变。与此同时，其漏电电阻也随湿度的增大而降低，形成介质损耗很大的电容器。

目前市场上出售的湿敏电容中有一个系列是用高分子亲水薄膜作为感湿材料。在该薄膜的两侧制作 3 个不相连的电极。其中背面电极是多孔透气金电极，正面是两个梳状金电极。两个梳状电极通过高分子薄膜与背面多孔性电极构成两个串联的电容器，如图 3-22 所示。空气中的水分子可以透过多孔性电极，在压力差的作用下，向亲水性高分子薄膜内扩散（其扩散速度随着湿度的升高而加剧）；由于水的介电常数十分大，所以湿敏电容的电容量随湿度增大而增大。当环境的相对湿度改变时，高分子薄膜通过多孔性背面电极释放水分或吸收更多的水分，从而导致电容器的脱湿比吸湿过程更慢些。

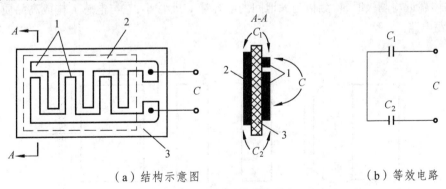

（a）结构示意图　　　　　　　　　　（b）等效电路

图 3-22　高分子薄膜湿敏电容结构示意图
1—正面梳状电极；2—背面多孔性电极；3—亲水性高分子薄膜

该湿敏电容的线性较好，其电容量与相对湿度之间的关系由曲线如图 3-23 所示。

介质型电容传感器的电容量随介质吸收水分导致介电常数增高，和湿敏电容原理类似的还有谷物水分测试仪及土壤湿度传感器，谷物或土壤充当传感器的介质，当潮湿程度不同时电容量也有变化，这些传感器在现代农业上应用比较广泛。

六、电容式接近开关

1. 结　构

结构电容式接近开关的核心是以单个极板作为检测端的电容器，如图 3-24 所示，从图中可以看到，检测极板设置在接近开关的最前端。测量转换电路安装在接近开关壳体内，并用介质损耗很小的坏氧树脂充填、灌封。

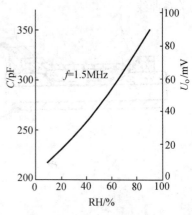

图 3-23　输出电压与相对温度的关系曲线

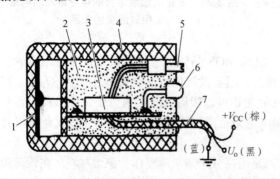

图 3-24　圆柱形电容式接近开关结构示意图及实物图

1—检测极板；2—充填树脂；3—测量转换电路；4—塑料外壳；
5—灵敏度调节电位器；6—工作指示灯；7—信号电缆

2. 工作原理

图 3-25 是调幅式测量转换电路。它由 LC 高频振荡电路、检波器、直流电压放大器等组成。当没有物体靠近检测极时，检测板与大地间的电容量 C 非常小，它与电感 L 构成高品质因数(Q)的 LC 振荡电路。

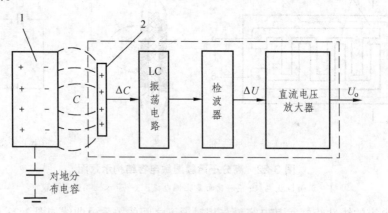

图 3-25　电容式接近开关原理框图

1—被测物体；2—检测极板

当被检测物体为地电位的导电体（例如与大地有很大分布电容的人体、液体等）时，检测极板对地电容 C 增大，LC 振荡电路的 Q 值下降，导致振荡停振。

当不接地的、绝缘被测物体靠近检测极时，由于检测极板上施加有高频电压，在它附近产生交变电场，被检测物体就会受到静电感应，而产生极化现象，正负电荷分离，使检测极板的对地等效电容量增大，从而使 LC 振荡电路的 Q 值降低。对介质损耗较大的介质（例如各种含水有机物）而言，它在高频交变极化过程中是需要消耗一定能量的（转为热量），该能量由 LC 振荡电路提供，必然使 LC 振荡电路的 Q 值进一步降低，振荡减弱，振荡幅度减小。当被测物体靠近到一定距离时，振荡器的 Q 值低到无法维持振荡而停振。根据输出电压 U_0 的大小，可大致判定被测体接近的程度。

3. 电容式接近开关特性

电容式接近开关的检测距离与被测物体的材料性质有很大关系，如图 3-26 所示。

当被测物是接地导电物体或者虽然未接地，但与大地之间有较大分布电容（例如站在绝缘板上的人体）时，LC 振荡电路很容易停振，所以灵敏度最高。

当被测物为介质损耗较大的绝缘体（例如含水的有机物等）时，必须依靠极化原理来使 LC 振荡电路的 Q 值降低，所以灵敏度较差。物体的含水量越大或物体的面积越大，动作距离越大，灵敏度越高。

当被测物为玻璃、陶瓷及塑料等介质损耗很小的物体，它的灵敏度就极低。这与微波炉在加热物体时，必须使用玻璃、陶瓷及塑料器皿的原理是相似的。

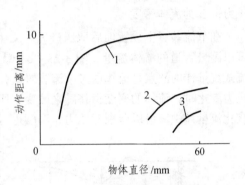

图 3-26 动作距离与被检测物体的材料、性质及尺寸的关系

1—地电位导电物体；2—非接地导电物体；3—含水有机物

调节接近开关尾部的灵敏度调节电位器，可以根据被测物不同来改变动作距离。例如当被测物与接近开关之间隔着一层玻璃时，可以适当提高灵敏度，扣除玻璃的影响。电容式接近开关使用时必须远离金属物体，即使是绝缘体对它仍有一定的影响。它对高频电场也十分敏感，因此两只电容式接近开关也不能靠得太近，以免相互影响。

4. 电容式接近开关的使用

对金属物体而言，不必使用易受干扰的电容式接近开关，而应选择电感式接近开关（即电涡流式接近开关）。因此只有在测量绝缘介质时才应选择电容式接近开关。图 3-27 是利用电容式接近开关测量谷物高度（物位）的示意图。也可以将电容式接近开关安装在水箱的玻璃连通器外壁上，就可以测量和控制水位。

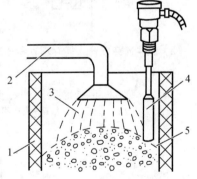

图 3-27 物位检测示意图

1—粮仓外壁；2—输送管道；3—粮食；4—电容式接近开关；5—粮食界面

七、电容式差压变送器在节流式流量计中的应用

测量流量的方法很多，有流速法、容积法、质量法、水槽法等。流速法中，又有叶轮式、

多普勒式、超声式、电磁式、差压节流式等。所谓节流装置，就是在管道中段设置一个流通面积比管道狭窄的孔板或者文丘里喷嘴，使流体经过该节流装置时，流束局部收缩，流速提高，压强减小，如图 3-28（a）所示。按照国家标准制造的标准节流装置的流量系数计算公式是相当完备的，所以差压节流式流量计是一种可靠性和标准化较高的流量传感器，所以在工业中大量使用。节流装置两侧的压差与通过的流量有关，瞬时体积流量 q_V 与压差 $\Delta p = p_1 - p_2$ 之间的关系为

$$q_V = \alpha \varepsilon A \sqrt{\frac{2(p_1 - p_2)}{\rho}} \qquad (3\text{-}24)$$

式中，α 为流量系数；ε 为流体的膨胀系数；A 为节流装置的开口面积；$p_1 - p_2$ 为节流前后的压力；ρ 为流体密度。

在节流装置上设置前后取压口 $p_1 - p_2$，将电容式差压变送器和节流装置按规定标准安装，就可以测量管道的流体流量，图 3-28（b）就是利用节流装置测量液体时的导压管安装方法。节流式流量计的缺点是流体通过节流装置后，会产生不可逆的压力损失。另外，当流体的温度、压力变化时，流体的密度也将随之改变，所以必须进行温度、压力修正。在内设微处理器的智能化流量计中，可以分别对压力、温度进行采样，然后按有关公式对 ρ 进行计算修正。

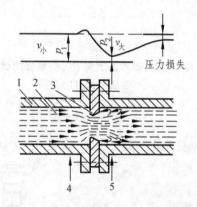 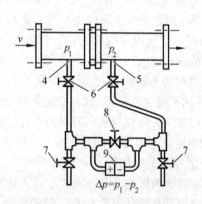

（a）流体流经节流孔板时压力和流速变化情况　　（b）测量液体时导压管的标准安装方法

图 3-28　节流式流量计
1—管道；2—流体；3—节流孔板；4—前取压孔位置；5—后取压孔位置；
6—截止阀；7—放气阀；8—短路阀；9—差压变送器

课后思考与练习

3-1　单项选择题

（1）在两片间隙为 1 mm 的两块平行极板间插入＿＿＿＿＿＿，可测得最大的电容量。

　　A. 塑料薄膜　　　　　B. 干的纸　　　　　　C. 湿的纸　　　　　　D. 玻璃薄片

（2）电子卡尺的分辨力可达 0.01 mm，行程可达 200 mm，它的内部所采用的电容传感器形式是＿＿＿＿＿。

A. 变极距型　　　　　　B. 变面积型　　　　　　C. 变介质型

（3）在电容传感器中，若采用调频法测量转换电路，则电路中_____。

A. 电容和电感均为变量　　　　　　B. 电容是变量，电感保持不变

C. 电容保持常数，电感为变量　　　　D. 电容和电感均保持不变

（4）利用湿敏电容可以测量_____。

A. 空气的绝对湿度　　　　　　B. 空气的相对湿度

C. 空气的温度　　　　　　D. 纸张的含水量

（5）电容式接近开关对_____的灵敏度最高。

A. 玻璃　　　　　　B. 塑料　　　　　　C. 纸　　　　　　D. 鸡饲料

（6）采用微细加工技术的差动电容式加速度传感器可以测量加速度（振动），它的核心部分采用的电容传感器形式是_____。

A. 变极距型　　　　　　B. 变面积型　　　　　　C. 变介质型

3-2　在图 3-14 的脉冲宽度调制电路中，当 $C_1 < C_2$ 时，u_A 的占空比 q 大于 50% 还是小于 50%？请画出 $C_1 < C_2$ 时 u_A、u_B、u_{AB}、u_F、u_G 的波形。

3-3　某工厂采用图 3-29 所示的电容传感器来测量储液罐中的绝缘液体的液位。已知内圆管的外径为 10 mm，外圆管的内径为 20 mm，内外圆管的高度 $h_1 = 3$ m，安装高度 $h_0 = 0.5$ m。被测介质为绝缘油，其相对介电常数 $\varepsilon_r = 2.3$，测得总电容量为 401 pF。求① 液位 h；② 若储油罐的内直径 $D = 3$ m，油的密度 $\rho = 0.8$ t/m³，这时储油罐中油的总量为多少吨？

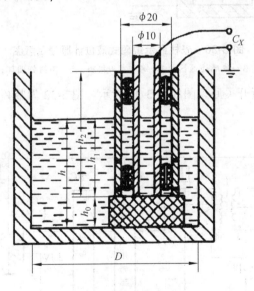

图 3-29　电容式液位计

3-4　简述电容式传感器的 3 种结构类型、特性及可测量的物理量。

3-5　电容式传感器的用途很多，请根据所学内容及生活经验举例简述电容传感器的应用。

3-6　根据学过的电容式接近开关的检测原理分析被测物的性质、面积大小与接近开关检测灵敏度的关系。

3-7　图 3-30 是利用分段电容传感器测量液位的原理示意图。玻璃连通器 3 的外圆壁上等间隔地套着 n 个不锈钢圆环，总长为 10 m，显示器采用 101 段 LED 光柱（第一段常亮，作为

电源指示）。

（1）该方法采用了电容传感器中变极距型、变面积型、变介质型 3 种原理中的哪一种？

（2）被测液体应该是导电液体还是绝缘体？

（3）当液体上升到第 n 个不锈钢圆环的高度时，101 段 LED 光柱全亮。现设 $n=32$，则当液体上升到第 8 个不锈钢圆环的高度时，共有多少段 LED 亮？

（4）分别写出该液位计的分辨力（%）及分辨力（几分之一米）的计算公式，并说明如何提高此类液位计的分辨力。

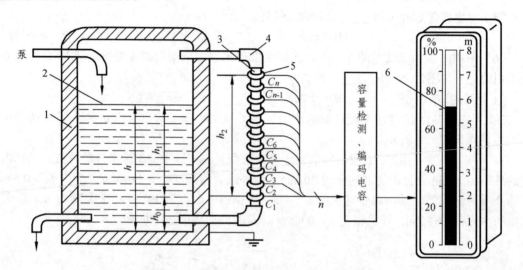

图 3-30　光柱显示编码式液位计原理示意图

1—储液罐；2—液面；3—玻璃连通器；4—钢质直角接头；5—不锈钢圆环；6—101 段 LED 光柱

3-8　人体感应式接近开关原理图如图 3-31 所示。图 3-32 为鉴频器的输入输出特性曲线。请分析该原理图并填空。

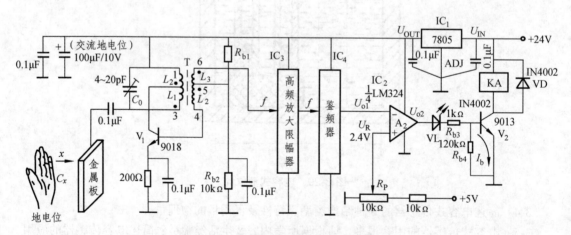

图 3-31　人体感应式接近开关原理图

（1）地电位的人体与金属板构成空间分布电容 C_x，C_x 与微调电容 C_0 从高频等效电路来看，两者之间构成____联。V_1、L_1、C_0、C_x 等元件构成了____电路，$f=$____，f 等于 f_0。当人手未靠近金属板时，C_x 最____（大/小），检测系统处于待命状态。U_{o1}____于 U_R，A_2 的输出为_____电平，$I_b =$ ____。

（2）当人手靠近金属板时，C_x 变___，因此高频变压器 T 的二次侧的输出频率 f 变___（高/低）。

（3）从图 3-32 可以看出，当 f 低于 f_R 时，U_{o1}____于 U_R，A_2 的输出 U_{o2} 为_____电平，因此 VL____（亮/暗）。三端稳压器 7805 的输出为_____V，由于运放饱和时的最大输出电压约比电源低 1 V 左右，所以 A_2 的输出电压约为_____V，V_2_____（饱和/截止），中间继电器 KA 变为_____状态（吸合/释放）。

（4）图 3-32 中的运放未接反馈电阻，所以 IC_2 在此电路中起_____器作用；V_2 起_____（电压放大/电流驱动）作用；基极电阻 R_{b3} 起作用；VD_1 起_____作用，防止当 V_2 突然截止时，产生过电压而使_____击穿。

（5）通过以上分析可知，该接近开关主要用于检测_____，它的最大优点是_____。可以将它应用到_____以及_____等场所。

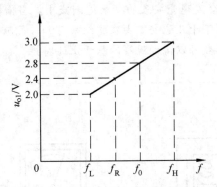

图 3-32　鉴频器的输入/输出特性曲线

模块四　电感传感器

典型应用

　　将一只 380 V 交流接触器线圈与交流毫安表串联后,接到机床用的控制变压器 36V 交流电压源上,如图 4-1 所示。这时毫安表的示值约为几十毫安。用手慢慢将接触器的活动铁心(称为衔铁)往下按,我们会发现毫安表的读数逐渐减小。当衔铁与固定铁心之间的气隙等于零时,毫安表的读数只剩下十几毫安。由实验结果可知,气隙的长短变化引起了线圈电感值的变化,通过毫安表的读数可以得到观察。基于上述特性,接触器在非电量测量时可作为传感器使用。

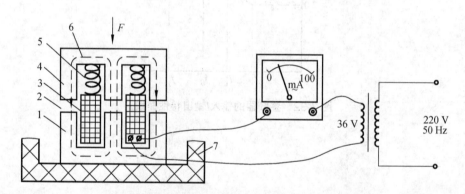

图 4-1　带铁心线圈的气隙与电感量及电流的关系实验

1—固定铁心;2—气隙;3—线圈;4—衔铁;5—弹簧;

6—磁力线;7—绝缘外壳

　　电感传感器(Inductance-type Transducer)是利用电磁感应原理将被测非电量如位移、压力、振动等转换成线圈自感量 L 或互感量 M 的变化,再由测量电路转换为电压或电流的变化量输出的一种传感器。它具有分辨力及测量精度高等一系列优点,因此在工业自动化技术中得到广泛的应用。它的主要缺点是响应较慢,不宜于快速动态测量,而且传感器的分辨力与测量范围有关。测量范围大,分辨力低,反之则高。

　　电感传感器种类很多,可分为自感式和互感量式两大类。人们习惯上讲电感传感器通常是指自感式传感器。而互感量式传感器,由于它利用了变压器原理,又往往做成差动式,故常称为差动变压器式传感器。

单元一　自感式电感传感器

由电工知识可知，在图4-1示例中，忽略线圈的直流电阻时，流过线圈的交流电流当铁心的气隙较大时，磁路的磁阻 R_m 也较大，线圈的电感量 L 和感抗 X_L 较小，所以电流 I 较大。当铁心闭合时，磁阻变小、电感变大，电流减小。利用本例中自感量随气隙而改变的原理来制作测量位移的自感式传感器。

自感式传感器的结构主要由线圈、铁心、衔铁及测杆等组成。工作时，衔铁通过测杆（或转轴）与被测物体相接触，被测物体的位移将引起线圈电感量的变化，当传感器线圈接入测量转换电路后，电感的变化将被转换成电流、电压或频率的变化，从而完成非电量到电量的转换。自感式电感传感器常见的形式有变隙式、变截面式和螺线管式等3种，如图4-2所示。

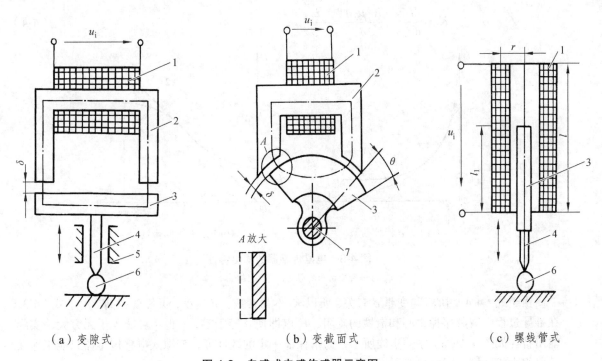

（a）变隙式　　　　　（b）变截面式　　　　　（c）螺线管式

图4-2　自感式电感传感器示意图

1—线圈；2—铁心；3—衔铁；4—测杆；5—导轨；6—工件；7—转轴

一、变隙式电感传感器

变隙式电感传感器的结构示意图如图4-2（a）所示。由磁路基本知识可知，线圈电感量为

$$L = \frac{N^2}{R_m} \tag{4-1}$$

式中，N 为线圈匝数；R_m 为磁路总磁阻。

由于铁心和衔铁的磁阻比气隙磁阻小得多，因此铁心和衔铁的磁阻可忽略不计，磁路总磁

阻 R_m 近似为气隙磁阻，即

$$R_m \approx \frac{2\delta}{\mu_0 A} \tag{4-2}$$

式中，δ 为气隙厚度；A 为气隙的有效截面积；μ_0 为真空磁导率，与空气的磁导率相近。因此电感线圈的电感量为

$$L \approx \frac{N^2 \mu_0 A}{2\delta} \tag{4-3}$$

由式（4-3）可见，在线圈匝数 N 确定以后，若保持气隙截面积 A 为常数，则 $L = f(\delta)$，即电感 L 是气隙厚度的函数，故称这种传感器为变隙式电感传感器。

由式（4-3）可知，对于变隙式电感传感器，电感 L 与气隙厚度 δ 成反比，其输出特性如图 4-3（a）所示，输入输出是非线性关系。灵敏度 K_1 为

$$K_1 = \frac{dL}{d\delta} = -\frac{N^2 \mu_0 A}{2\delta^2} = -\frac{L_0}{\delta} \tag{4-4}$$

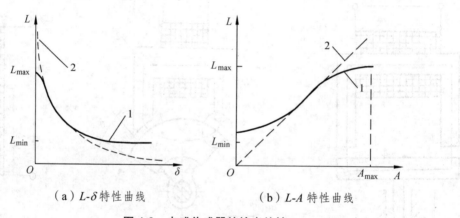

（a）L-δ 特性曲线　　　　（b）L-A 特性曲线

图 4-3　电感传感器的输出特性

1—实际输出特性；2—理想输出特性

由于式（4-4）中 K_1 与变量 δ 有关，所以 K_1 不为常数。δ 越小，灵敏度越高。由于式（4-3）在推导过程中曾忽略掉铁心和衔铁的磁阻，所以即使 δ 等于零，L 也不可能等于无穷大，实际输出特性如图 4-3（a）中的实线所示。为了保证一定的线性度，变隙式电感传感器只能工作在一段很小的区域，因而只能用于微小位移的测量。

二、变截面式电感传感器

由式（4-3）可知，在线圈匝数 N 确定后，若保持气隙厚度 δ 为常数，则 $L = f(A)$，电感 L 是气隙有效影截面面积 A 的函数，故称这种传感器为变截面式电感传感器，其结构示意图如图 4-2（b）所示。

对于变截面式电感传感器，电感量 L 与气隙截面积 A 成正比，输入输出呈现线性关系，如图 4-3（b）中虚线所示，灵敏度为常数。但是由于漏感等原因，变截面式电感传感器在 $A = 0$ 时，仍有较大的电感，所以其线性区较小，而且灵敏度较低，灵敏度 K_2 为

$$K_2 = \frac{\mathrm{d}L}{\mathrm{d}A} = \frac{N^2 \mu_0}{2\delta} \qquad\qquad (4\text{-}5)$$

三、螺线管式电感传感器

单线圈螺线管式电感传感器的结构如图 4-2（c）所示，主要元件是一只螺线管和一根柱形衔铁。传感器工作时，衔铁在线圈中伸入长度的变化将引起螺线管电感量的变化。

对于长螺线管（$l \gg r$），当衔铁工作在螺线管的中部时，可以认为线圈内磁场强度是均匀的。此时线圈电感量 L 与衔铁插入深度 l 大致成正比。

这种传感器结构简单，制作容易，但灵敏度稍低，且衔铁在螺线管中间部分工作时，才有希望获得较好的线性关系。螺线管式电感传感器适用于测量稍大一点的位移，目前比较常用。

四、差动电感传感器

上述 3 种电感传感器便用时，由于线圈中通有交流励磁电流，因而衔铁始终承受电磁吸力，会引起振动及附加误差，而且非线性误差较大；另外，外界的干扰如电源电压频率的变化，温度的变化都使输出产生误差。所以在实际工作中常采用差动形式，既可以提高传感器的灵敏度，又可以减小测量误差。

（一）结构特点

差动式电感传感器结构如图 4-4 所示。两个完全相同的单个线圈的电感传感器共用一根活动衔铁就构成了差动式电感传感器。

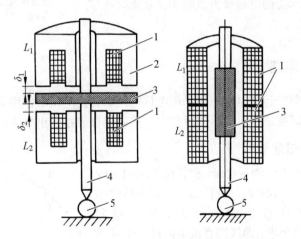

（a）变隙式差动传感器　　（b）螺线管式差动传感器

图 4-4　差动式电感传感器

1—差动线圈；2—铁心；3—衔铁；4—测杆；5—工件

差动式电感传感器的结构要求是两个导磁体的几何尺寸完全相同，材料性能完全相同；两个线圈的电气参数（如电感、匝数、直流电阻、分布电容等）和几何尺寸也完全相同。

（二）工作原理和特性

在变隙式差动电感传感器中，当衔铁随被测量移动而偏离中间位置时，两个线圈的电感量一个增加，一个减小，形成差动形式。

在图4-4中，假设衔铁向上移动，则总的电感变化量为

$$\Delta L = L_1 - L_2 = \frac{N^2 \mu_0 A}{2(\delta_0 - \Delta \delta)} - \frac{N^2 \mu_0 A}{2(\delta_0 + \Delta \delta)} = \frac{N^2 \mu_0 A}{2} \frac{2\Delta \delta}{\delta_0^2 - \Delta \delta^2} \qquad (4-6)$$

式中，L_1 为上线圈的电感量；L_2 为下线圈的电感量；δ_0 为衔铁与铁心的初始气隙。

当 $\delta \ll \delta_0$ 时，可以略去分母中的 $\Delta \delta^2$ 项，则

$$\Delta L \approx 2 \times \frac{N^2 \mu_0 A}{2\delta_0^2} \Delta \delta \qquad (4-7)$$

灵敏度为

$$K = \frac{\Delta L}{\Delta \delta} = 2 \times \frac{N^2 \mu_0 A}{2\delta_0^2} = 2 \frac{L_0}{\delta_0} \qquad (4-8)$$

式中，L_0 为衔铁处于差动线圈中间位置时的初始电感量。

比较式（4-4）和式（4-8）可以看出，差动式电感传感器灵敏度约为非差动式电感传感器的两倍。从图4-5也可以看出，差动式电感传感器的线性较好，且输出曲线较陡，灵敏度较高。

采用差动式结构除了可以改善线性、提高灵敏度外，对外界影响，如温度的变化、电源频率的变化等也基本上可以互相抵消，衔铁承受的电磁吸力也较小，从而减少了测量误差。

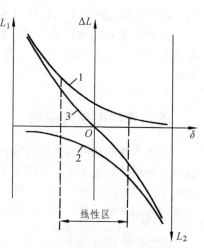

图4-5 差动式与单线圈电感传感器非线性比较

1—上线圈特性；2—下线圈特性；
3—L_1、L_2差接后的特性

五、测量转换电路

电感式传感器的测量转换电路一般采用电桥电路。转换电路的作用是将电感量的变化转换成电压或电流信号，以便送入放大器进行放大，然后用仪表指示出来或记录下来。

（一）交流电桥测量电路

图4-6所示为交流电桥测量电路，把传感器的两个线圈作为电桥的两个桥臂 Z_1 和 Z_2，另外二个相邻的桥臂用纯电阻代替，对于高 Q 值的差动式电感传感器（$Q = \omega L / R$，线圈品质因素，即线圈直流电阻远小于其感抗），其输出电压：

$$\dot{U}_o = \frac{\dot{U}_{AC}}{2} \cdot \frac{\Delta Z_1}{Z_1} = \frac{\dot{U}_{AC}}{2} \cdot \frac{j \omega \Delta L}{R_0 + j \omega L_0} \approx \frac{\dot{U}_{AC}}{2} \cdot \frac{\Delta L}{L_0} \qquad (4-9)$$

式中，L_0 为衔铁在中间位置时单个线圈的电感；ΔL 为单线圈电感的变化量。

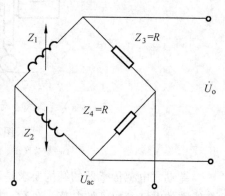

图4-6 交流电桥测量电路

将 $\Delta L = L_0 (\Delta \delta / \delta_0)$ 代入式（4-9）得 $\dot{U}_o = (\Delta \delta / \delta_0)$，可见电桥输出电压与 $\Delta \delta$ 有关。

（二）变压器电桥电路

变压器电桥电路如图 4-7 所示，相邻两工作臂 Z_1、Z_2 是差动电感传感器的两个线圈阻抗，另两臂为激励变压器的二次绕组。输入电压约为 10V 左右，频率约为数千赫兹，输出电压取自 A、B 两点。假定 D 点为参考电位，且传感线圈为高 Q（线圈品质因素）值，即线圈直流电阻远小于其感抗，则可以推导桥路输出电压为：

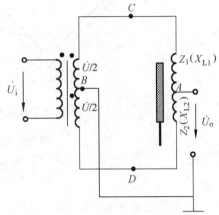

$$\dot{U}_o = \frac{Z_2 \dot{U}}{Z_1 + Z_2} - \frac{\dot{U}}{2} = \frac{Z_2 - Z_1}{Z_1 + Z_2} \cdot \frac{\dot{U}}{2} \qquad （4-10）$$

当传感器的衔铁处于中间位置，由于线圈完全对称，即 $L_1 = L_2 = L_0$，$Z_1 = Z_2 = Z$ 时，电桥平衡，输出电压为 $\dot{U}_o = 0$。

图 4-7 变压器电桥电路

当传感器的衔铁下移时，即 $Z_1 = Z - \Delta Z$，$Z_2 = Z + \Delta Z$，此时输出电压不为 0，与激励源电压同相。

$$\dot{U}_o = \frac{\dot{U}}{2} \cdot \frac{\Delta Z}{Z} = \frac{\dot{U}}{2} \cdot \frac{\Delta L}{L} \qquad （4-11）$$

当传感器的衔铁上移时，则 $Z_1 = Z + \Delta Z$，$Z_2 = Z - \Delta Z$，此时输出电压与激励源电压反相。

$$\dot{U}_o = -\frac{\dot{U}}{2} \cdot \frac{\Delta Z}{Z} = -\frac{\dot{U}}{2} \cdot \frac{\Delta L}{L} \qquad （4-12）$$

从式（4-11）及式（4-12）可知，当衔铁上下移动相同距离时，输出电压的大小相等，式中的正负号表示输出电压的相位随位移方向不同而与激励源电压同相或反相（相位差180°）。若在转换电路的输出端接上普通指示仪表时，实际上却无法判别输出的相位和位移的方向。

更严重的是，图 4-6 所示的测量转换电路还存在一种称为零点残余电压的影响。当衔铁位于差动电感传感器中间位置附近时，无论怎样调节衔铁的位置，均无法使测量转换电路输出为零，总有一个很小的输出电压（零点几毫伏，有时甚至可达数十毫伏）存在，这种衔铁处于零点附近时存在的微小误差电压称为零点残余电压。图 4-8 示出了测量转换电路的输出特性曲线，图中的虚线表示理想差动电感的输出特性，而图中的实线表示存在零点残余电压时的输出特性，图中的 E_0 就是零点残余电压。从图中可以看到，零点残余电压 E_0 的存在会造成测量系统在最关键的零点附近存在一小段不灵敏区 Δx_0，它一方面限制系统的分辨力，另一方面也造成 U_o 与位移之间的非线性。

产生零点残余电压的原因从本质上看，是流经差动电感两线圈的电流无法像理论分析中那样，在幅值和相位上同时互相抵消，所以 $U_o \neq 0$。究其产生的具体原因，大致有：① 差动电感两个线圈的匝数、直流电阻等电气参数、几何尺寸或磁路参数不完全对称；② 存在寄生参数，如线圈间的寄生电容及线圈、引线与外壳间的分布电容；③ 电源电压含有高次谐波；④ 励磁电流太大使磁路的磁化曲线存在非线性等。

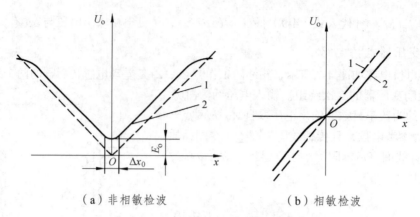

（a）非相敏检波　　　　　　　　　（b）相敏检波

图 4-8　不同检波方式的输出特性曲线

1—理想特性曲线；2—实际特性曲线

E_0—零点残余电压；Δx_0—位移的不灵敏区

减小零点残余电压的方法通常有：① 提高框架和线圈的对称性；② 尽量采用正弦波作为激励源；③ 正确选择磁路材料，同时适当减小线圈的励磁电流，使衔铁工作在磁化曲线的线性区；④ 在线圈在并联阻容移相网络，补偿相位误差；⑤ 采用相敏检波电路。

（三）相敏检波电路

"检波"与"整流"的含义相似，都能将交流输入转换成直流输出。但"检波"多用于描述信号电压的转换。如果输出电压在送到指示仪前经相敏检波，则不但可以反映位移的大小（U_o 的幅值），还可以反映位移的方向（U_o 的幅值），并减小零点残余电压的影响，其输出特性如图 4-8（b）所示。

当衔铁向下移动时，仪表指针正向偏转。当衔铁向上移动时，仪表指针反向偏转。采用相敏检波电路，得到的输出信号既能反映位移大小，也能反映位移方向。

单元二　差动变压器式传感器

把被测的非电量变化转换为线圈互感量 M 变化的传感器称为互感式传感器。这种传感器是根据变压器的基本原理制成的，并且次级绕组采用差动形式连接，故称差动变压器式传感器，简称差动变压器。在非电量测量中，应用最多的结构是螺线管式差动变压器，它可以测量 1～100 mm 范围内的机械位移，并具有测量精度高、灵敏度高、结构简单、性能可靠等优点。

一、工作原理及主要性能

螺线管式差动变压器结构如图 4-9 所示，它由初级线圈、两个次级线圈和插入线圈中的衔铁等组成。螺线管式差动变压器按线圈绕组排列的方式不同可分为一节、二节、三节、四节和五节式等类型，如图 4-10 所示。一节式灵敏度高，三节式零点残余电压较小，通常采用的是二节式和三节式两类。

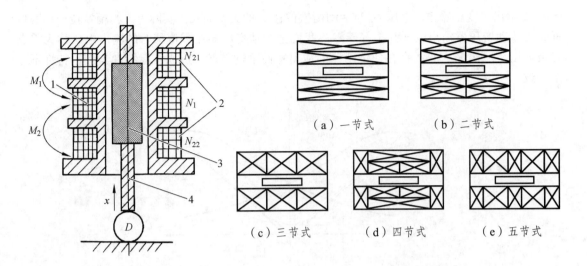

图 4-9 差动变压器结构示意图
1—初级线圈；2—次级线圈；3—衔铁；4—测杆

图 4-10 线圈排列方式

（a）一节式　（b）二节式　（c）三节式　（d）四节式　（e）五节式

　　差动变压器式传感器中两个次级线圈反向串联，并且在忽略铁损、导磁体磁阻和线圈分布电容的理想条件下，其等效电路如图 4-11 所示。当初级绕组 N_1 加以激励电压 U_i 时，根据变压器的工作原理，在两个次级绕组 N_{21} 和 N_{22} 中便会产生感应电势 U_{21} 和 U_{22}。如果工艺上保证变压器结构完全对称，则当衔铁处于初始平衡位置时，必然会使两互感系数 $M_1 = M_2$。根据电磁感应原理，将有 $U_{21} = U_{22}$。由于变压器两次级绕组反向串联，因而 $U_o = U_{21} - U_{22} = 0$，即差动变压器输出电压为零。

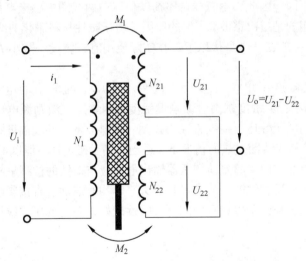

图 4-11 差动变压器等效电路

　　当衔铁向上移动时，由于磁阻的影响，N_{21} 中磁通将大于 N_{22} 中磁通，使 $M_1 > M_2$，因而 U_{21} 增加，而 U_{22} 减小，输出电压 U_o 不再为零，输出电压与激励源同相。反之，当衔铁向下移动时，N_{21} 中磁通将小于 N_{22} 中磁通，使 $M_1 < M_2$，因而 U_{21} 减小，而 U_{22} 增加，输出电压 U_o 则与激励源反相。因为输出电压 $U_o = U_{21} - U_{22}$，当 U_{21}、U_{22} 随着衔铁位移 x 变化时，U_o 也必将随 x 变化。

图 4-12 给出了变压器输出电压 U_o 与活动衔铁位移 x 的关系曲线。实际上，当衔铁位于中心位置时，差动变压器输出电压并不等于零，我们把差动变压器在零位移时的输出电压称为零点残余电压，记作 E_0，它的存在使传感器的输出特性不过零点，造成实际特性与理论特性不完全一致。

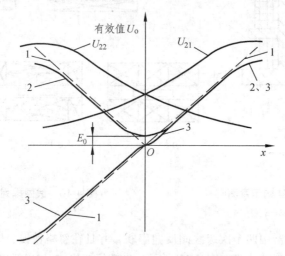

图 4-12　差动变压器的输出特性图

零点残余电压主要是由传感器的两次级绕组的电气参数与几何尺寸不对称，以及磁性材料的非线性等问题引起的。零点残余电压的波形十分复杂，主要由基波和高次谐波组成。基波产生的主要原因是：传感器的两次级绕组的电气参数和几何尺寸不对称，导致它们产生的感应电势的幅值不等、相位不同，因此不论怎样调整衔铁位置，两线圈中感应电势都不能完全抵消。高次谐波中起主要作用的是三次谐波，产生的原因是由于磁性材料磁化曲线的非线性（磁饱和、磁滞）。零点残余电压一般在几十毫伏以下，在实际使用时，应设法减小 E_0，否则将会影响传感器的测量结果。

差动变压器的灵敏度用单位位移及单位激励电压下的输出的电压或电流表示（如 mV/mm·V），行程越小，灵敏度越高。影响灵敏度的因素有：激励源电压和频率、差动变压器初级线圈和次级线圈的匝数比、衔铁直径与长度、材料质量、环境温度计负载电阻等等。为了提高灵敏度，在不使初级线圈过热的情况下，适当提高励磁电压，但以不超过 10 V 为宜，电源频率以 1～10 kHz 为好。理想的差动变压器输出电压应与衔铁的位移呈线性关系。实际上由于衔铁的直径、长度、材质和线圈骨架的形状、大小等均对线性有直接影响。由于差动变压器中间部分磁场均匀而且较强，所以只有中间部分线性较好，差动变压器线性范围约为线圈骨架长度的 1/10 左右。

二、测转换量电路

差动变压器输出的是交流电压，若用交流电压表测量，只能反映衔铁位移的大小，而不能反映移动方向。另外，其测量值中将包含零点残余电压。为了达到能辨别移动方向及消除零点残余电压的目的，实际测量时，常常采用差动整流电路和相敏检波电路。

（一）差动整流电路

图 4-13 给出了几种典型差动整流电路形式，这种电路是把差动变压器的两个次级输出电压分别整流，然后将整流的电压或电流的差值作为输出，图中（a）、（c）适用于交流负载阻抗，（b）、（d）适用于低负载阻抗，电阻 R_0 用于调整零点残余电压。

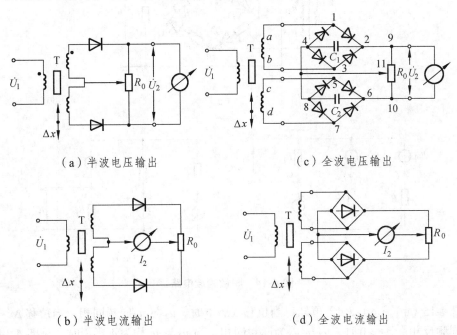

（a）半波电压输出　　　　　　　　（c）全波电压输出

（b）半波电流输出　　　　　　　　（d）全波电流输出

图 4-13　差动整流电路

下面以图 4-13（c）为例，分析差动整流电路的工作原理。由电路可知，不论两个次级线圈的输出瞬时电压极性如何，流经电容 C_1 的电流方向总是从 2 到 4，流经电容 C_2 的电流方向从 6 到 8，故整流电路的输出电压为：

$$U_2 = U_{24} - U_{68} \tag{4-13}$$

当衔铁在零位时，因为 $U_{24} = U_{68}$，所以 $U_2 = 0$；当衔铁在零位以上时，因为 $U_{24} > U_{68}$，则 $U_2 > 0$；而当衔铁在零位以下时，则有 $U_{24} < U_{68}$，则 $U_2 < 0$。

差动整流电路具有结构简单，不需要考虑相位调整和零点残余电压的影响，分布电容影响小和便于远距离传输等优点，因而获得广泛应用。

（二）相敏检波电路

二极管相敏检波电路如图 4-14 所示。VD_1、VD_2、VD_3、VD_4 为 4 个性能相同的二极管，以同一方向串联成一个闭合回路，形成环形电桥。输入信号 u_2（差动变压器式传感器输出的调幅波电压）通过变压器 T_1 加到环形电桥的一个对角线。参考信号 u_0 通过变压器 T_2 加入环形电桥的另一个对角线。输出信号 u_L 从变压器 T_1 与 T_2 的中心抽头引出。平衡电阻 R 起限流作用，避免二极管导通时变压器 T_2 的次级电流过大。R_L 为负载电阻，u_0 的幅值要远大于输入信号 u_2 的幅值，以便有效控制 4 个二极管的导通状态，且 u_0 和差动变压器式传感器激磁电压 u_1 由同一振荡器供电，保证二者同频、同相（或反相）。

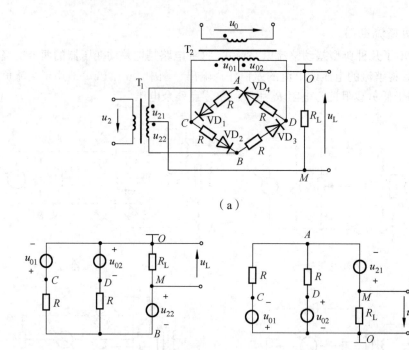

（a）

（b）　　　　　　　（c）

图 4-14　相敏检波电路

由图 4-15（a）、（c）、（d）可知，当位移 $\Delta x > 0$ 时，u_2 与 u_0 同频同相，当位移 $\Delta x < 0$ 时，u_2 与 u_0 同频反相。$\Delta x > 0$ 时，u_2 与 u_0 为同频同相，当 u_2 与 u_0 均为正半周时，见图 4-14（a），环形电桥中二极管 VD_1、VD_4 截止，VD_2、VD_3 导通，则可得图 4-14（b）的等效电路。

$$u_{10} = u_{20} = \frac{u_0}{2n_2} \qquad u_{21} = u_{22} = \frac{u_2}{2n_1}$$

根据变压器的工作原理，考虑到 O、M 分别为变压器 T_1、T_2 的中心抽头，则有：

$$u_{01} = u_{02} = \frac{u_0}{2n_2} \qquad u_{21} = u_{22} = \frac{u_0}{2n_1}$$

式中，n_1、n_2 为变压器 T_1、T_2 的变比。

采用电路分析的基本方法，可求得图 4-14（b）所示电路的输出电压 u_L 的表达式：

$$u_L = \frac{R_L u_2}{n_1(R_1 + 2R_L)} \tag{4-14}$$

同理，当 u_2 与 u_0 均为负半周时，二极管 VD_2、VD_3 截止，VD_1、VD_4 导通。其等效电路如图 4-15（c）所示，输出电压 u_L 表达式与式（4-14）相同，说明只要位移 $\Delta x > 0$，不论 u_2 与 u_0 是正半周还是负半周，负载 R_L 两端得到的电压 u_L 始终为正。

当 $\Delta x < 0$ 时，u_2 与 u_0 为同频反相。采用上述相同的分析方法不难得到：当 $\Delta x < 0$ 时，不论 u_2 与 u_0 是正半周还是负半周，负载电阻 R_L 两端得到的输出电压 u_L 表达式总是为：

$$u_L = -\frac{R_L u_2}{n_1(R_1 + 2R_L)} \tag{4-15}$$

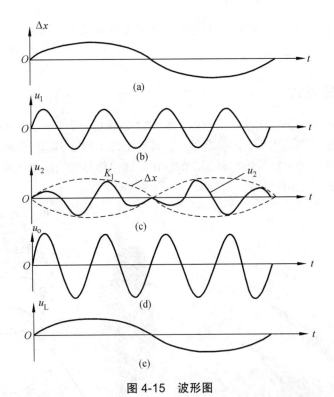

图 4-15　波形图

所以上述相敏检波电路输出电压 u_L 的变化规律充分反映了被测位移量的变化规律，即 u_L 的值反映位移 Δx 的大小，而 u_L 的极性则反映了位移 Δx 的方向。

单元三　电感传感器的应用

电感传感器主要对位移及与位移有关的工件尺寸、偏差、振动等参数进行测量，为接触式测量方式，由于响应较慢，不太适合快速动态测量。随着微电子技术的发展，目前已能将电感传感器的激励源、相敏或差动整流及信号放大电路、温度补偿电路等做成厚膜电路，装入传感器的外壳，它的输出信号可设计成符合国家标准的 1~5 V 或 4~20 mA，这种形式的差动变压器简称为 LVDT（Linear Variable Differential Transformer）位移传感器。

市售的差动变压器式位移传感器精度最高可达 0.1 μm，重复精度达 0.01% FS，有模拟输出、数字输出可选，多种量程可选。电感传感器适用于质量控制和计量应用中的高重复性测量，目前应用于多种行业，下面介绍几种常见电感传感器的应用。

一、轴向式电感测微仪

无论是自感传感器还是差动变压器传感器，目前都被广泛地应用于微位移相关量测量中。轴向式电感测微仪，如图 4-16 所示，端部为红宝石或金刚石耐磨测头，测微仪器有双向量程和单向量程之分。单向量程输出的是正信号（如 1~5 V、4~20 mA 等），双向量程输出的是正负信号（如 ±1～±5 V、0～±10 V 等），传感器量程从几毫米到几十毫米、上百毫米的都有，分辨力可达 0.1 μm。

二、电感式圆度计

在轴类零件的加工中圆度测量非常重要，图 4-17 是测量轴类工件圆度的示意图，旁向式电感测微仪耐磨测头紧贴工件表面，工件绕轴心旋转，工件不圆度引起的位移通过杠杆传递给电感测头中的衔铁，从而使电感传感器有相应的输出。输出信号经圆度测试软件处理之后，可以显示工件的圆度信息以供用户分析。

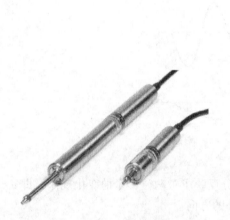

图 4-16　轴向式电感测微仪

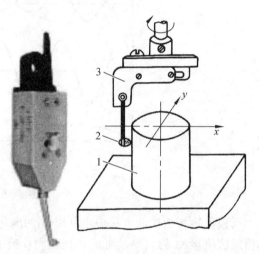

图 4-17　电感式圆度计测量示意图

1—被测物；2—耐磨测头；3—电感圆度计

三、电感式粗糙度仪

粗糙度是评定零件表面质量的重要指标，电感式粗糙度仪是利用电感传感器测量微位移的原理对零件表面质量进行测量与分析的（见图 4-18）。电感式粗糙度仪符合国家标准，可对多种零件表面的粗糙度、波纹度和原始轮廓进行多参数评定，可测量平面、外圆柱面、内孔表面等。

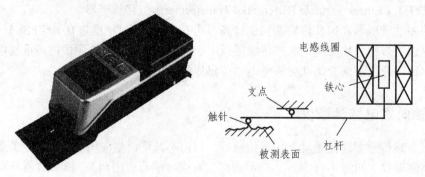

图 4-18　电感式粗糙度仪测量原理及实物图

四、电感式滚柱直径分选装置

人工测量和分选轴承用的滚柱直径是一项十分费时而且容易出错的工作,如图4-19是电感式滚柱直径分选装置的工作原理示意图。电感传感器主要是实现接触式测量滚柱的直径偏差,测量系统根据偏差值进行气缸推杆、限位挡板及电磁翻板的自动控制。如果在轴向增加一只电感传感器,还可以在测量直径偏差的同时测量圆柱滚子的长度。

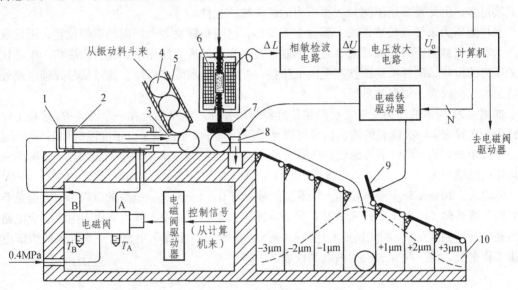

图4-19 滚柱直径分选装置的工作原理示意图

1—气缸;2—活塞;3—推杆;4—被测滚柱;5—落料管;6—电感测微器;
7—钨钢测头;8—限位挡板;9—电磁翻板;10—容器(料斗)

五、电感测微仪在仿形加工中的应用

仿形机床是指按照样板或靠模控制刀具或工件的运动轨迹进行切削加工的半自动机床。某些通用机床附装仿形装置后也可实现仿形加工,如图4-20为铣床安装电感式测微仪作仿形头进行凸轮仿形加工示意图。电感测微仪把仿形样板的位移信号转换成电信号,经功率放大后驱动机床执行部件,采用这种控制方式的样板和触头承受压力较小。随着数控机床技术的发展及应用普及,仿形加工的应用范围也有所局限。

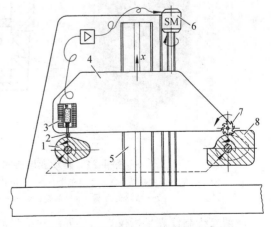

图4-20 仿形加工工作原理示意图

1—标准靠模样板;2—测端(靠模轮);3—电感测微仪;
4—铣刀龙门框架;5—立柱;6—伺服电动机;
7—铣刀;8—毛坯

六、差动变压器式压力变送器

如图 4-21 为差动变压器式压力变送器的外形及结构示意图,它适用于测量各种生产流程中的液体、水蒸气及气体压力,图中能将压力转换为位移的弹性敏感元件为波纹膜盒。膜盒由两片波纹膜片焊接而成,所谓波纹膜片是一种压有同心波纹的圆形薄膜。当膜片四周固定,两侧面存在压差时,膜片将弯向压力低的一侧,因此能够将压力变换为直线位移。波纹膜片比平膜片柔软得多,因此是多用于测量较小压力的弹性敏感元件。

当被测压力未导入传感器时,膜盒 2 无位移,这时衔铁在差动线圈的中间位置,因此输出电压为零。当被测压力导入膜盒 2 时,膜盒在被测介质的压力作用下,其自由端将产生正比于被测压力的位移,测杆推动衔铁产生向上位移,差动变压器输出电压,通过信号处理电路处理之后送给二次仪表,加以显示。

如图 4-21 所示的压力变送器已经将传感器与信号处理电路组合在一个壳体中,这在工业中被称为一次仪表。一次仪表的输出信号可以是电压,也可以是电流。由于电流信号不易受干扰,且便于远距离传输(可以不考虑线路压降),所以在一次仪表中多采用电流输出型。新的国家标准规定电流输出为 $4 \sim 20\ \mathrm{mA}$;电压输出为 $1 \sim 5\ \mathrm{V}$(旧国标为 $0 \sim 10\ \mathrm{mA}$ 或 $0 \sim 2\ \mathrm{V}$)。$4\ \mathrm{mA}$ 对应于零输入,$20\ \mathrm{mA}$ 对应于满度输入。不让信号占有 $0 \sim 4\ \mathrm{mA}$ 这一范围的原因,一方面是有利于判断线路故障(开路)或仪表故障;另一方面,这类一次仪表内部均采用微电流集成电路,总的耗电还不到 $4\ \mathrm{mA}$,因此还能利用 $0 \sim 4\ \mathrm{mA}$ 这一部分"本底"电流为一次仪表的内部电路提供工作电流,使一次仪表成为两线制仪表。

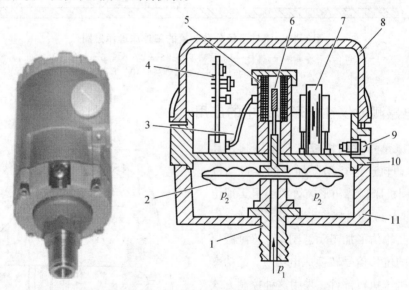

图 4-21　差动变压器式差压变送器结构示意图

1—压力输入接头;2—波纹膜盒;3—电缆;4—印制线路板;5—差动线圈;6—衔铁;
7—电源变压器;8—罩壳;9—指示;10—密封隔板;11—安装底座

所谓二线制仪表是指仪表与外界的联系只需两根导线。多数情况下,其中一根(红色)为 $+24\ \mathrm{V}$ 电源线,另一根(黑色)既作为电源负极引线,又作为信号传输线。在信号传输线的末端通过一只标准负载电阻(也称取样电阻)接地(也就是电源负极),将电流信号转变成电压信号。两线制仪表的另一个好处是可以在仪表内部通过隔直、通交电容,在电流信号传输线上叠加数字脉冲信号，作为一次仪表的串行控制信号和数字输出信号，以便远程读取成为网络化仪表。上述的一次仪表输出的信号既易于处理，又符合国家标准，因此这类标准化的传感器或仪表又称为变送器。

课后思考与练习

4-1 单项选择题

（1）自感电感传感器常见的结构中，_____结构简单，制造容易，目前最常用。

    A. 变隙式   B. 变截面式   C. 螺线管式

（2）希望线性范围为 ±1 mm，则电感式位移传感器螺线管线圈骨架长度至少应为_____。

    A. 2 mm   B. 20 mm   C. 1 mm   D. 40 mm

（3）螺线管式自感传感器采用差动结构是为了_____。

    A. 加长线圈的长度而增加线性范围   B. 降低成本

    C. 提高灵敏度、改善线性、减小误差   D. 以上都正确

（4）希望远距离传输信号，应选用具有_____输出的标准变送器。

    A. 0～2 V   B. 1～5 V   C. 0～10 mA   D. 4～20 mA

4-2 自感式电感传感器有哪几种结构形式，它们有什么特性？

4-3 简述差动电感传感器的优点。

4-4 差动变压器式传感器由哪几部分组成，画出其等效电路图，并简述其测量原理。

4-5 电感传感器可应用在哪些方面，请举例说明。

4-6 有一台两线制压力变送器，量程范围为 0～1 MPa，对应的输出电流为 4～20 mA。请将图 4-22 中的各元器件及仪表正确地连接起来。

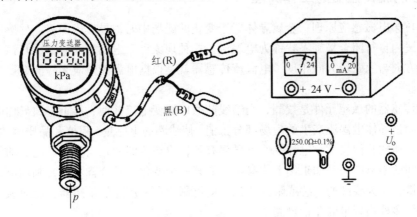

图 4-22

模块五 电涡流传感器

典型应用

课前 LEAD-IN 导读

　　金属导体处于变化的磁场中时，导体内就会产生感应电流，电涡流的产生必然会消耗一部分磁场能量，从而使产生磁场的激励线圈阻抗发生变化，电涡流传感器就在电涡流效应的基础上产生的。人们利用电涡流的热效应服务生产生活，例如电磁炉、金属热处理的高频（中频）感应加热炉就是利用电涡流效应工作的。

　　电涡流传感器的最大特点是可以进行非接触式测量，各种各样的金属探测设备应用于生产生活的多个领域，在检测领域可以用来非接触地探测金属、测量微小位移、振动测量、转速测量及无损探伤等。电涡流探头结构简单、体积小巧，具有频率响应宽、测量灵敏度高、安装方便、抗干扰能力强等特点，目前在工业中广泛应用。

单元一　电涡流传感器的工作原理及结构特性

一、电涡流传感器的工作原理

　　根据法拉第电磁感应原理，金属导体置于变化的磁场中时，导体表面将产生感应电流，感应电流在金属内自行闭合呈旋涡状称为电涡流，这种现象称为电涡流效应，而且该电涡流所产生的反磁场方向与原磁场方向相反。电涡流传感器就是根据电涡流效应来检测金属导体的各种物理参数的。

　　电涡流传感器的敏感元件是线圈，当给线圈通以交变电流并使它接近金属导体时，线圈产生的磁场就会被导体电涡流产生的磁场部分抵消，使线圈的电感量、阻抗和品质因数发生变化。这种变化与导体的几何尺寸、电导率、磁导率有关，也与线圈的几何参量、电流的频率和线圈到被测导体间的距离有关。如果使上述参量中的某一个变化，其余皆不变，利用电涡流效应将位移等非电量转换为线圈的电感或阻抗变化，就可制成多种用途的传感器，能对表面为金属导体的物体进行多种物理量的非接触测量。

　　（一）工作原理

　　图 5-1 为电涡流式传感器的原理图，该图由传感器线圈和被测导体组成线圈—导体系统。根据法拉第定律，当传感器线圈通一正弦交变电流时，线圈周围空间必然产生正弦交变磁场 $\dot{H}_1$，使置于此磁场中的金属导体中感应电涡流 $\dot{i}_2$，$\dot{i}_2$ 又产生新的交变磁场 $\dot{H}_2$。根据愣次定律，$\dot{H}_2$ 的作用将反抗原磁场 $\dot{H}_1$，导致传感器线圈的等效阻抗发生变化。由上可知，线圈阻抗的变化完

全取决于被测金属导体的电涡流效应。电涡流效应既与被测体的电阻率 ρ、磁导率 μ 以及几何形状有关，又与线圈几何参数、线圈中激磁电源频率、激励电流有关，还与线圈与导体间的距离 x 有关。因此，传感器线圈受电涡流影响时的等效阻抗 Z 的函数关系式为

$$Z = f(\dot{I}_1, f, \rho, \mu, r, x) \tag{5-1}$$

式中，r 为线圈与被测体的尺寸因子。

如果保持上式中其他参数不变，而只改变其中一个参数，传感器线圈阻抗 Z 就仅仅是这个参数的单值函数。通过传感器的测量电路测出阻抗 Z 的变化量，即可实现对该参数的测量。

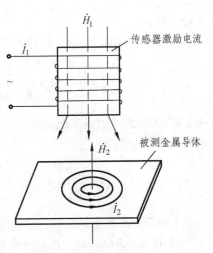

图 5-1 电涡流传感器工作原理图

（二）基本特性

电涡流传感器简化模型如图 5-2 所示。模型中把在被测金属导体上形成的电涡流等效成一个短路环，即假设电涡流仅分布在环体之内，模型中 h 由以下公式求得

$$h = \sqrt{\frac{\rho}{\pi \mu_0 \mu_r f}} \tag{5-2}$$

式中，f 为线圈激磁电流的频率。

根据简化模型，可画出等效电路如图 5-3 所示，图中 R_2 为电涡流短路环等效电阻，其表达式为

$$R_2 = \frac{2\pi\rho}{h \ln \dfrac{r_n}{r_i}} \tag{5-3}$$

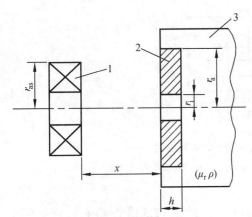

图 5-2 电涡流传感器简化模型

1—传感器线圈；2—短路环；3—被测金属导体

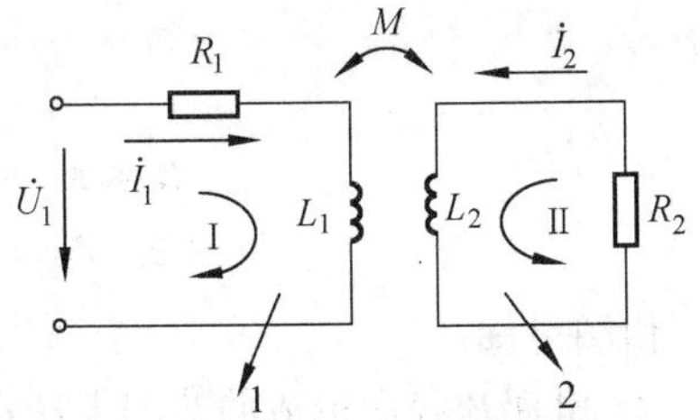

图 5-3 电涡流传感器等效电路

1—传感器线圈；2—电涡流短路环电路

根据基尔霍夫第二定律，可列出如下方程

$$R_1 \dot{I}_1 + j\omega L_1 \dot{I}_1 - j\omega L_2 \dot{I}_2 = \dot{U}_1 \tag{5-4}$$

式中，ω 为线圈激磁电流角频率；R_1、L_1 为线圈电阻和电感；L_2 为短路环等效电感；R_2 为短路

环等效电阻。

由式（5-3）和式（5-4）解得等效阻抗 Z 的表达式为

$$Z = \frac{\dot{U}_1}{\dot{I}_1} = R_1 + \frac{\omega_2 M_2}{R_2^2 + (\omega L_2)^2} R_2 + j\omega \left[L_1 - \frac{\omega_2 M_2}{R_2^2 + (\omega L_2)^2} L_2 \right] = R_{eq} + j\omega L_{eq} \qquad （5-5）$$

式中，R_{eq} 为线圈受电涡流影响后的等效电阻；L_{eq} 为线圈受电涡流影响后的等效电感。线圈的等效品质因数 Q 值为

$$Q = \frac{\omega L_{eq}}{R_{eq}} \qquad （5-6）$$

综上所述：根据电涡流式传感器的简化模型和等效电路，运用电路分析的基本方法得到的式（5-5）和式（5-6），即为电涡流的基本特性。

（三）电涡流形成范围

1. 电涡流的径向形成范围

线圈—导体系统产生的电涡流密度既是线圈与导体间距离 x 的函数，又是沿线圈半径方向 r 的函数。当 x 一定时，电涡流密度 J 与半径 r 的关系曲线如图 5-4 所示。

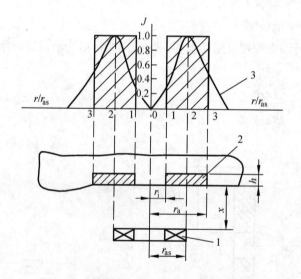

图 5-4　电涡流密度 J 与半径 r 的关系曲线
1—传感器线圈；2—导体表面电涡流；3—电涡流密度曲线

由图可知：
① 电涡流径向形成的范围大约在传感器线圈外径 r_{as} 的 1.8～2.5 倍范围内，且分布不均匀。
② 电涡流密度在短路环半径 $r = 0$ 处为零。
③ 电涡流的最大值在 $r = r_{as}$ 附近的一个狭窄区域内。
④ 可以用一个平均半径为 $r_{as}[r_{as} = (r_i + r_a)/2]$ 的短路环来集中表示分散的电涡流（图中阴影部分）。

2. 电涡流强度与距离的关系

理论分析和实验都已证明，当 x 改变时，电涡流密度发生变化，即电涡流强度随距离 x 的变化而变化。根据线圈-导体系统的电磁作用，可以得到金属导体表面的电涡流强度为

$$I_2 = I_1 \cdot \frac{1-x}{\sqrt{x^2 + r_{ax}^2}} \qquad (5\text{-}7)$$

式中，I_1 为线圈激励电流；I_2 为金属导体中等效电流；x 为线圈到金属导体表面距离；r_{ax} 为线圈外径。

根据上式作出归一化曲线，如图 5-5 所示。

以上分析表明：

① 电涡强度与距离 x 呈非线性关系，且随着 x/r_{as} 的增加而迅速减小。

② 当利用电涡流式传感器测量位移时，只有在 x/r_{as1}（一般取 $0.05 \sim 0.15$）的范围才能得到较好的线性和较高的灵敏度。

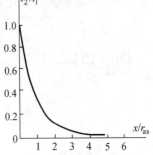

图 5-5　电涡流强度与距离归一化曲线

（三）集肤效应

图 5-6 是电涡流传感器工作原理示意图。当高频（100 kHz 左右）信号源产生的高频电压施加到一个靠近金属导体附近的电感线圈时，将产生高频磁场 H_1。如被测导体置于该交变磁场范围之内时，被测导体就产生电涡流 I_2。I_2 在金属导体的纵深方向并不是均匀分布的，而只集中在金属导体的表面，这称为集肤效应（也称趋肤效应）。

集肤效应与激励源频率 f、工件的电导率 σ、磁导率 μ 等有关。通常把涡流密度减少到离开表面 $1/e$ 处（$e = 2.172$）的深度叫作标准渗透深度。它大约是电涡流密度减少到 36.8% 处的深度，用 δ 表示。频率 f 越高，电涡流的渗透深度越浅，集肤效应越严重。100 kHz 时的电阻值是直流时的 1.5 倍，1 MHz 的电阻值是直流时的 4 倍。由于存在集肤效应，电涡流只能检测导体表面的各种物理参数。改变 f，可控制检测深度。激励源频率一般设定在 100 kHz ~ 1 MHz，有时为了使电涡流深入金属导体深处，或欲对距离较远的金属体进行检测，可采用十几千赫兹甚至几百赫兹的激励频率。

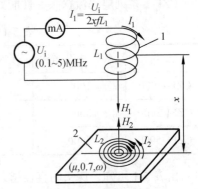

图 5-6　电涡流传感器工作原理示意图
1—电涡流线圈；2—被测金属导体

二、电涡流传感器的结构及特性

（一）电涡流探头结构

电涡流传感器的传感元件是一只线圈，俗称为电涡流探头。由于激励源频率较高（数十 kHz 至数 MHz），所以匝数不必太多，一般为扁平空心线圈。有时为了使磁力线集中，可将线圈绕在直径和长度都很小的高频铁氧体磁心上。电涡流探头的结构十分简单，其核心是一个扁平"蜂巢"线圈。线圈用多股绞扭漆包线（能减小集肤效应，提高 Q 值）绕制而成，置于探头的端部，

外部用聚四氟乙烯等高品质因数塑料密封，如图5-7所示。

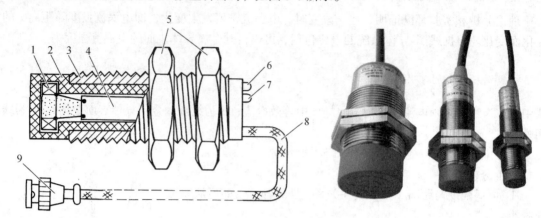

图5-7 电涡流探头

1—电涡流线圈；2—探头前端壳体（塑料）；3—位置调节螺纹（钢）；4—信号处理电路；
5—夹持螺母；6—电源指示灯；7—阈值指示灯；
8—输出屏蔽电缆线索；9—电缆插头

随着电子技术的发展，现在已能将测量转换电路安装到探头的壳体中。它具有输出信号大（输出信号为直流电压或电流，有时还可以是开关信号）、不受输出电缆分布电容影响等优点。

CZF-1系列电涡流探头的性能如表5-1所示。

表5-1　CZF-1系列电涡流探头的性能

型　号	线性范围/μm	线圈外径/nm	分辨力/μm	线性误差/（%）	使用温度/℃
CZFI-1000	1000	$\phi 7$	1	<3	−15～+80
CZF1-3000	3000	$\phi 15$	3	<3	−15～+80
CZF1-5000	5000	$\phi 28$	5	<3	−15～+80

由表5-1可知，探头的直径越大，测量范围就越大，但分辨力就越差，灵敏度也降低。

（二）被测体材料、形状和大小对灵敏度的影响

线圈阻抗变化与金属导体的电导率、磁导率等有关。对于非磁性材料，被测体的电导率越高，则灵敏度越高。但被测体是磁性材料时，其磁导率将影响电涡流线圈的感抗，其磁滞损耗还将影响电涡流线圈的 Q 值，所以其灵敏度要视具体情况而定。

为了充分利用电涡流效应，被测体为圆盘状物体的平面时，物体的直径应大于线圈直径的2倍以上，否则将使灵敏度降低；被测体为轴状圆柱体的圆弧表面时，它的直径必须为线圈直径的4倍以上，才不影响测量结果。而且被测体的厚度也不能太薄，一般情况下，只要厚度在0.2 mm以上，测量就不受影响。在测量时，电涡流线圈周围除被测导体外，应尽量避开其他导体，以免干扰磁场，引起线圈的附加损失。

单元二　电涡流传感器的测量转换电路

根据式（5-5）可知，电涡流探头与被测金属之间的互感量变化可以转换为探头线圈的等效阻抗（主要是等效电感）以及品质因数 Q（与等效电阻有关）等参数的变化。因此测量转换电路的任务是把这些参数变换为频率、电压或电流，测量转换电路有调幅式、调频式和电桥式等诸多电路，这里简单介绍调幅式和调频式测量转换电路。

一、调幅式电路

调幅式电路又称为 AM 式电路，是以输出高频信号的幅度来反映电涡流探头与被测金属导体之间的关系。图 5-8 是高频调幅式测量转换电路原理框图。石英晶体振荡器通过耦合电阻 R，向由探头线圈和一个微调电容 C_0 组成的并联谐振回路提供一个稳频稳幅的高频激励信号，相当于一个恒流源。当被测金属导体距探头相当远时，调节 C_0，使 LC_0 的谐振频率等于石英晶体振荡器的频率 f_0，此时谐振回路的 Q 值和阻抗 Z 也最大，恒定电流 I_i 在 LC_0 并联谐振回路上的压降 U_o 也最大。

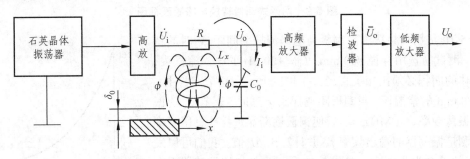

图 5-8　高频调幅式测量转换电路原理框图

当被测导体为非磁性金属时，探头线圈的等效电感 L 减小，并联谐振回路谐振频率 $f_1 > f_0$，处于失谐状态，输出电压大大降低。当被测导体是磁性金属时，探头线圈的电感量略为增大，但由于被测磁性金属体的磁滞损耗，使探头线圈的 Q 值也大大下降，输出电压也降低。金属材料在高频磁场中产生电涡流，引起电涡流线圈端电压 U_o 的衰减，被测导体与线圈的间距 x 越小，输出电压 U_o 就越低，再经高放、检波、低放电路，最终输出的直流电压 U_o 反映了金属体对电涡流线圈的影响。

调幅式电路的输出电压 U_o 与位移 x 不是线性关系，必须用千分尺逐点标定，并用计算机线性化之后才能用数码管显示出位移量。调幅式电路还有一个缺点，就是电压放大器的放大倍数的漂移会影响测量精度，必须采用各种温度补偿措施。

二、调频式电路

调频式电路也称为 FM 式电路，是将探头线圈的电感量 L 与微调电容 C_0 构成 LC 振荡器，以振荡的频率 f 作为输出量，此频率可以通过 f/V 转换器（又称鉴频器）转换成电压，由表头显示。也可以直接将频率信号（TTL 电平）送到计算机的计数定时器，测量出频率。

调频式测量转换电路原理框图如图 5-9 所示，并联谐振回路的谐振频率为

$$f = \frac{1}{2\pi\sqrt{LC_0}}$$ （5-8）

当电涡流线圈与被测导体的距离 x 变小时，电涡流线圈的电感量 L 也随之变小，引起 LC 振荡器的输出频率变高，此频率的变化可直接用计算机测量。如果要用模拟仪表进行显示或记录时，必须使用鉴频器，将 Δf 转换为电压 ΔU，鉴频器的特性如图 5-9（b）所示。

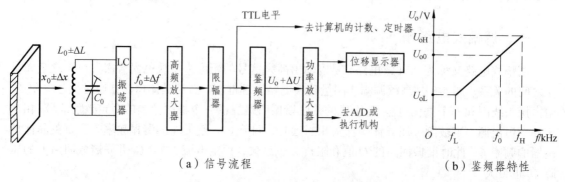

（a）信号流程 （b）鉴频器特性

图 5-9　调频式测量转换电路原理框图

图 5-10 是用调频法测量铜板与电涡流探头间距 x 时的特性曲线。测试时选用直径 $\phi40$ mm，$L_0 = 100$ μH 的电涡流探头，被测导体的面积必须比探头直径大 1 倍以上，在这个实验中，选取 $\phi80$ mm 的紫铜板。当铜板距离探头 ∞ 远时，调节 C_0 使振荡器的振荡频率为 1 MHz。然后使铜板逐渐靠近探头，用频率计逐点测量振荡器的输出频率 f，并计算出 ΔP 值。我们可以发现 $x/\Delta f$ 的关系为非线性，如图 5-10 所示。如果用示波器观察振荡幅度，还可以发现振荡幅度随间距的缩小而降低（必须大于 5 V），但是由于限幅器的限幅特性，输入到鉴频器的幅度始终保持 TTL 电平（0~0.8 V 或 3.4~5 V）。因此调频式电路受温度、电源电压等外界因素的影响较小。

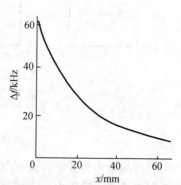

图 5-10　铜板与探头的 $x/\Delta f$ 曲线

单元三　电涡流传感器的应用

电涡流传感器能实现非接触式测量，因此可以通过灵活设计传感器的结构，巧妙安排它与被测对象的布局来达到各种应用的目的。电涡流探头线圈的阻抗受诸多因素影响，例如金属材料的厚度、尺寸、形状、电导率、磁导率、表面因素、距离等。只要固定其他因素就可以用电涡流传感器来测量剩下的一个因素，因此电涡流传感器的应用领域十分广泛。但也同时带来许多不确定因素，一个或几个因素的微小变化就足以影响测量结果，所以电涡流传感器多用于定性测量。即使要用作定量测量，也必须采用前面述及的逐点标定、计算机线性纠正法。下面就几个主要应用方面作简单的介绍。

一、电涡流厚度传感器

图 5-11 所示为透射式电涡流厚度传感器结构原理图。在被测金属的上方设有发射传感器线圈 L_1，在被测金属板下方设有接收传感器线圈 L_2。当在 L_1 上加低频电压 U_1 时，则 L_1 上产生交变磁通 ϕ_1，若两线圈间无金属板，则交变磁场直接耦合至 L_2 中，L_2 产生感应电压 U_2。如果将被测金属板放入两线圈之间，则 L_1 线圈产生的磁通将导致在金属板中产生电涡流。

此时磁场能量受到损耗，到达 L_2 的磁通将减弱为 ϕ_1'，从而使 L_2 产生的感应电压 U_2 下降。金属板越厚，涡流损失就越大，U_2 电压就越小。因此，可根据 U_2 电压的大小得知被测金属板的厚度，透射式涡流厚度传感器检测范围可达 $1 \sim 100\ \text{mm}$，分辨力为 $0.1\ \mu\text{m}$，线性度为 1%。

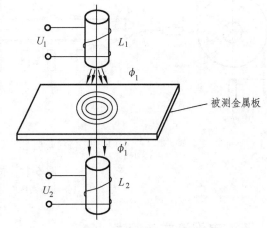

图 5-11　透射式电涡流厚度传感器结构原理图

二、位移动态监测及振动测量

如图 5-12 为电涡流式数显位移测量仪，位移测量包含偏心、间隙、倾斜、弯曲、变形、移动等，来自不同应用领域的许多量都可归结为位移或间隙变化。电涡流式位移传感器属于非接触测量，不影响设备的运行工况，如图 5-13 为高速旋转设备的轴向位移动态监测示意图。由于轴承的推力和轴承的磨损导致联轴器端面和电涡流探头的间隙减小时，二次仪表可以发出报警信号，当位移达到危险值时发出停机信号以避免事故的发生。位移测量范围可以从高灵敏度的 $0 \sim 1\ \text{mm}$ 到大量程的 $0 \sim 30\ \text{mm}$，缺点是线性度稍差，只能达到 1% 左右。除可动态监测机械设备主轴的轴向窜动等位移量外，还可以非接触地测量各种振动的振幅、频谱分布等参数（见图 5-14），它是测量汽轮机、空气压缩机转轴的径向振动和汽轮机叶片振幅的理想器件。电涡流传感器工作时不受灰尘等非金属因素的影响，寿命较长，可在各种恶劣条件下使用。

图 5-12　电涡流数显位移传感器图

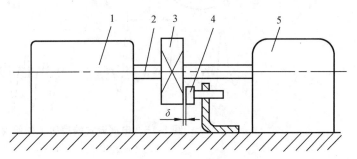

图 5-13　轴向位移动态监测示意图

1—旋转设备；2—主轴；3—联轴器；4—电涡流探头；5—电动机

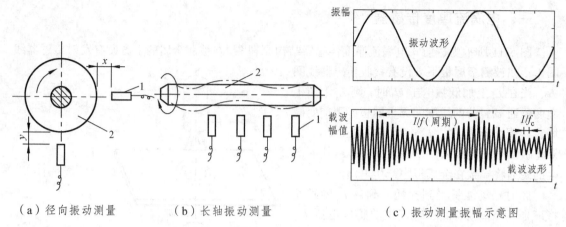

（a）径向振动测量　　　　　（b）长轴振动测量　　　　　（c）振动测量振幅示意图

图 5-14　振幅测量

1—电涡流线圈；2—被测对象

三、电涡流式转速表

　　在测量转速方面，只要在旋转体上加工或加装一个凸起或凹槽金属体，并将电涡流探头对准旋转体的金属体，就可以实现转速测量。图 5-15 所示为电涡流式转速表的工作原理图，当被测旋转轴转动时，周期性地改变着电涡流探头和金属体之间的距离。由于电涡流效应，电涡流线圈的电感也发生变化，它们将直接影响振荡器的电压幅值和振荡频率，电涡流传感器的输出电压也周期性地发生变化。此电压信号经过放大、变换后，可用频率计测出其变化的重复频率 f，从而测出被测轴的转速 n。若旋转体上有 z 个槽（或齿），频率计的读数为 f（Hz），则旋转体的转速 n（r/min）计算公式为

$$n = 60 \frac{f}{z} \qquad\qquad (5\text{-}9)$$

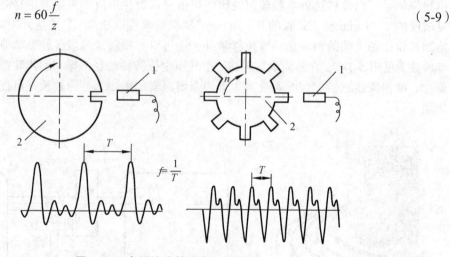

图 5-15　电涡流式转速表工作原理图

1—电涡流探头；2—被测旋转体

　　电涡流式转速表俗称电感转速表，可实现非接触式测量，抗污染能力很强，可安装在旋转轴近旁长期对被测转速进行监视。

四、电涡流传感器用于金属分拣及探测

利用金属导体的电涡流效应，电涡流传感器在金属材料探测中有着广泛的应用。比如在考场、车站及机场用的便携式金属探测仪，军事上用的扫雷器、野外考古及寻宝的地下金属探测仪，用在海关、钱币厂、游戏厅等场合的门式金属探测仪等。随着自动化技术的发展，电涡流传感器还在自动生产线上用于零件的分拣、计数、加工定位等，还可用于食品、木材、布料等物品的残钉、断针检测，确保产品的安全。

五、电涡流表面探伤

利用电涡流传感器可以检查金属表面的裂纹以及焊接处的缺陷等，在金属表面探伤中，保持电涡流探头与被测导体的距离不变，探测时如果遇到裂纹，导体的电导率和磁导率就发生变化，使电涡流变小，从而引起电涡流线圈输出电压突变。图5-16（a）是电涡流探头检测高压输油管道表面裂纹的示意图，探头对油管表面逐点扫描可得到传感器输出探伤信号，但信号十分紊乱，通过带通滤波器，滤去表面不平整、扰动等得到尖峰信号，计算机可以计算电涡流探头线圈的阻抗，得到如图5-16（b）的花瓣阻抗图。根据长期积累的探伤经验，可以从该复杂的阻抗图中判断通裂纹的长短、深浅、走向等参数。电涡流探伤仪的最大特点是非接触测量，不磨损探头，检测速度可达每秒几米，对机械设备进行改造，还可用于轴类、滚子类的缺陷检测。

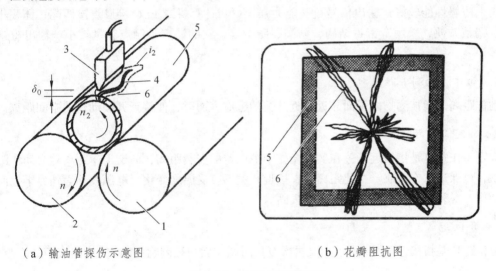

（a）输油管探伤示意图　　　　　　　　　（b）花瓣阻抗图

图5-16　电涡流表面探伤

1、2—导向辊；3—楔形电涡流探头；4—裂纹；5—输油管；6—电涡流

单元四　接近开关简介

接近开关又称无触点行程开关，它能在一定的距离（几毫米至几十毫米）内检测有无物体靠近。当物体与其接近到设定距离时，就可以发出"动作"信号。接近开关除可以完成行程控制和限位保护外，还是一种非接触型的检测装置，也可用于产品分拣、产品计数、物体定位、

液面控制和加工程序的自动衔接等。接近开关给出的是开关信号（高电平或低电平），多数接近开关有较大的负载能力，能直接驱动中间继电器。

接近开关的核心部分是"感辨头"，它对正在接近的物体有很高的感辨能力。多数接近开关已将感辨头和测量转换电路设在同一壳体内，壳体上带有螺纹或安装孔，便于安装和调整。广义来讲，非接触式传感器均能做接近开关。

一、常用接近开关的分类

常用的接近开关有差动变压器式、电涡流式（俗称电感接近开关）、电容式、磁性干簧开关、霍尔式等，光电式、超声波式检测距离一般可以做得较大（数米～数十米），归为电子开关系列。差动变压器式只对导磁物体起作用，电涡流式对导电良好的金属起作用；电容式可检测的材料类型很多，接近开关的灵敏度与材料性质关系很大；磁性干簧开关、霍尔式对磁性物体起作用。

二、接近开关的特点及主要性能指标

与机械开关相比，接近开关与被测物不接触，不影响被测物的运行工况；不会产生机械磨损和疲劳损伤、工作寿命长；响应快，响应时间一般为几毫秒或十几毫秒；无触点、无火花、无噪声、防爆性能较好；输出信号负载能力强，可与计算机或 PLC 接口直接匹配；体积小、安装、调整方便，采用全密封结构，防潮、防尘等；它的缺点是触点容量较小、输出短路时易烧毁。

1. 动作（检测）距离

动作距离是指被测物由正面靠近接近开关的感应表面时，使接近开关动作的空间距离。

2. 额定工作距离

额定工作距离是指接近开关在实际工作中被设定的安装距离，额定工作距离约为动作距离的 75%，以保证工作可靠。在此距离上，接近开关不应受温度变化、电源波动等外界干扰而产生误动作。安装后还须通过调试，然后紧固。

3. 复位距离

复位距离是指接近开关动作后，又再次复位时感应面与被测物的距离，它略大于动作距离。

4. 动作滞差

动作滞差是指动作距离与复位距离之间的绝对值。动作滞越大，对外界的干扰以及被测物的抖动等的抗干扰能力就越强。

5. 动作频率 f

动作频率是指每秒连续不断地进入接近开关的动作距离后又离开的被测物个数或次数称为动作频率。若接近开关的动作频率太低而被测物又运动得太快时，接近开关就来不及响应物体而造成漏检。

6. 重复定位准确度

重复定位准确度是表征多次测量的动作距离平均值。其数值离散性的大小一般为最大动作距离的 1% ~ 5%。离散性越小，重复定位准确度越高。

7. 接近开关的安装方式

接近开关的安装方式有齐平式和非齐平式。齐平式（又称埋入型）的接近开关表面可与被安装的金属物件形成同一表面，不易被碰坏，但灵敏度较低；非齐平式（非埋入安装型）的接近开关则需要把感应头露出一定高度，否则将降低灵敏度。

接近开关的外形如图 5-17 所示，根据不同的用途选择不同的类型。

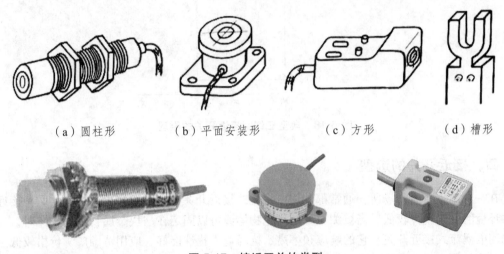

（a）圆柱形　　　（b）平面安装形　　　（c）方形　　　（d）槽形

图 5-17　接近开关的类型

三、接近开关的规格及接线方式

接近开关有二线制、三线制及四线制，三线制接线方式最常用，四线制通常有两种输出状态，可以根据使用需要进行切换。接近开关的输出状态有常开型和常闭型之分，可以选择继电器输出型，更多地采用 OC 门（集电极开路输出门）作为输出级，OC 门又有 NPN 和 PNP 之分。典型的三线制接线方式，红色（或棕色）接电源正极（标准为 DC24V），蓝色接电源负极（接地），黑色为信号输出端。

图 5-18 为典型三线制接近开关的原理图，当被测物体未靠近接近开关时，$U_B = 0$，$I_B = 0$，OC 门截止，OUT 端为高阻态（接入负载后为接近电源电压的高电平）。当被测体靠近到动作距离 x_{min} 时，OC 门的输出端对地导通，OUT 端对地为低电平（约 0.3 V），将中间继电器 KA 跨接在 + VCC 与 OUT 端上时，KA 就处于吸合（得电）状态。当被测物体远离该接近开关，到达 x_{max} 时，OC 门再次截止，KA 失电。通常将接近开关设计为具有"施密特特性"，Δx 为接近开关的动作滞差。动作滞差越大，抗机械振动干扰的能力就越强。

当无检测物体时，对常开型接近开关而言，由于接近开关内部的输出三极管截止，所接的负载不工作（失电）；当检测到物体时，内部的输出级三极管导通，负载得电工作。对常闭型接近开关而言，当未检测到物体时，三极管反而处于导通状态，负载得电工作；反之则负载失电。

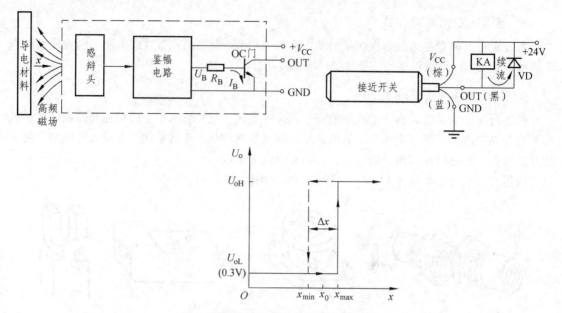

图 5-18 典型三线制接近开关的原理

四、接近开关的选型

在一般的工业生产场所，通常都选用电涡流式接近开关和电容式接近开关。这两种接近开关对环境的要求条件较低。当被测对象是导电物体或可以固定在一块金属物上的物体时，一般都选用电涡流式接近开关，它的响应频率高、抗环境干扰性能好、应用范围广、价格较低。当所测对象是非金属、液位高度、粉状物高度、塑料、烟草等，则应选用电容式接近开关。这种开关的响应频率低，但稳定性好。安装时应考虑环境因素的影响。若被测物为导磁材料或者为了区别和它在一同运动的物体而把磁钢埋在被测物体内时，应选用霍尔接近开关，它的价格最低。在环境条件比较好、无粉尘污染、远距离检测和控制的场合，可采用光电接近开关，光电接近开关工作时对被测对象几乎无任何影响。

在多数报警系统中，为了提高识别的可靠性，通常采用几种接近开关复合使用的方法。

课后思考与练习

5-1 单项选择题

（1）利用电涡流热效应进行感应加热，高频感应加热器的频率可选为_____。

    A. $50 \sim 100$ Hz   B. $1 \sim 10$ kHz   C. 300 kHz ~ 2 MHz

（2）电涡流接近开关可以利用电涡流原理检测_____的靠近程度。

    A. 人体   B. 水   C. 金属零件   D. 塑料零件

（3）电涡流探头的外径越大，探测范围_____，而其分辨力_____。

    A. 越大   B. 越小   C. 越差   D. 越好

（4）电涡流探头感应面的外壳一般采用_____材料制作。

A. 不锈钢　　　　B. 玻璃　　　　C. 塑料　　　　D. 黄铜

（5）用于考古的地下金属探测仪应选择直径_____的电涡流探头，用于转速测量的电涡流转速表可选择直径为_____的电涡流探头。

A. 2 mm　　　　B. 20 mm　　　　C. 100 mm　　　　D. 300 mm

5-2　请简述电涡流式传感器非接触式测转速的原理。

5-3　电涡流式传感器可应用在哪些方面，请举例说明。

5-4　接近开关有哪些类型？在实际应用中，如何合理地选择接近开关？

5-5　用一电涡流式测振仪测量某机器主轴的轴向窜动，已知电涡流传感器的灵敏度为 25 mV/mm。最大线性范围（优于 1%）为 5 mm。现将电涡流探头安装在主轴的右侧，如图 5-19（a）所示，使用高速记录仪记录下的振动波形如图 5-19（b）所示。问：

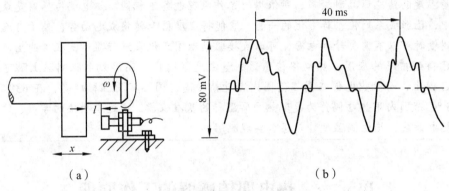

（a）　　　　　　　　　　　　　　　　（b）

图 5-19　电涡流测振仪测量示意图

（1）轴向振动的振幅为多少 mm？

（2）主轴振动的基频 f 是多少？

（3）振动波假如不是正弦波，原因有哪些？

（4）为了得到较好的线性度与最大的测量范围，探头与被测金属的安装距离 l 为多少为佳？

模块六 热电偶传感器

典型应用

> 测量温度的传感器品种繁多，所依据的工作原理也各不相同。热电偶传感器是众多测温传感器中，已形成系列化、标准化的一种。它能将温度信号转换成电动势，属于自发电型传感器，测量时可以不需要外加电源，可以直接驱动动圈式仪表进行显示，在工业生产和科学研究中已得到广泛的应用。热电偶传感器测量温度范围广，高温热电阻测温上限可以达到 2 000 ℃ 以上，而且热电偶在高温范围内测量精度高，国际实用温标规定，在 630.74 ℃～1 064.43 ℃ 范围内用热电偶作为复现热力学温标的基准仪器。通过本模块的学习，你会知道什么叫热电效应，热电偶温度计是怎么实现测温的。

单元一 热电偶传感器的工作原理

热电偶传感器是将温度转换为电势大小的热电式传感器，在接触式测温中，热电偶温度计的应用最为广泛。它由热电偶、连接导线和显示仪表组成。热电偶温度计具有结构简单、制造方便、测温范围广（－260 ℃～＋2 800 ℃）、准确度高、适于远距离测量和便于自动控制等优点。它不仅可用于各种流体温度的测量，而且还可以测量固体表面和内部某点的温度。

一、热电效应

1821 年，德国物理学家赛贝克（T·J·Seebeck）用两种不同金属组成闭合回路，并用酒精灯加热其中一个接触点（称为结点），发现放在回路中的指南针发生偏转，如图 6-1（a）所示。如果用两盏酒精灯对两个结点同时加热，指南针的偏转角反而减小。显然，指南针的偏转说明了回路中有电动势产生并有电流在回路中流动，电流的强弱与两个结点的温差有关。

在两种不同材料的导体组成的闭合回路中，当两个结点温度不相同时，回路中将产生电动势，这种物理现象称为热电效应。热电偶是指两种不同材料的导体所组成的回路，组成热电偶的导体称为"热电极"，热电偶所产生的电动势称为热电动势（以下简称热电势）。热电偶的两个结点中，置于温度为 T 的被测对象中的结点称之为测量端，又称为工作端或热端；而置于参考温度为 T_0 的另一结点称之为参考端，又称自由端或冷端。

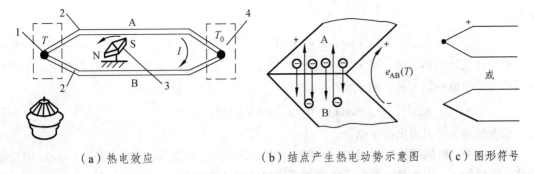

（a）热电效应　　　　　　（b）结点产生热电动势示意图　　　（c）图形符号

图 6-1　热电偶原理图

1—工作端；2—热电极；3—指南针；4—参考端

二、热电偶的电动势

在热电偶回路中，所产生的热电动势是由温差电动势和接触电动势组成的，图 6-2 为热电偶的热电动势示意图。

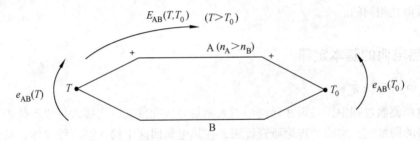

图 6-2　热电偶的热电动势示意图

（一）温差电动势

对于单一导体，如果两端温度分别为 T、T_0（也可以用摄氏温度 t、t_0），且 $T > T_0$，在导体内部，热端自由电子具有较大的动能，向冷端移动，从而使热端失去电子带正电荷，冷端得到电子带负电荷，即在导体两端产生了电动势，称为单一导体的温差电动势。导体 A、B 的温差电势分别用 $e_A(T, T_0)$、$e_B(T, T_0)$ 表示，它的数量级为 10^{-5} V。

（二）接触电动势

假设两种不同的金属 A、B 的自由电子密度分别为 n_A 和 n_B，且 $n_A > n_B$。当 A 和 B 相接触时，将产生自由电子的扩散现象。在同一瞬间，由 A 扩散到 B 中去的电子比由 B 扩散到 A 中的多，从而使 A 失去电子带正电，B 得到电子带负电，在接触面形成电场。此电场阻止电子进一步扩散，达到动态平衡时，在 A、B 之间形成稳定的电位差，即接触电动势 $e_{AB}(T)$、$e_{AB}(T_0)$。

热电偶回路中产生的总热电动势为

$$E_{AB}(T, T_0) = e_{AB}(T) + e_B(T, T_0) - e_{AB}(T_0) - e_A(T, T_0) \qquad (6-1)$$

式中，$E_{AB}(T, T_0)$ 为热电偶中的总电动势；$e_{AB}(T)$ 为热端接触电动势；$e_{AB}(T_0)$ 为冷端接触电动势；$e_A(T, T_0)$ 为导体 A 的温差电动势；$e_B(T, T_0)$ 为导体 B 的温差电动势。

在总电动势中，温差电动势比接触电动势小得多，可忽略不计，则热电偶的热电动势可表

示为

$$E_{AB}(T, T_0) = e_{AB}(T) - e_{AB}(T_0) \tag{6-2}$$

对于已选定的热电偶，当参考端温度 T_0 恒定时，e_{AB}（T_0）为常数，则总的热电动势就只与温度 T 成单值函数关系，即

$$E_{AB}(T, T_0) = e_{AB}(T) - C = f(T) = f_{AB}\Delta t \tag{6-3}$$

综上所述，可以得出以下结论：

（1）如果热电偶两电极材料相同，则接触电动势为零，即使两端温度不同（$t \neq t_0$），但总输出热电势仍为零。因此热电偶必须由两种不同的导体材料构成。

（2）如果热电偶两结点温度相同，则温差电动势为零，尽管导体材料不同，但两端点的接触电动势相互抵消，回路总的热电势必然等于零。因此热电偶两结点的温差越大，热电势越大。

（3）热电势的大小只与材料和结点温度有关，而热电偶的内阻与其长短、粗细、形状有关。热电偶越细，内阻越大。

如果以摄氏温度为单位，E_{AB}（T，T_0）也可以写成 E_{AB}（t，t_0），其物理意义略有不同，但电动势的数值是相同的。

三、热电偶的基本定律

（一）中间导体定律

在热电偶测温过程中，必须在回路中引入测量导线和仪表，当接入导线和仪表后，会不会影响热电势的测量呢？实践及理论研究证明，在热电偶回路中接入第三种导体，只要该导体两端温度相等，则热电偶产生的总热电动势不变，这就是中间导体定律，图 6-3 所示。同理，如果热电偶回路中接入多种导体，只要保证接入的每种导体的两端温度相等，同样不影响热电偶回路中的总热电动势，即 E_{ABC}（T，T_0）= E_{AB}（T，T_0）。

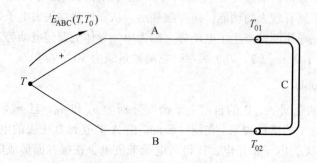

图 6-3　中间导体定律示意图

利用热电偶来实际测温时，测量回路中的各种仪表、连接导线都可看成中间导体，只要保证连接导线、仪表等接入时两端温度相同，则不影响热电偶的热电动势。实际应用中可采用开路热电偶测量温度，比如热电偶的热电极 A、B 端部不焊接直接插入液体金属中或焊在金属表面上进行测温。

（二）中间温度定律

热电偶回路在两接点温度为 T、T_0 时产生的热电动势等于在两结点温度为 T、T_n 时的产生的电动势与两接点温度为 T_n、T_0 时的产生的电动势的代数和，这就是中间温度定律，如图 6-4 所示，即

$$E_{AB}(T, T_0) = E_{AB}(T, T_n) + E_{AB}(T_n, T_0) \tag{6-4}$$

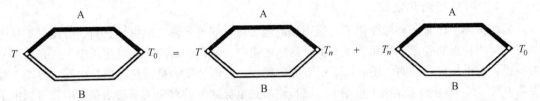

图 6-4　中间温度定律示意图

中间温度定律为在热电偶回路中应用补偿导线提供了理论依据，也为制定和使用热电偶分度表奠定了基础。各种热电偶的分度表都是在冷端温度为 0 ℃ 时制成的，如果在实际应用中热电偶冷端不是 0 ℃，而是某一中间温度 t_0，这时仪表指示的热电动势值为 $E_{AB}(t, t_0)$，根据中间温度定律

$$E_{AB}(t, 0) = E_{AB}(t, t_0) + E_{AB}(t_0, 0) \tag{6-5}$$

可以计算出 $E_{AB}(t, 0)$，再用分度表查出温度 t，即实际温度。

（三）标准电极定律

在结点温度均为 T、T_0 时，用导体 A、B 组成的热电偶的热电动势，等于由导体 A、C 组成的热电偶和由导体 C、B 组成的热电偶的热电动势的代数和，导体 C 称为标准电极，如图 6-5 所示，即

$$E_{AB}(T, T_0) = E_{AC}(T, T_0) + E_{CB}(T, T_0) \tag{6-6}$$

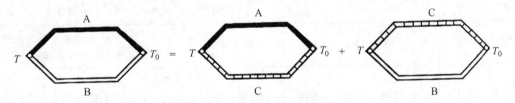

图 6-5　标准电极定律示意图

标准电极 C 通常采用纯铂丝制成，铂的物理、化学性能稳定，易提纯、熔点高。如果已知某两种金属导体分别与标准电极相配的分度表，就可以用标准电极定律求出这两种导体组成的热电偶的分度表，这就大大简化了热电偶的选配工作。

单元二　热电偶的材料、类型及结构

一、热电偶的类型及特性

（一）热电极材料

理论上讲，任何两种不同金属材料都可以配成热电偶，但选用不同的材料会影响到测温的

范围、灵敏度、精度及稳定性等。为了准确可靠地测量温度，必须对热电偶组成材料严格选择。工程上用于热电偶的热电极材料应满足：在测温范围内，物理、化学稳定性要高；电阻温度系数要小；热电动势尽量大，热电动势与温度关系尽量接近线性关系；易加工，复现性好，便于成批生产，有良好的互换性等。

（二）国际通用热电偶

目前国际上已有 8 种标准化了的通用热电偶，热电偶的名称、热电极材料、分度号、热电动势及应用特点如表 6-1 所示。表 6-1 所列热电偶中，写在前面的热电极为正极，写在后面的为负极。对于每种热电偶，还制订了相应的分度表，所谓分度表是指热电偶自由端（冷端）温度为 0 ℃时，热电偶工作端（热端）温度与输出热电势之间的对应关系的表格。本教材列出了工业中常用的镍铬-镍硅（K）热电偶的分度表，见附录二。

表 6-1　8 种国际通用热电偶特性表

名　称	分度号	测温范围 /℃	100 ℃ 时的热电动势 /mV	1 000 ℃ 时的热电动势 /mV	特　　点
铂铑₃₀[①] － 铂铑₆	B	50 ~ 1 820	0.033	4.834	测温上限高，性能稳定，准确度高，100 ℃ 以下热电动势极小，可不必考虑冷端温度补偿；价位高，热电动势小，线性差；只适用于高温域的测量
铂铑₁₃ － 铂	R	－ 50 ~ 1 768	0.647	10.506	测温上限较高，准确度高，性能稳定，复现性好；但热电动势较小，不能在金属蒸气和还原性气体中使用，在高温下连续使用时特性会逐渐变坏，价位高；多用于精密测量
铂铑₁₀ － 铂	S	－ 50 ~ 1 768	0.646	9.587	优点同铂铑₁₃ － 铂；但性能不如 R 型热电偶；曾经作为国际温标的法定标准热电偶
镍铬 － 镍硅	K	－ 270 ~ 1 370	4.096	41.276	热电动势较大，线性好，稳定性好，价廉；但材质较硬，在 1 000 ℃ 以上长期使用会引起热电动势漂移；多用于工业测量
镍铬硅 － 镍硅	N	－ 270 ~ 1 300	2.744	36.256	是一种新型热电偶，各项性能均比 K 型热电偶好，适宜于工业测量
镍铬 － 铜镍（锰白铜）	E	－ 270 ~ 800	6.319	－	热电动势比 K 型热电偶大 50% 左右，线性好，耐高湿度，价廉；但不能用于还原性气体中；多用于工业测量
铁 － 铜镍（锰白铜）	J	－ 210 ~ 760	5.269	－	价廉，在还原性气体中较稳定；但纯铁易被腐蚀和氧化；多用于工业测量
铜 － 铜镍（锰白铜）	T	－ 270 ~ 400	4.279	－	价廉，加工性能好，离散性小，性能稳定，线性好，准确度高；铜在高温时易被氧化，测温上限低；多用于低温域测量。可作 － 200 ~ 0 ℃ 温域的计量标准

① 铂铑₃₀表示该合金含 70% 的铂及 30% 的铑，以下类推。

（三）热电势-温度曲线

图6-6示出了几种常用热电偶的热电动势与温度的关系曲线。从图6-6中可以看出：

（1）在0 ℃时它们的热电势均为零，这是因为绘制热电势-温度曲线或制订分度表时，总是将冷端置于0 ℃这一规定环境中的缘故。

（2）B、R、S及WRe$_5$-WRe$_{26}$（钨铼$_5$-钨铼$_{26}$）等热电偶在100 ℃时的热电势几乎为零，只适合于高温测量。

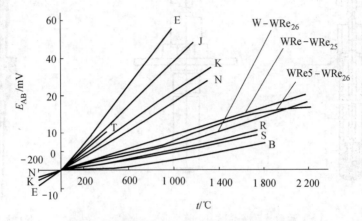

图 6-6 常用热电偶的热电势与温度的关系

（3）E、J、K、N热电偶的灵敏度较高；R、S、B热电偶的灵敏度较低。

（4）多数热电偶的输出都是非线性（斜率K_{AB}不为常数）的。国际计量委员会公布了分度表，所以多采用查表法即可获得被测温度值。

二、热电偶的结构形式

热电偶的种类很多，应用场合及安装方式不同热电偶的结构和外形也不同。

（一）装配型热电偶

装配型热电偶在工业上应用最多，它一般由热电极、绝缘套管、保护管和接线盒组成，其结构如图 6-7 所示。从安装固定方式来看，有固定螺纹式、固定法兰连接、活动法兰连接和无固定装置等多种形式，主要用于测量气体、蒸气和液体等介质的温度。

（二）铠装型热电偶

铠装型热电偶是由金属保护套管、绝缘材料和热电极三者组合成一体的特殊结构的热电偶。它可以做得很细、很长（可达100 m以上），而且可以弯曲。铠装型热电偶的结构和外形如图 6-8 所示。铠装热电偶的响应速度快，挠性好，特别适用于复杂结构（如狭小弯曲管道内）的温度测量。

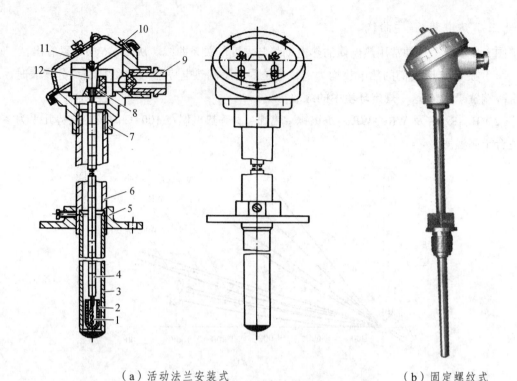

（a）活动法兰安装式　　　　　　　　　　　（b）固定螺纹式

图 6-7　装配式热电偶的结构及外形

1—热电偶工作端；2—绝缘套；3—下保护套管；4—绝缘珠管；5—固定法兰；
6—上护套管；7—接线盒底座；8—接线绝缘座；9—引出线套管；
10—接线盒固定螺钉；11—接线盒外罩；12—接线柱

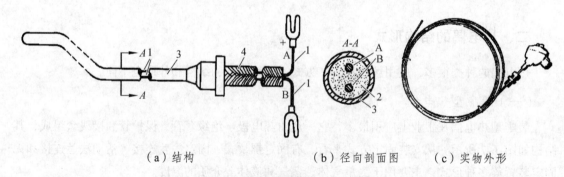

（a）结构　　　　　　　　（b）径向剖面图　　　　　　　（c）实物外形

图 6-8　铠装热电偶的结构及外形

1—内电极；2—绝缘材料；3—薄壁金属保护套管；4—屏蔽层（接地）

（三）薄膜型热电偶

薄膜型热电偶是用真空蒸镀的方法，把热电极材料蒸镀在绝缘基板上而成，如图 6-9 所示。测量端既小又薄，热容量小，响应速度快，便于粘贴，适用于测量微小面积上的瞬变温度。

除上述结构外，还有专门用来测量各种固体表面温度的表面热电偶、探针式热电偶、螺钉式热电偶等其他类型热电偶。

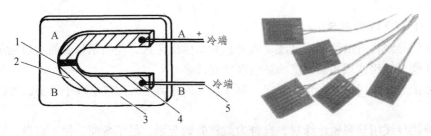

图 6-9　薄膜型热电偶

1—工作端；2—薄膜热电极；3—绝缘基板；4—引脚接头；
5—引出线（材质与热电极相同）

单元三　热电偶的冷端延长及冷端温度补偿

由热电偶的工作原理可知，热电偶的输出热电势除与测量端温度有关外，还与冷端温度 t_0 有关。因此，只有在冷端温度 t_0 不变固定时，热电势才与工作端温度成单值函数关系，并且，我们平时所使用的热电偶分度表都是在冷端温度为 0 ℃ 时给出的。在实际测温中，由于热电偶长度有限，冷端温度将直接受到被测物温度和周围环境温度的影响而导致不但不为 0 ℃ 且不稳定，如果不加以适当的处理，就会造成测量误差。

一、热电偶的冷端延长

实际测温时，为保证冷端温度不受环境影响，可以将热电偶做得很长，但势必提高测量系统的成本，很不经济。工业中则一般采用补偿导线将冷端延长，使冷端远离高温区。

（一）补偿导线使用原理

在 100 ℃ 以下的温度范围内，热电特性与所配热电偶相同且价格相对便宜的导线称为补偿导线。

如图 6-10 所示，A′、B′ 为补偿导线，它们是两种不同材料构成的廉价金属导体，在一定的温度范围内，与所配接的热电偶的热电极 AB 的热电特性基本相同，即

$$E_{A'B'}(t, t_0) = E_{AB}(t, t_0) \tag{6-7}$$

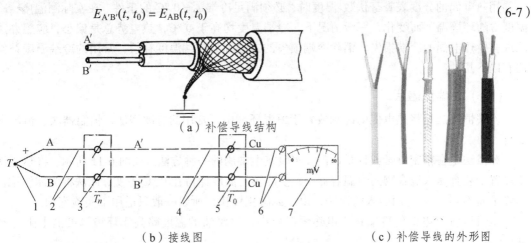

（a）补偿导线结构

（b）接线图　　　　　　　（c）补偿导线的外形图

图 6-10　利用补偿导线延长热电偶的冷端

1—测量端；2—热电极；3—接线盒1；4—补偿导线；5—接线盒2（新的冷端）；6—铜引线；7—毫伏表

（二）补偿导线的好处

（1）补偿导线将自由端从温度波动区延长到温度稳定区，使指示仪表的示值稳定。

（2）补偿导线比使用相同长度的热电极便宜许多。

（3）补偿导线多用铜及铜合金制作，单位长度的直流电阻比热电极小得多，可以减小测量误差。

（4）补偿导线用塑料做绝缘层，自身为柔软的铜合金，易于弯曲，便于敷设。

（三）补偿导线型号

常用的补偿导线型号如表 6-2 所示。

表 6-2　常用热电偶补偿导线的特性

型 号	配用热电偶 正-负	补偿导线 正-负	导线外皮颜色		100 °C 热电势 /mV	20 °C 时的电 阻率/ Ω · m
			正	负		
SC	铂铑$_{10}$-铂	铜-铜镍	红	绿	0.646 ± 0.023	0.05×10^{-6}
KC	镍铬-镍硅	铜-康铜	红	绿	4.096 ± 0.063	0.52×10^{-6}
WC$_{5/26}$	钨铼$_5$-钨铼$_{26}$	铜-铜镍	红	绿	1.451 ± 0.051	0.10×10^{-6}

（四）补偿导线使用注意事项

（1）两根补偿导线与两个热电极接点必须有相同温度。

（2）补偿导线必须与相应型号的热电偶配用。

（3）必须在规定的温度范围内（一般为 0 ~ 100℃）使用。

（4）极性切勿接反。

二、冷端温度补偿方法

用热电偶的分度表查毫伏数-温度时，必须满足冷端 $t_0 = 0$ ℃ 的条件。在实际测温中，冷端温度常随环境温度而变化，一般情况下，冷端温度均高于 0 ℃，热电势总是偏小，应想办法消除或补偿热电偶的冷端损失。消除冷端损失的方法称为冷端温度补偿，常用的冷端温度补偿方法有以下几种：

（一）冷端恒温法

冷端恒温法是将热电偶的冷端放置于恒温环境中，常用的有冰浴法、恒温器法、恒温室法3 种。

冰浴法是在精密测量或计量部门、实验室中常用的一种方法。如图 6-11 所示，将热电偶的冷端置于装有冰水混合物的恒温容器中，使冷端的温度保持在 0 ℃ 不变，此法称为冰浴法。它消除了 t_0 不等于 0 ℃ 而引入的误差，由于冰融化较快，所以一般只适用于实验室中。

也可以将热电偶的冷端置于电热恒温器中，恒温器的温度略高于环境温度的上限（例如40 ℃）。

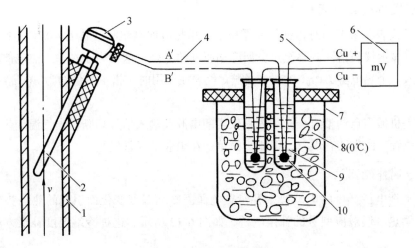

图 6-11　冰浴法接线图

1—被测流体管道；2—热电偶；3—接线盒；4—补偿导线；5—铜质导线；
6—毫伏表；7—冰瓶；8—冰水混合物；9—试管；10—新的冷端

或者将热电偶的冷端置于恒温空调房间中，使冷端温度恒定。应该指出的是，除了冰浴法是使冷端温度保持 0 ℃ 外，后两种方法只是使冷端维持在某一恒定（或变化较小）的温度上，因此后两种方法必须予以修正。

（二）计算修正法

当热电偶的冷端温度 $t_0 \neq 0$ ℃ 时，测得的热电势 $E_{AB}(t, t_0)$ 与冷端为 0 ℃ 时所测得的热电势 $E_{AB}(t, 0$ ℃$)$ 不等，不能用 $E_{AB}(t, t_0)$ 查分度表直接求得测量端温度 t，而应根据中间温度定律利用式（6-8）进行修正。

$$E_{AB}(t, 0 \text{ ℃}) = E_{AB}(t, t_0) + E_{AB}(t_0, 0 \text{ ℃}) \tag{6-8}$$

式（6-8）中，$E_{AB}(t, t_0)$ 是用毫伏表直接测得的热电势毫伏表。修正时，先测出冷端温度 t_0，然后从热电偶分度表中查出 $E_{AB}(t_0, 0$ ℃$)$，并把它加到所测得的 $E_{AB}(t, t_0)$ 上。计算修正法共需要查分度表两次。

例 6-1　用镍铬-镍硅（K 型）热电偶测炉温时，冷端温度 $t_0 = 30$ ℃，在直流毫伏表上测得的热电势 $E_{AB}(t, 30$ ℃$) = 38.505$ mV，试求炉温为多少？

解　查镍铬-镍硅热电偶（附录二）分度表，得到 $E_{AB}(30$ ℃$, 0$ ℃$) = 1.203$ mV。根据式（6-8）有

$$E_{AB}(t, 0 \text{ ℃}) = E_{AB}(t, 30 \text{ ℃}) + E_{AB}(30 \text{ ℃}, 0 \text{ ℃}) = (38.505 + 1.203) \text{ mV} = 39.708 \text{ mV}$$

反查 K 型热电偶的分度表，得到 $t = 960$ ℃。

该方法适用于热电偶冷端温度较恒定的情况。在智能化仪表中，查表及运算过程均可由计算机完成。

（三）仪表机械零点调整法

一般显示仪表在未工作时指针指在零位上，用热电偶测温时，若 $t_0 \neq 0 \ ^\circ C$，要使指示值不偏低，可先将显示仪表指针调整至热电偶冷端所处的 t_0 处，这相当于在输入热电偶的热电势前就给仪表输入一个热电势 $E(t_0, 0 \ ^\circ C)$。这样，仪表在使用时所指示的值约为 $E(t, t_0) + E(t_0, 0 \ ^\circ C)$ $= E(t, 0 \ ^\circ C)$。

进行仪表机械零点调整时，必须先将仪表的电源及输入信号切断，当气温变化时，应及时修正指针的位置。此方法有误差，但测量简单，在工业上经常使用。

（四）冷端补偿器法

利用不平衡电桥产生的电动势来补偿热电偶因冷端温度变化而引起的热电势变化值，可购买与被补偿热电偶对应型号的补偿电桥，如图 6-12 所示，这种冷端温度补偿方法也叫电桥补偿法。

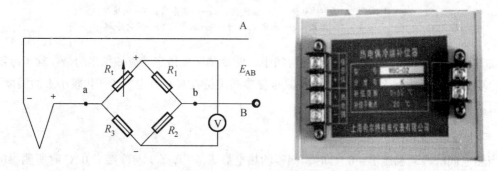

图 6-12　冷端补偿器法

单元四　热电偶传感器的应用

我国生产的热电偶均符合 ITS—90 所规定的标准，其一致性非常好，所以国家又规定了与每一种标准热电偶配套的仪表，它们的显示值为温度，而且均已线性化。

一、热电偶的配套仪表

与热电偶配套的仪表有动圈式仪表及数字式仪表之分。动圈式显示仪表命名为 XC 系列。按其功能分有指示型（XCZ）和指示调节型（XCT）等。数字式仪表按其功能分也有指示型（XMZ）系列和指示调节型（XMT）系列品种。

XC 系列动圈式仪表测量机构的核心部件是一个磁电式毫伏计，如图 6-13 所示。动圈式仪表与热电偶配套测温时，热电偶、连接导线（补偿导线）、调整电阻和显示仪表组成了一个闭合回路。

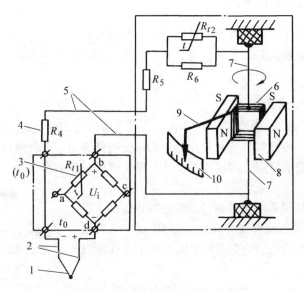

图 6-13　动圈式温度指示仪工作原理

1—热电偶；2—补偿导线；3—冷端补偿器；4—外接调整电阻；5—铜导线；
6—动圈；7—张丝；8—磁钢（极靴）；9—指针；10—刻度面板

XMT 系列仪表有 K、R、S、B、N、E 型之分，冷端补偿范围有 0～60 ℃和 0～100 ℃几种，XMT 系列仪表能实现被测温度超限报警。其面板上设置有温度设定按键。当被测温度高于设定温度时，仪表内部的继电器动作，可以切断加热回路。与热电偶配套的某系列仪表外形及接线图如图 6-14 所示。

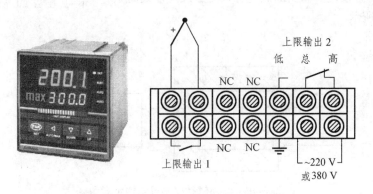

（a）XMT 仪表外形　　　　（b）XMT 型接线

图 6-14　与热电偶配套的仪表外形及接线图

图 6-14（b）中，"上限输出 2"的 3 个接线端子从右到左依次为：仪表内继电器的常闭（动断）触点和常开（动合）触点。当被测温度低于设定的上限值［见图 6-15（a）］中为 300 ℃）时，"高 – 总"端子接通，"低 – 总"端子断开。"高""总""低"输出端子在外部通过适当连接，能起到控温或报警作用。"上限输出 1"的两个触点还可用于控制其他电路，如风机等。

二、热电偶传感器的应用

热电偶具有结构简单、使用方便、性能稳定、测温范围广、信号可以远距离传输等特点，是工业中普遍使用的接触式测温装置，而且在居民生活中的燃气热水器、燃气灶及油温计也广泛使用热电偶。

（一）金属表面温度的测量

对于机械、冶金、能源、国防等部门来说，金属表面温度的测量是比较普遍又复杂的问题。例如，热处理中锻件、铸件以及各种余热利用的热交换器表面、气体蒸汽管道、炉壁面等表面温度的测量。根据对象的特点，测温范围从几百摄氏度到一千多摄氏度，测量的方法通常采用直接接触测温法。

直接接触测温法是指采用各种型号及规格的热电偶（视温度范围而定），用黏结剂或焊接的方法，将热电偶的结点黏附于被测金属表面，然后把热电偶接到显示仪表上组成测温系统。

（二）管道中流体温度的测量

为了使管道的气流与热电偶充分进行热交换，装配式热电偶应尽可能垂直向下插入管道中。装配式热电偶在测量管道中流体温度时可以采用如图 6-15 所示直插法。

（三）热电堆在红外探测器中的应用

红外辐射可引起物体的温度上升。将热电偶置于红外辐射的聚焦点上，可根据其输出的热电势来测量入红外线的强度，如图 6-16 所示。

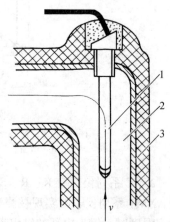

图 6-15　管道中流体温度测量
1—热电偶；2—管道；3—绝热层

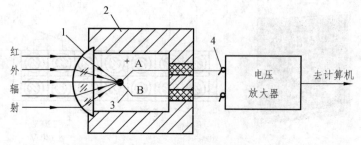

图 6-16　红外辐射探测器结构示意图
1—透镜；2—外壳；3—热电偶；4—冷端

单根热电偶的输出十分微弱。为了提高红外辐射探测器的探测效应，可以将许多对热电偶串联。它们的冷端置于环境，黑色的热端集中在聚焦区，通过输出热电势即可得到红外辐射的温度。热电偶的此种连接叫作热电堆，如图 6-17 所示。

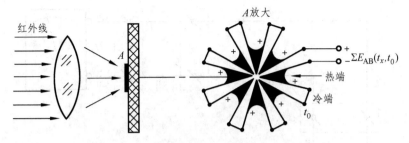

图 6-17　热电堆

课后思考与练习

6-1　单项选择题

（1）_____的数值越大，热电偶的输出热电势就越大。

　　A. 热端直径

　　B. 热端和冷端的温度

　　C. 热端和冷端的温差

　　D. 热电极的电导率

（2）测量钢水的温度，最好选择_____热电偶；测量钢退火炉的温度，最好选择_____热电偶；测量汽轮机高压蒸气（200 ℃ 左右）的温度，且希望灵敏度高一些，选择_____热电偶为宜。

　　A. R　　　　B. B　　　　C. S　　　　D. K　　　　E. E

（3）测量 CPU 散热片的温度应选用_____型的热电偶；测量锅炉烟道中的烟气温度，应选用_____型的热电偶；测量 100 m 深的岩石钻孔中的温度，应选用_____型的热电偶。

　　A. 装配　　　B. 铠装　　　C. 薄膜　　　D. 热电堆

（4）镍铬-镍硅热电偶的分度号为_____，铂铑 $_{13}$-铂热电偶的分度号是_____，铂铑 $_{30}$-铂铑 $_6$ 热电偶的分度号是_____。

　　A. R　　　　B. B　　　　C. S　　　　D. K　　　　E. E

（5）在热电偶测温回路中经常使用补偿导线的最主要的目的是_____。

　　A. 补偿热电偶冷端热电势的损失

　　B. 起冷端温度补偿作用

　　C. 将热电偶冷端延长到远离高温区的地方

　　D. 提高灵敏度

（6）在实验室中测量金属的熔点时，冷端温度补偿采用_____，可减小测量误差；而在车间，用带微机的数字式测温仪表测量炉膛的温度时，应采用_____较为妥当。

　　A. 计算修正法　　　　　　B. 仪表机械零点调整法

　　C. 冰浴法　　　　　　　　D. 冷端补偿器法（电桥补偿法）

6-1　图 6-18 所示为镍铬-镍硅热电偶测温电路，热电极 A、B 直接焊接在钢板上（V 型焊接），A′、B′ 为补偿导线，Cu 为铜导线，已知接线盒 1 的温度 $t_1 = 40.0$ ℃，冰水温度 $t_2 = 0.0$ ℃，接线盒 2 的温度 $t_3 = 20.0$ ℃。

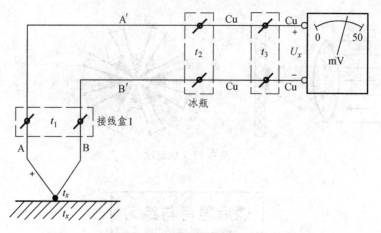

图 6-18　采用补偿导线的镍铬-镍硅热电偶测温示意图

（1）图中 A′、B′ 和 Cu 导线的名称分别是什么，它们分别有什么作用？

（2）当 $U_x = 39.314$ mV 时，计算被测点温度 t_x。

（3）如果 A′、B′ 换成铜导线，此时 $U_x = 37.702$ mV，再求 t_x。

6-2　在炼钢厂中，有时直接将廉价热电极（易耗品，例如镍铬、镍硅热偶丝，时间稍长即熔化）插入钢水中测量钢水温度，如图 6-19 所示。试说明：

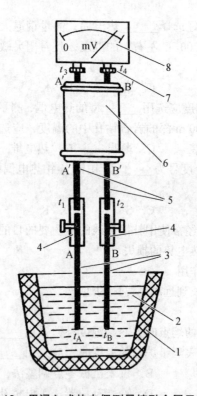

图 6-19　用浸入式热电偶测量熔融金属示意图

1—钢水包；2—钢熔融体；3—热电极 A、B；4、7—补偿导线接线柱；
5—补偿导线；6—保护管；8—毫伏表

（1）为什么不必将热电偶工作端焊在一起？

（2）要满足哪些条件才不影响测量精度？采用上述方法是利用了热电偶的什么定律？

（3）如果被测物不是钢水，而是熔化的塑料行吗？为什么？

6-3 用镍铬-镍硅（K）热电偶测温度，已知冷端温度 t_0 为 40 ℃，用高精度毫伏表测得这时的热电势为 29.186 mV，求被测点温度。

6-4 简述中间导体定律并分析中间导体定律在实际应用中的价值。

6-5 什么是补偿导线？为什么要使用补偿导线？使用时需要注意哪些问题？

6-6 为什么需要对热电偶进行冷端温度补偿？常用的冷端温度补偿方法有哪些？

模块七 压电传感器

典型应用

课前 LEAD-IN 导读

　　压电传感器是一种能量转换型传感器。它既能将机械能转换为电能，又可将电能转换为机械能。大家在日常生活或生产实践中都会遇到很多压电传感器的应用实例。本模块研究的压电传感器主要用于动态力、动态压力和振动加速度的测量，它可以测量最终能变换为力的那些非电物理量，但不能用于静态参数的测量。压电传感器具有体积小、质量轻、频响高、信噪比大，结构坚固，可靠性、稳定性高等特点。近年来压电测试技术发展迅速，特别是电子技术的迅速发展，使压电传感器的应用更加广泛。

单元一 压电传感器的工作原理及结构

　　压电传感器是一种自发电式传感器，压电元件是力敏感元件。它以某些电介质的压电效应为基础，在外力作用下，在电介质表面产生电荷，从而实现非电量电测的目的。压电效应是一种自然现象，比如在完全黑暗的环境中，将一块干燥的冰糖用榔头敲碎，可以看到冰糖在破碎的一瞬间，发出暗淡的蓝色闪光，这就是晶体的压电效应，在敲击瞬间由强电场放电所产生的闪光。有时在沙丘上滑沙时也会遇到噼啪的声响，这是因为沙丘中的石英晶体在碰撞、摩擦中产生电荷引起的压电效应，并通过空气放电发出声音。在电子打火机中，多片串联的压电材料受到敲击，产生很高的电压，通过尖端放电而点燃。与此相反，在音乐贺卡中是利用集成电路的输出脉冲电压，来激励压电片，利用逆压电效应产生振动而发声的。

一、压电传感器的工作原理

　　某些电介质在沿一定方向上受到外力的作用时，导致晶格畸变，内部产生极化现象，同时在其表面上产生电荷，当外力去掉后，又重新回到不带电的状态，这种现象称为压电效应，压电效应示如图 7-1 所示，具有这种效应的材料称为压电材料。反之，在电介质的极化方向上施加交变电场或电压，它会产生机械变形，当去掉外加电场时，电介质变形随之消失，这种现象称为逆压电效应（电致伸缩效应）。利用逆压电效应，可以制作产生振动的振动源或作为发声元件。具有压电效应的物质很多，如天然的石英晶体、人工制造的压电陶瓷等。

　　以石英晶体为例来说明压电效应的机理。天然结构的石英晶体呈六角形棱柱，如图 7-2 所示，纵向轴 z 为光轴，经过晶体棱柱并垂直于 z 轴的 x 轴为电轴，与 x 轴和 z 轴同时垂直的 y

轴为机械轴，石英晶体各个方向的特性是不同的，因此石英晶体切割方向应该按极化规律进行。用金刚石刀具切割出一片正方形薄片，当晶体薄片受到压力时，晶格产生变形，表面产生正电荷（见图7-3），电荷 Q 与所施加的力 F 成正比，当外力的方向改变时，电荷的极性随之改变，输出电压的频率与动态力的频率相同。当动态力变为静态力时，电荷将由于表面漏电而很快泄漏、消失，所以压电式传感器只适用于动态测量。即

$$Q = dF \qquad (7-1)$$

式中，d 为压电常数。

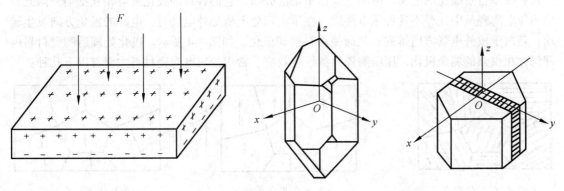

图 7-1　压电效应示意图　　　　　　　　　　　图 7-2　石英晶体外形

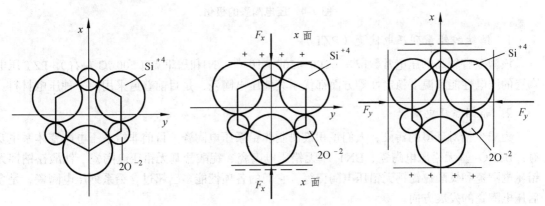

图 7-3　石英晶体受力微观分析

二、常见压电材料及特性

压电传感器中的压电元件材料主要有 3 类：压电晶体（单晶体）、经过极化处理的压电陶瓷（多晶体）、高分子压电材料。

（一）石英晶体

石英晶体有天然和人工制造两种类型。人工制造石英晶体的物理、化学性质几乎与天然石英晶体无多大区别。石英晶体的突出优点是性能非常稳定，在 20~200 ℃ 的范围内压电常数的变化率只有 – 0.000 1/℃，石英晶体的居里点为 573 ℃，即到 573 ℃ 时它将完全丧失压电特性。它具有自振频率高、动态响应好、机械强度高等优点，没有热释电效应，缺点是灵敏度很低，压电常数小（$d = 2.31 \times 10^{-12}$ C/N），大多只在标准传感器、高精度传感器或使用温度较高的传

感器中使用，石英晶体在振荡电路中工作时，压电效应与逆压电效应交替作用，可以产生稳定的振荡输出频率。而在一般要求的测量中，基本上采用压电陶瓷。

（二）压电陶瓷

压电陶瓷是人工制造的多晶压电材料，是一种应用最普遍的压电材料。压电陶瓷具有烧制方便、耐湿、耐高温、易于成型等特点。在通常情况下，它比石英晶体的压电系数高得多，而制造成本却较低，因此目前国内外生产的压电元件绝大多数都采用压电陶瓷。压电陶瓷内部的晶粒有许多自发极化的电畴，电畴在晶体中杂乱分布，它们各自的极化效应相互抵消，因此原始的压电陶瓷呈中性，不具备压电性质。在压电陶瓷上施加外电场时，电畴的极化方向发生转动，趋向于按外电场方向排列，从而使材料得到极化，如图 7-4 所示。极化处理后陶瓷材料内部仍存在很强的剩余极化，压电陶瓷具备压电效应。常用的压电陶瓷材料主要有以下几种：

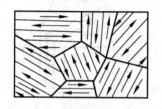 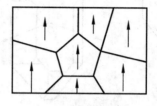 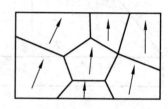

（a）未极化的陶瓷　　　　　（b）正在极化的陶瓷　　　　　（c）极化后的陶瓷

图 7-4　压电陶瓷的极化

1. 锆钛酸铅系列压电陶瓷（PZT）

该陶瓷有较高的压电常数[$d = （200 \sim 500）10^{-12}$ C/N]和居里点（500 ℃ 左右），PZT 压电陶瓷的压电性能和温度稳定性等方面都优于其他压电陶瓷，是目前普遍采用的一种压电材料。

2. 非铅系压电陶瓷

为减少铅对环境的污染，人们正积极研制非铅系压电陶瓷。目前非铅系压电陶瓷体系主要有：$BaTiO_3$ 基无铅压电陶瓷、BNT 基无铅压电陶瓷、铌酸盐基无铅压电陶瓷、钛酸铋钠钾无铅压电陶瓷和钛酸铋锶钙无铅压电陶瓷等，它们的各项性能多已超过含铅系列压电陶瓷，是今后压电陶瓷的发展方向。

压电陶瓷的特点是压电常数大，灵敏度高，制造工艺成熟，成型工艺好，成本低，利于广泛应用。压电陶瓷除了具有压电特性外，还具有热释电性。

（三）高分子压电材料

某些合成高分子聚合物薄膜经延展拉伸和电极强化后，具有一定的压电性能，这类薄膜称为高分子压电薄膜。这类压电材料柔软，不易破碎，价格便宜，可以大量生产和制成较大的面积，可以根据需要制成压电薄膜和压电电缆。高分子压电材料经极化处理之后具备压电特性，常用在对测量准确度要求不高的场合，比如水声测量、防盗报警，高分子材料还是一种很有发展前景的电声材料。

高分子压电材料有聚偏二氟乙烯（PVF2 或 PVDF）、聚氟乙烯（PVF）、改性聚氯乙烯（PVC）等。其中以 PVF2 和 PVDF 的压电常数最高。高分子压电材料的工作温度一般低于 100 ℃。温度升高时，灵敏度将降低。它的机械强度不够高，耐紫外线能力较差，不宜暴晒，以免老化。如果将压电陶瓷粉末加入高分子化合物中，可以制成高分子-压电陶瓷薄膜，它既保持了高分子压电薄膜的柔软性，又具有较高的压电常数，是一种很有希望的压电材料。

三、压电传感器的结构

压电传感器通常在压电晶片的两个工作面上蒸镀金属膜，构成两个电极。实际使用中，为了获得较大的输出电压或电量，通常采用多个压电晶片连接的方式。

（一）并联连接

压电晶片并联接法中（见图7-5），参数关系为：$C' = 2C$，$Q' = 2Q$，$U' = U$（Q 为电荷，C 为电容，U 为电压）。并联接法输出电荷大，本身电容大，时间常数大，适宜用在测量慢变信号并且以电荷作为输出量的场合。

（二）串联连接

压电晶片串联接法中（见图7-6），参数关系为：$C' = C/C$，$Q' = Q$，$U' = 2U$。串联接法输出电压大，本身电容小，适宜用于以电压作输出信号，并且测量电路输入阻抗很高的场合。

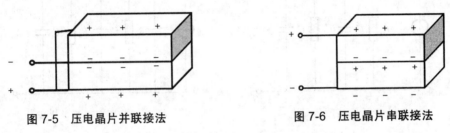

图7-5　压电晶片并联接法　　　　　图7-6　压电晶片串联接法

单元二　压电传感器的测量转换电路

一、压电元件的等效电路

由压电元件的工作原理可知，压电传感器可以看作一个电荷发生器。同时，它也是一个电容器，晶体上聚集正负电荷的两表面相当于电容的两个极板，压电元件就相当于一个以压电材料为介质的电容器，如图7-7（a）所示，其符号如图7-7（b）所示，则其电容量 C_a 为

$$C_a = \frac{\varepsilon A}{d_x} = \frac{\varepsilon_0 \varepsilon_r A}{d} \qquad (7-2)$$

式中，A 为压电元件电极面面积；ε_0 为真空的介电常数；ε_r 为压电材料的的相对介电常数；d 为压电元件厚度。

因此，压电传感器可以等效为一个电荷源与一个电容器并联的电荷等效电路，如图7-7（c）所示。电容器上的电压 U、电荷量 Q 和电容量 C_a 三者关系为：$U = Q/C_a$。

压电传感器在实际使用时总要与测量仪器或测量电路相连接，因此还应考虑连接电缆的等效电容 C_c、放大器的输入电阻 R_i 和输入电容 C_i，以及压电传感器的泄漏电阻 R_a，这样压电传感器在测量系统中的实际等效电路如图7-8所示。

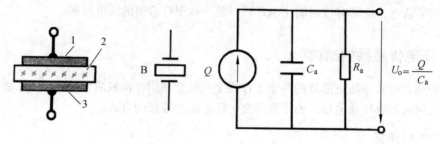

（a）结构示意图　（b）压电元件的符号　（c）压电元件的等效电路

图 7-7　压电元件及等效电路

1—上电极；2—下电极；3—压电晶体

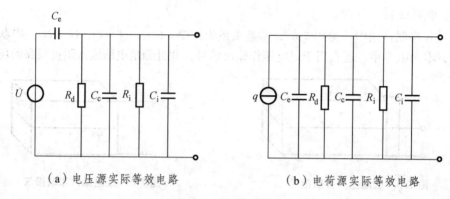

（a）电压源实际等效电路　　　　　　　（b）电荷源实际等效电路

图 7-8　实际等效电路

　　由于外力作用在压电元件上产生的电荷只有在无泄漏的情况下才能保存，即需要测量回路具有无限大的输入阻抗，这实际上是不可能的，因此压电传感器不能用于静态测量。压电元件在交变力的作用下，电荷可以不断补充，所以压电传感器只适用于动态测量。

二、压电传感器的测量电路

　　压电传感器本身的内阻抗很高，而输出的信号微弱，因此它的测量电路通常需要接入一个高输入阻抗的前置放大器，其作用为：一是把压电传感器的高输出阻抗变换为低输出阻抗；二是放大传感器输出的微弱信号。压电传感器的输出可以是电压信号，也可以是电荷信号，因此前置放大器也有电压放大器和电荷放大器两种形式。由于电压前置放大器中的输出电压与屏蔽电缆的分布电容及放大器的输入电容有关，故目前多采用性能稳定的电荷前置放大器。

　　电荷放大器常作为压电传感器的输入电路，由一个反馈电容 C_f 和高增益运算放大器构成，当略去 R_a 和 R_i 并联电阻后，电荷放大器可用图 7-9 所示等效电路表示，图中 A 为运算放大器增益。

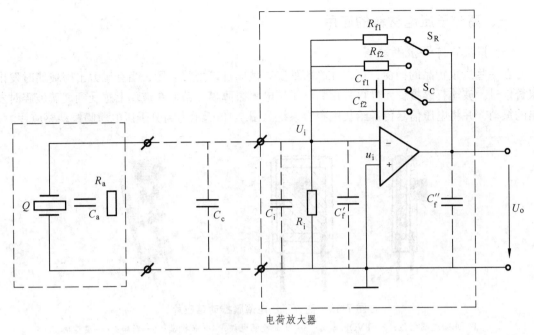

电荷放大器

图 7-9　电荷放大器

由于运算放大器阻抗极高，放大器输入端几乎没有分流，电荷放大器的输出电压为 $U_0 \approx U_{c(f)}$，式中 $U_{c(f)}$ 为反馈电容两端电压。

由运算放大器基本特性，可求出电荷放大器的输出电压，如公式 7-3 所示。

$$U_o = \frac{-AQ}{C_c + C_i + C_c + (1+A)C_f} \tag{7-3}$$

式（7-3）中，A 为开环放大系数，通常 $A = 10^4 \sim 10^6$，C_f 为放大器的反馈电容，在放大器输入端的米勒等效电容 $C_f' = (1+A)C_f \gg C_a + C_c + C_i$，可以得到

$$U_o \approx -\frac{Q}{C_f} \tag{7-4}$$

由式（7-4）可见，电荷放大器的输出电压 U_o 与电缆电容 C_c 无关，且与 Q 成正比，这些优点使得压电传感器基本上都用电荷放大器作为转换电路。目前把这种性能比较稳定的 Q/U 转换器称为电荷放大器，其实，其本身并无放大电荷的作用，只是一种习惯叫法。通过调节反馈电容 C_f 的大小可以改变电荷放大器的灵敏度，当测量的动态力较小时，可以调节将反馈电容调小一些以提高灵敏度。

单元三　压电传感器的应用

压电传感器主要用于脉动力、冲击力、振动等动态参数的测量。不同的压电材料，其特性不同，用途也不一样。石英晶体主要用于精密测量，多作为实验室基准传感器；压电陶瓷灵敏度较高，机械强度稍低，多用作测力和振动传感器；而高分子压电材料多用作定性测量。

一、高分子压电材料的应用

（一）玻璃打碎报警装置

在一些贵重物品的橱窗，可以在隐蔽处安装玻璃打碎报警装置，当有暴力击碎玻璃时发出报警信号。玻璃打碎报警元件可采用高分子压电测振薄膜，粘贴在玻璃上感受到玻璃破碎时发出的振动，并将电压信号传送给集中报警系统。图 7-10 所示为高分子压电薄膜振动感应片。

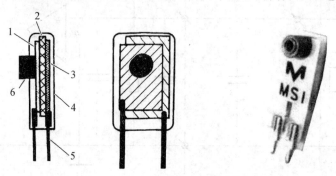

图 7-10 高分子压电薄膜振动感应片

1—正面透明电极；2—PVDF 薄膜；3—反面透明电极；4—保护膜；5—引脚；6—质量块

高分子压电薄膜厚约 0.2 mm，用聚偏二氟乙烯（PVDF）薄膜裁制成 10 mm×20 mm 大小。在它的正反两面各喷涂透明的二氧化锡导电电极，再用超声波焊接上两根柔软的电极引线，并用保护膜覆盖，使用时，用瞬干胶将其粘贴在玻璃上。当玻璃遭暴力打碎的瞬间，压电薄膜感受到剧烈振动，表面产生电荷 Q，在两个输出引脚之间产生窄脉冲报警信号。

（二）血压、心音、脉搏测试仪

在血压、心音、脉搏测试仪中，压电薄膜以一定的支撑形式保持膜内一定张力。在外来声压作用下，膜面的曲率发生变化，使膜内应力改变，产生相应的压电信号。

（三）压电式周界报警系统

将长的压电电缆埋在泥土的浅表层，可起分布式地下麦克风或听音器的作用，可在几十米范围内探测人的步行，对轮式或履带式车辆也可以通过信号处理系统分辨出来。高分子压电电缆周界报警系统如图 7-11 所示，压电电缆可长达数百米，可警戒较大的区域，不易受电、光、雾、雨水等干扰，常用于重要位置出入口、周界安全防护等。

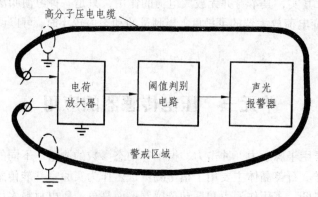

图 7-11 压电式周界报警系统示意图

（四）交通监测

将高分子压电电缆埋在公路上（见图 7-12），根据传感器输出信号波形和计算机内部的档案数据，可以判定车速、载荷分布、车型（包括轴数、轴距、单双轮胎）等。还可用于收费站地磅、闯红灯拍照、停车区域监控、交通数据信息采集（道路监控）及机场滑行道等。

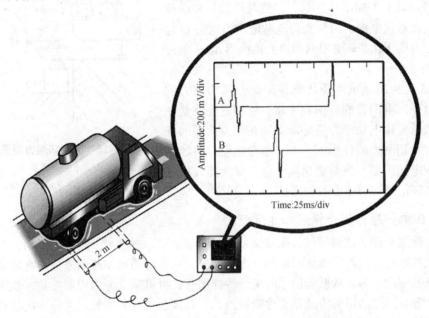

图 7-12　高分子压电电缆用于交通监测示意图

二、石英晶体传感器的应用

图 7-13 是压电式单向测力传感器结构图，它主要由石英晶片、绝缘套、电极、上盖及基座组成。传感器上盖为传力元件，它的外缘壁厚为 0.1 ~ 0.5 mm，当受外力 F 作用时，它将产生弹性变形，将力传递到石英晶片上。该传感器的测力范围为 0 ~ 50 N，最小分辨力为 0.01 N，固有频率为 50 ~ 60 kHz，整个传感器重 10 g。由于石英晶体压电材料的稳定性很好，石英晶体封装后常在电路中做振荡源，就是大家熟悉的石英晶体振荡器（见图 7-14），它利用压电效应与逆压电效应交替作用，可以产生稳频、稳幅的振荡信号。

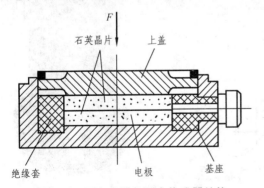

图 7-13　压电式单向测力传感器结构

图 7-14　石英晶体振荡器

三、压电陶瓷传感器的应用

（一）金属加工动态切削力的测量

压电陶瓷多制成片状，称为压电片。压电片通常是两片（或两片以上）黏结在一起，一般常用的是并联接法。片形电极通过电极引出插头将电荷输出。电荷 Q 与所受的动态力成正比。只要用电荷放大器测出 ΔQ，就可以测知 ΔF。

图 7-15 是利用压电陶瓷传感器测量刀具切削力的示意图。由于压电陶瓷的自振频率高，特别适合测量变化剧烈的载荷。压电动态力传感器安装在车刀前端的正下方，车刀在切削力的作用下，上下剧烈颤动，将脉动力传递给压电传感器，电荷变化量由电荷放大器转换成电压，记录仪记录下切削力的变化量。

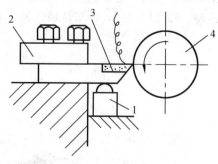

图 7-15　刀具切削力测量示意图
1—单向动态力传感器；2—刀架；
3—车刀；4—工件

（二）压电传感器用于振动加速度测量

在工程检测及设备监测领域，振动信号测量非常重要。振动可分为机械振动、土木结构振动、运输工具振动、武器、爆炸引起的冲击振动等。从振动的频率范围来分，有高频振动、低频振动和超低频振动等。从振动信号的统计特征来看，可将振动分为周期振动、非周期振动以及随机振动等。测振动用的传感器又称拾振器，它有接触式和非接触式之分。接触式中有磁电式、压式等；非接触式中又有电涡流式、电容式、霍尔式、光电式等。下面介绍压电式测振传感器及其应用。

图 7-16 是压电振动加速度传感器结构及实物图。它主要由压电元件、质量块、预压弹簧、基座及外壳等组成。整个部件装在外壳内，并用螺栓加以固定。当压电式加速度传感器和被测物一起受到冲击振动时，压电元件受质量块惯性力的作用，根据牛顿第二定律，此惯性力是加速度 a 的函数，即

$$F = ma \tag{7-5}$$

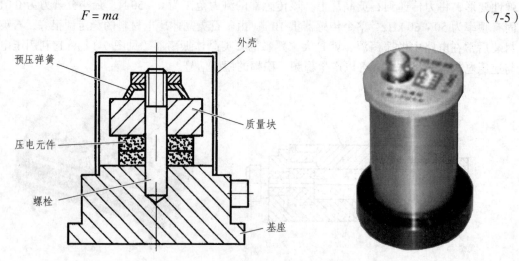

图 7-16　压电加速度传感器结构及实物图

124

式（7-5）中，F 为质量块的惯性力，m 为质量块的质量。惯性力 F 作用于压电元件上产生电荷，电荷由引出电极输出，由此将振动加速度转换为电参量。当传感器选定后，质量块的质量 m 为常数，传感器输出电荷 Q 与加速度 a 成正比，因此，测得加速度传感器输出的电荷便可知加速度的大小。

1. 压电振动加速度传感器的性能指标

压电振动加速度传感器属于自发电式传感器，它的输出为电荷量，以 pC（皮库伦）为单位，而输入量为加速度，单位为 m/s^2，因此灵敏度以 $pC/(m/s^2)$ 为单位。但在振动测量中，通常用标准重力加速度 g（$1\,g \approx 9.8\,m/s^2$）作为加速度的单位，这是检测行业的一种习惯用法。大多数测振仪的面板或说明书中会标出，灵敏度范围约为 $10 \approx 100\,pC/g$。许多压电振动加速度传感器已将电荷放大器做在同一个壳体中，输出信号为电压，因此压电振动加速度传感器的灵敏度为 mV/g，范围约为 $1 \sim 1\,000\,mV/g$。灵敏度低的压电振动传感器可以测量较大的振动，比如汽车的撞击试验、家电的跌落试验、爆破试验等；而高灵敏度的压电振动加速度传感器可以测量微弱的振动，比如地下管道泄漏点监测、精密机床床身振动测量及桥梁、地基的微弱振动等等。

2. 压电振动加速度传感器的安装及使用

压电振动加速度传感器属于接触式测量的传感器，理论上压电振动加速度传感器应与被测振动体刚性连接，但在实际使用中，有以下几种安装使用方法，如图 7-17 所示。

（1）用于长期监测振动机械的压电振动加速度传感器应采用双头螺栓牢固地固定在监视点上，如图 7-17（a）所示。

（2）短时间监测低频微弱振动时，可用磁铁将钢质压电振动加速度传感器底座吸附在监测量上，如图 7-17（b）所示。

（3）测量更微弱的振动时，可以用环氧树脂或瞬干胶将压电振动加速度传感器牢牢地粘贴在监测点上，如图 7-17（c）所示。但要注意传感器底座与被测体之间的胶层愈薄愈好，否则将会使高频响应变差，使用上限频率降低。

（4）在对许多测试点进行定期巡检时，也可采用手持探针式压电振动加速度传感器。使用时，用手握住探针，紧紧地抵触在监测点上，如图 7-17（d）所示。这种方法使用方便，但测量误差较大，重复性差，用于对测量结果要求不太高的情况下。

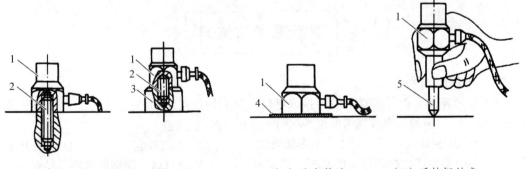

（a）双头螺丝固定　　（b）磁铁吸附　　　（c）胶水粘贴　　（d）手持探针式

图 7-17　压电振动加速度传感器的安装使用方法

1—压电式加速度传感器；2—双头螺栓；3—磁钢；4—黏结剂；5—顶针

3. 压电振动加速度传感器的应用

与电容式加速度传感器的功能类似，压电振动加速度传感器也可以用在汽车上做碰撞传感器，以判断安全气囊是否启动条件之一。压电振动加速度传感器在汽车发动机点火时间控制中也起着重要作用。汽车发动机中的气缸点火时刻必须十分精确。如果恰当地将点火时间提前一些，可使汽缸中汽油与空气的混合气体得到充分燃烧，使扭矩增大，排污减少。但提前角太大时或压缩比太高时，混合气体燃烧受到干扰或自燃，就会产生冲击波，以超音速撞击气缸壁，发出尖锐的金属敲击声，称为爆震。爆震可能使火花塞、活塞环熔化损坏，使缸盖、连杆、曲轴等部件过载、变形。将压电振动加速度传感器装在气缸体侧壁上，当发生爆震时，传感器产生共振，输出尖脉冲信号（5kHz 左右）送到汽车发动机的电控单元进而推迟点火时刻，既能使点火时刻接近爆震区而不发生爆震，又能使发动机输出尽可能大的扭矩。

如果将压电振动加速度传感器安装在机械设备存在振动的部位，可以依靠频谱法进行故障诊断。某机械设备的变速箱振动很大，将压电振动加速度传感器固定在减速箱体上，根据频谱仪测得的减速箱振动时的频谱图进行故障分析如图 7-18 所示。根据设备数据及判断经验可以分析各个谱线对应的设备构件，可以分析谱线频率是否在正常范围内，根据频率异常判断齿轮是否啮合不好活齿轮磨损严重。在调试时还可以发现，谱线随着减速箱固定螺丝的旋紧、联轴器及电动机角度的调整而发生变化，依靠频谱仪可以将机械设备调整到最佳状态。

 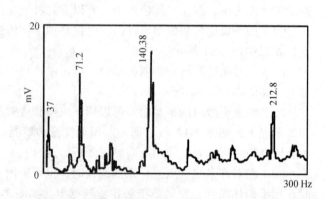

图 7-18　依靠频谱法进行齿轮箱故障诊断

课后思考与练习

7-1　单项选择题

（1）将超声波（机械振动波）转换成电信号是利用压电材料的_____；蜂鸣器中发出"嘀……嘀……"声的压电片发声原理是利用压电材料的_____。

　　A. 应变效应　　　　　B. 电涡流效应　　　　C. 压电效应　　　　D. 逆压电效应

（2）在电路中产生振荡信号的晶振一般采用_____压电材料；能制成薄膜，粘贴在一个微小探头上、用于测量人的脉搏的压电材料应采用_____；在压电振动加速度传感器中测量振动的压电材料应采用_____。

　　A. PTC　　　　　　　B. PZT　　　　　　　C. PVDF　　　　　D. SiO_2

（3）使用压电陶瓷制作的力传感器可测量_____。

    A. 人的体重   B. 车刀的压紧力

    C. 车刀在切削时感受到的动态切削力   D. 自来水管中的水的压力

（4）动态力传感器中，两片压电片多采用_____接法，可增大输出电荷量；在电子打火机和煤气灶点火装置中，多片压电片采用_____接法，可使输出电压达上万伏，从而产生电火花。

    A. 串联   B. 并联   C. 既串联又并联

（5）测量人的脉搏应采用灵敏度 K 约为_____的 PVDF 压电传感器；在家用电器（已包装）做跌落试验，以检查是否符合国标准时，应采用灵敏度 K 为_____的压电传感器。

    A. 1 V/g   B. 100 mV/g   C. 1 mV/g

7-2 简述压电效应及逆压电效应。

7-3 简述常用压电材料及其特性。

7-4 压电传感器有哪些特点？它可应用在哪些场合，请举例说明。

7-5 用压电式加速度计及电荷放大器测量振动加速度，若传感器的灵敏度为 70 pC/g（g 为重力加速度），电荷放大器灵敏度为 10 mV/pC，试确定输入 3 g（平均值）加速度时，电荷放大器的输出电压 U_o（平均值，不考虑正负号）；并计算此时该电荷放大器的反馈电容 C_f。

7-6 两根高分子压电电缆相距 $L = 2$ m，平行埋设于柏油公路的路面下约 50 mm，如图 7-19 所示。它可以用来测量车速及汽车的载重量，并根据存储在计算机内部的档案数据，判定汽车的车型。现有一辆肇事车辆以较快的车速冲过测速传感器，两根 PVDF 压电电缆的输出信号如图 7-19（b）所示，求：

（1）估算车速为多少 km/h。

（2）估算汽车前后轮间距 d（可据此判定车型）；轮距与哪些因素有关？

（3）说明载重量 m 以及车速 v 与 A、B 压电电缆输出信号波形的幅度或时间间隔之间的关系。

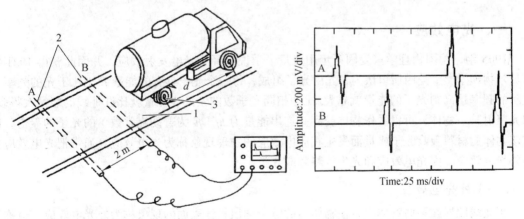

（a）PVDF 压电电缆埋设示意图   （b）A、B 压电电缆的输出信号波形

图 7-19　PVDF 压电电缆测速原理图

1—公路；2—PVDF 压电电缆（A、B 共两根）；3—车轮

模块八 光电传感器

典型应用

> 大家在日常生活中一定接触过自动出水龙头、自动干手机、自动门、安全防护的光幕、电梯自动运行、电梯防夹功能这些例子，这些都是怎么实现的呢？它们都用到了本模块要介绍的光电传感器，光电传感器是一种能将光信号转换为电信号的传感器，最突出的优点是反应快、非接触式测量。本模块内容包括光电效应、光电元件的分类及特性、光电元件的基本应用电路、光电开关及光电断续器、光电传感器的应用、光纤的概念及常用光纤传感器。
>
> 在学习过程中应注意授课中的实物图片及实例分析，在日常生活中要善于观察、注重理论联系实际。通过本模块的学习，你会知道光电元件都有哪些类型，它们的表示符号及外观，它们是怎么实现光电转换的。你会知道光电传感器还可以用于透明度测量、烟雾报警、转速测量、产品颜色分拣、位移测量……

单元一 光电效应及光电元件

一、光电效应

1905 年，德国物理学家爱因斯坦用光量子学说解释了光电发射效应，并因此获得 1921 年诺贝尔物理学奖。爱因斯坦认为，光由光子组成，每一个光子具有的能量 E 正比于光的频率 f，光子的频率越高则光子的能量就越大。比如相同光子数的紫外线能量就比红外线的能量大得多。用光照射某一物体，可以看作物体受到一连串能量为 hf（h 为普朗克常数）的光子的轰击，组成该物体的材料吸收光子能量而发生相应电效应的物理现象称为光电效应。通常把光电效应分为外光电效应、内光电效应和光生伏特效应 3 类。

（一）外光电效应

当光线照射在某些物体上，使物体内的电子逸出物体表面的现象称为外光电效应，也称为光电发射，逸出的电子称为光电子。基于外光电效应的光电元件有紫外光电管、光电倍增管、光电摄像管等。光子能量：

$$E = hf \tag{8-1}$$

式中，h 为普朗克常数，$h = 6.626 \times 10^{-34} \ \text{J} \cdot \text{s}$；$f$ 为光的频率（s^{-1}）。

Einstein 光电方程：

$$hf = mv_0^2 / 2 + A_0 \tag{8-2}$$

式中，m 为电子质量；v_0 为逸出电子的初速度；A_0 为物体的逸出功（或物体表面束缚能）。

红限频率 f_0（又称光谱域值）：刚好从物体表面打出光电子的入射光波频率，随物体表面束缚能的不同而不同，与之对应的光波波长 λ_0（红限波长）为

$$\lambda_0 = hc / A_0 \tag{8-3}$$

式中，h 为普朗克常数；c 为光速；A_0 为物体的逸出功。

当入射光频谱成分不变时，产生的光电子（或光电流）与光强成正比。逸出光电子具有初始动能 $E_k = mv_0^2 / 2$，故外光电元件即使没有加阳极电压，也会产生光电流，为了使光电流为零，必须加截止电压。

（二）内光电效应

当光照射在物体上使物体的电阻率发生变化的现象称为内光电效应。基于内光电效应的光电元件有光敏电阻、光敏二极管、光敏三极管及光敏晶闸管等。

在光线作用下，材料内电子吸收光子能量从键合状态过渡到自由状态，而引起材料电阻率变化。入射光能引起内光电效应的临界波长 λ_0 为

$$\lambda_0 = hc / E_g \tag{8-4}$$

式中，h 为普朗克常数；c 为光速；E_g 为半导体材料禁带宽度。

（三）光生伏特效应

在光线的作用下，能使物体产生一定方向电动势的现象称为光生伏特效应，基于光生伏特效应的光电元件有光电池等。

二、常用光电元件

（一）光电管

光电管的结构为真空（或充气）玻璃泡内装两个电极，分别为光电阴极和阳极，阳极加正电位，如图 8-1 所示。当光电阴极受到适当波长的光线照射时发射光电子，在中央带正电的阳极吸引下，光电子在光电管内形成电子流，在外电路中便产生光电流 I。

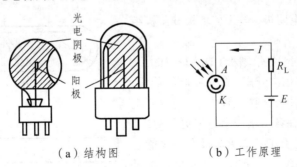

（a）结构图　　　　　　　（b）工作原理

图 8-1　光电管的结构和工作原理

1. 伏-安特性

当入射光的频谱和光通量一定时，阳极电压与阳极电流之间的关系称为伏-安特性，如图 8-2 所示。

2. 光电特性

当光电管的阳极与阴极间所加电压和入射光谱一定时，阳极电流 I 与入射光在光电阴极上的光通量 ϕ 之间的关系如图 8-2（c）所示。

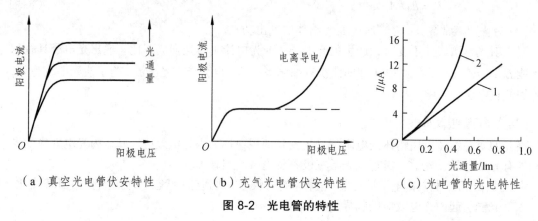

（a）真空光电管伏安特性　　（b）充气光电管伏安特性　　（c）光电管的光电特性

图 8-2　光电管的特性

3. 光谱特性

同一光电管对于不同频率的光的灵敏度不同，这就是光电管的光谱特性。锑铯（Cs_3Sb）材料阴极，红限波长 $\lambda_0 = 0.7\ \mu m$，对可见光的灵敏度较高，转换效率可达 20% ~ 30%。银-氧-铯光电阴极，构成红外探测器，其红限波长 $\lambda_0 = 1.2\ \mu m$，在近红外区（0.75 ~ 0.70 μm）的灵敏度有极大值，灵敏度较低，但对红外较敏感。锑钾钠铯阴极光谱范围较宽（0.3 ~ 0.75 μm）灵敏度也较高，与人眼的光谱特性很接近，是一种新型光电阴极。对紫外光源，常采用锑铯阴极和镁镉阴极。

光谱特性用量子效率表示。对一定波长入射光的光子射到物体表面上，该表面所发射的光电子平均数，称为量子效率，用百分数表示，它直接反映物体对这种波长的光的光电效应的灵敏度。

（二）光电倍增管

光电倍增管由光电阴极、若干倍增极和阳极组成，如图 8-3 所示。

光电倍增管工作时，各倍增极（D_1、D_2、D_3...）和阳极均加上电压，并依次升高，阴极 K 电位最低，阳极 A 电位最高。入射光照射在阴极上，打出光电子，经倍增极加速后，在各倍增极上打出更多的"二次电子"。如果一个电子在一个倍增极上一次能打出 σ 个二次电子，那么一个光电子经 n 个倍增极后，最后在阳极会收集到 σ^n 个电子而在外电路形成电流。一般 $\sigma = 3 \sim 6$，n 为 10 左右，所以，光电倍增管的放大倍数很高。

光电倍增管工作的直流电源电压为 700 ~ 3 000 V，相邻倍增极间电压为 50 ~ 100 V。

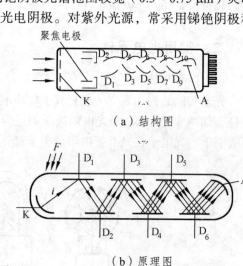

（a）结构图

（b）原理图

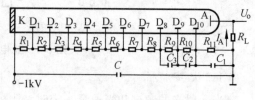

（c）供电电路

图 8-3　光电倍增管

1. 倍增系数 M

当各倍增极二次电子发射系数 $\sigma_i = \sigma$ 时，$M = \sigma^n$，则阳极电流为

$$I = i\sigma^n \tag{8-5}$$

式中，i 为光电阴极的光电流。

光电倍增管的电流放大倍数 β 为

$$\beta = I/i = \sigma^n \tag{8-6}$$

M 一般在 $10^5 \sim 10^7$ 之间，M 与所加电压有关。

2. 光电阴极灵敏度和光电倍增管总灵敏度

一个光子在阴极上能够打出的平均电子数称为光电阴极的灵敏度。而一个光子在阳极上产生的平均电子数称为光电倍增管的总灵敏度，光电倍增管特性曲线如图 8-4 所示。

3. 暗电流和本底脉冲

在无光照射（暗室）情况下，光电倍增管加上工作电压后形成的电流称为暗电流。在光电倍增管阴极前面放一块闪烁体，便构成闪烁计数器。当闪烁体受到人眼看不见的宇宙射线照射后，光电倍增管就有电流信号输出，这种电流称为闪烁计数器的暗电流，一般称为本底脉冲。

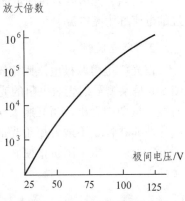

图 8-4 光电倍增管特性曲线

4. 光电倍增管的光谱特性

光电倍增管的光谱特性与同材料阴极的光电管的光谱特性相似。

（三）光敏电阻

光敏电阻的结构和工作原理如图 8-5 所示，光敏电阻由梳状电极和均质半导体材料制成，基于内光电效应，其电阻值随光照而变化。光敏电阻是纯电阻器件，具有很高的光电灵敏度，常作为光控元件用。

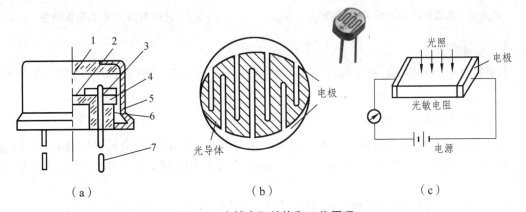

（a）　　　　　　　（b）　　　　　　　（c）

图 8-5 光敏电阻结构和工作原理

1—玻璃；2—光电导层；3—电极；4—绝缘衬底；5—金属壳；6—黑色绝缘玻璃；7—引线

构成光敏电阻的材料有金属的硫化物、硒化物、碲化物等半导体，半导体的导电能力完全

取决于半导体内载流子数目的多少。当光敏电阻受到光照时，半导体材料的表面产生自由电子，同时产生空穴，电子-空穴对的出现使电阻率变小。光照越强，光生电子-空穴对就越多，阻值就越低。入射光消失，电子-空穴对逐渐复合，电阻也逐渐恢复原值。

1. 暗电阻、亮电阻和光电流

暗电阻：光敏电阻在室温条件下，无光照时具有的电阻值，称为暗电阻（>1 MΩ）。此时流过的电流称为暗电流。光敏电阻受温度的影响很大，温度上升时，暗电阻减小，暗电流增大，导致灵敏度下降，这也是光敏电阻的一大缺点。

亮电阻：光敏电阻在一定光照下所具有的电阻称为在该光照下的亮电阻（<1 kΩ）。此时流过的电流称为亮电流。

2. 光电特性

在光敏电阻两极电压固定不变时，光照度与电阻及光电流之间的关系，称为光电特性。图 8-6 是某型号的光敏电阻的光照/电阻特性曲线，图 8-7 是某型号光敏电阻的光照/电流特性曲线。从图中看出，当光照大于 100 lx 时，它的光电特性非线性就十分严重了。光敏电阻光电特性非线性，不适合用于光的精密测量，只能用于定性地判断有无光照或光照度是否大于某设定值。光敏电阻价格便宜，虽准确度不高，但可用于照相机的测光元件及光控灯的光敏元件等。

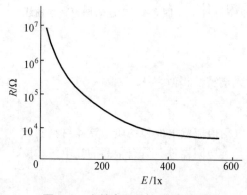

图 8-6　光敏电阻的光照/电阻特性

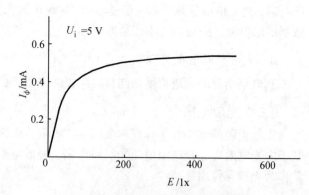

图 8-7　光敏电阻的光照/电流特性

3. 光谱特性

光谱特性表征光敏电阻对不同波长的光，其灵敏度是不同的。光敏电阻的光谱特性如图 8-8 所示。

4. 响应时间和频率特性

光敏电阻在照射光强变化时，由于光电导的迟滞现象，其相应电阻的变化在时间上有一定的滞后，通常用响应时间表示。响应时间又分为上升时间 t_1 和下降时间 t_2，如图 8-9 所示。

光敏电阻上升和下降时间的长短，表示其对动态光信号响应的快慢，即频率特性，如图 8-10 所示。光敏电阻的频率特性不仅与元件的材料有关，而且还与光照的强弱有关。

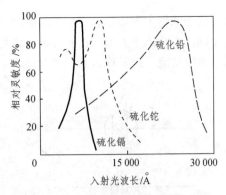

图 8-8　光敏电阻的光谱特性曲线

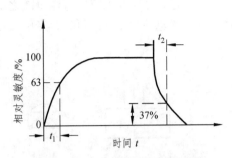

图 8-9　光敏电阻的时间响应曲线

5. 温度特性

在光照一定的条件下，光敏电阻的阻值随温度的升高而下降，即温度特性，用温度系数 α 来表示。

$$\alpha = \frac{R_2 - R_1}{(T_2 - T_1)R_2} \times 100\% \qquad (8-7)$$

式中，R_1 为在一定光照下，温度为 T_1 时的阻值；R_2 为在一定光照下，温度为 T_2 时的阻值。

某型号光敏电阻的温度特性如图 8-11 所示。

温度不仅影响光敏电阻的灵敏度，而且还影响其光谱特性，温度升高，光谱特性向短波方向移动，如图 8-12 所示。

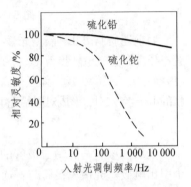

图 8-10　光敏电阻的频率特性

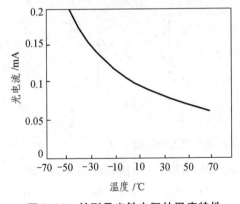

图 8-11　某型号光敏电阻的温度特性

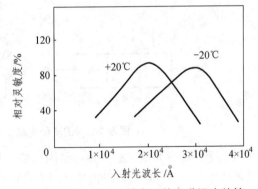

图 8-12　某型号光敏电阻的光谱温度特性

（四）光敏二极管和光敏三极管

1. 光敏二极管

光敏二极管的基本结构就是具有光敏特性的 PN 结，如图 8-13（a）所示。光敏二极管在电路中处于反向偏置工作状态，如 8-13（b）所示，否则流过它的电流就与普通二极管的正向电流一样，不受入射光的控制。

将光敏二极管的 PN 结设置在透明管壳顶部的正下方，无光照时反向电阻很大，电路中仅有反向饱和漏电流，一般为 $10^{-7} \sim 10^{-9}$ A，称为暗电流，相当于光敏二极管截止；光照射到光敏二极管的 PN 结时，电子-空穴对数量增加，使少数载流子浓度大大增加，光电流与照度成正比。因此，通过 PN 结的反向电流也随之增加，形成光电流，相当于光敏二极管导通；入射光照度变化，光电流也变化。可见，光敏二极管具有光电转换功能，故又称为光电二极管。

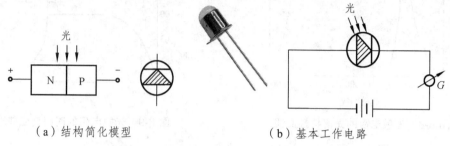

（a）结构简化模型　　　　　　　　　（b）基本工作电路

图 8-13　光敏二极管结构模型和基本工作电路

目前还研制出几种新型光敏二极管，它们都有优异的性能。PIN 光敏二极管工作电压（反向偏置电压）高，光电转换效率高，暗电流小，灵敏度比普通的光敏二极管高得多；APD 光敏二极管（雪崩光敏二极管）反向偏压很高，能将光子产生的光电子加速到很高的动能，撞击其他原子产生新的电子-空穴对，形成对原始光电流的放大作用。可广泛应用于微光信号检测、长距离光纤通信等。

2. 光敏三极管

光敏三极管与光敏二极管的结构相似，内部具有两个 PN 结，通常没有基极引线，只有两个引出电极。光敏三极管与普通三极管类似，也有电流增益，在电路中接法相同，基极开路，集电结反偏，发射结正偏，如图 8-14 所示。

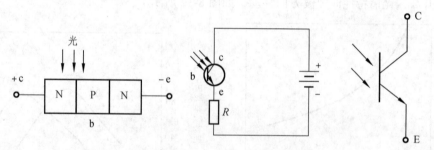

图 8-14　NPN 型光敏三极管结构模型和工作电路

当无光照时，光敏三极管集电结因反偏，集电极与基极间有反向饱和电流 I_{cbo}，该电流流入发射结放大，使集电极与发射极之间有穿透电流 $I_{ceo} = (1 + \beta)I_{cbo}$，此即光敏三极管的暗电流。当有光照射光敏三极管集电结附近基区时，产生光生电子-空穴对，使其集电结反向饱和电流大大增加，此即为光敏三极管集电结的光电流；该电流流入发射结进行放大成为集电极与发射极间电流，即为光敏三极管的光电流，它将光敏二极管的光电流放大（$1 + \beta$）倍，所以它比光敏二极管具有更高的光电转换灵敏度。

由于光敏三极管中对光敏感的部分是光敏二极管，所以它们的特性基本相同，只是反应程度即灵敏度差（$1 + \beta$）倍。

1）光谱特性

光敏三极管在恒定电压作用和恒定光通量照射下，光电流（用相对值或相对灵敏度）与入射光波长的关系，称为光敏管的光谱特性，如图 8-15 所示。由图中可见：

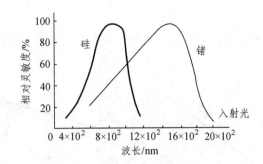

图 8-15 硅和锗光敏管的光谱特性

Si 光敏管，光谱响应波段 400～1 300 nm，峰值响应波长约为 900 nm；

Ge 光敏管，光谱响应波段 500～1 700 nm，峰值响应波长约为 1 500 nm。

2）伏安特性

光敏管在一定光照下，其端电压与器件中电流的关系，称为光敏管的伏安特性。图 8-16 所示是 Si 光敏晶体管在不同光照下的伏安特性。

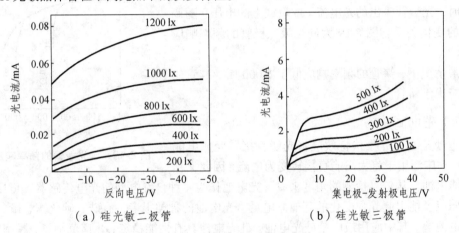

（a）硅光敏二极管　　　　　　　（b）硅光敏三极管

图 8-16 硅光敏管的伏安特性

3）光照特性

在端电压一定条件下，光敏管的光电流与光照度的关系，称为光敏管的光照特性。Si 光敏管的光照特性如图 8-17 所示。

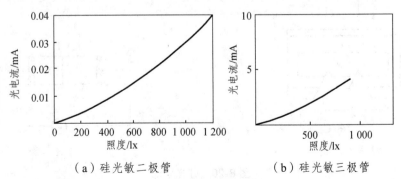

（a）硅光敏二极管　　　　　　　（b）硅光敏三极管

图 8-17 硅光敏管的光电特性

4）温度特性

在端电压和光照度一定的条件下，光敏管的暗电流及光电流与温度的关系，称为光敏管的温度特性，如图 8-18 所示。

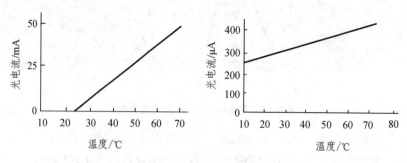

图 8-18　光敏管的温度特性

5）频率响应

光敏管的频率响应是指具有一定频率的调制光照射光敏管时，光敏管输出的光电流（或负载上的电压）随调制频率的变化关系。图 8-19 为硅光敏三极管的频率响应曲线。

一般情况下，锗管的频率响应低于 5 000 Hz，硅管的频率响应优于锗管。

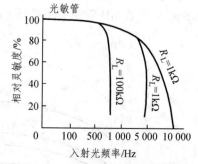

图 8-19　硅光敏管的频率响应曲线

（五）光电池

光电池是利用光生伏特效应将光能直接转变成电能的器件，它广泛用于将太阳能直接转变为电能，因此又称为太阳能电池。从信号检测的角度来看，光电池作为一种自发电型的光电传感器，可用于检测光的强弱以及能引起光强变化的其他非电量。光电池的种类很多，有硅、砷化镓、硒、锗、硫化镉光电池等，其中应用最广是硅光电池。硅光电池具有性能稳定、光谱范围宽、频率特性好、传递效率高、价格便宜等特点。

光电池的结构如图 8-20 所示，它实质上是一个大面积的 PN 结。当光照射到 PN 结上时，便在 PN 结两端产生电动势（P 区为正，N 区为负）形成电源。

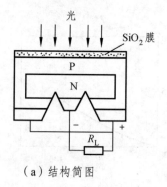

（a）结构简图

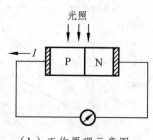

（b）工作原理示意图

图 8-20　硅光电池

P 型半导体与 N 型半导体结合在一起时，由于载流子的扩散作用，在其交界处形成一过渡区，即 PN 结，并在 PN 结形成一内建电场，电场方向由 N 区指向 P 区，阻止载流子的继续扩散。当光照射到 PN 结上时，在其附近激发电子-空穴对，在 PN 结电场作用下，N 区的光生空穴被拉向 P 区，P 区的光生电子被拉向 N 区，结果在 N 区聚集了电子，带负电；P 区聚集了空穴，带正电。这样 N 区和 P 区间出现了电位差，若用导线连接 PN 结两端，则电路中便有电流流过，电流方向由 P 区经外电路至 N 区；若将电路断开，便可测出光生电动势。

1. 光谱特性

光电池对不同波长的光，其光电转换灵敏度是不同的，即光谱特性，如图 8-21 所示。

硅光电池的光谱响应范围是 400～1 200 nm，光谱响应峰值波长在 700 nm 附近，随着制造业的进步，硅光电池已具有从近红外到蓝紫光的宽光谱特性。硒光电池的光谱响应范围是 370～750 nm，光谱响应峰值波长在 500 nm 附近。硒光电池和锗光电池由于稳定性较差，目前应用较少。

2. 光照特性

光电池在不同照度下，其光电流和光生电动势是不同的。硅光电池的开路电压和短路电流与光照度的关系曲线如图 8-22 所示。

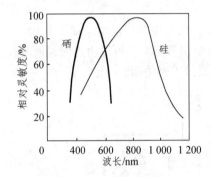

图 8-21　光电池的光谱特性

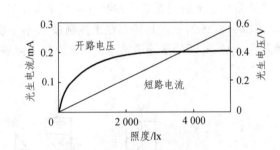

图 8-22　硅光电池的开路电压和短路电流与光照度关系

开路电压与光照度关系是非线性的，而且在光照度为 2 000 lx 时出现饱和，故其不宜作为检测信号。短路电流（负载电阻很小时的电流）与光照度关系在很大范围是线性的，负载电阻越小，线性度越好（见图 8-23），因此，将光电池作为检测元件时，是利用其短路电流，作为电流源的形式来使用。

3. 频率特性

光电池的频率特性是指其输出电流随照射光调制频率变化的关系，如图 8-24 所示。

硅光电池响应频率较高，高速计数的光电转换中一般采用硅光电池；硒光电池响应频率较低，不宜用做快速光电转换。

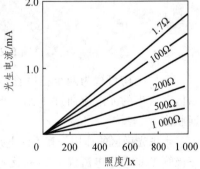

图 8-23　硅光电池在不同负载下的光照特性

4. 温度特性

光电池的温度特性是指其开路电压和短路电流随温度变化的关系。

图 8-25 是硅光电池在 1 000 lx 照度下的温度特性曲线。由图可见：开路电压随温度升高下降很快，约 3 mV/℃；短路电流随温度升高而缓慢增加，约 2×10^{-6} A/℃。

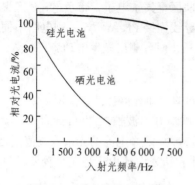

图 8-24　光电池的频率特性

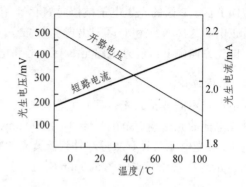

图 8-25　硅光电池的温度率特性（照度 1 000 lx）

5. 稳定性

光电池的稳定性很好，使用寿命很长。但要防高温和强光照射，保存光电池时切忌短路。

（六）光控晶闸管

光控晶闸管是利用光信号控制电路通断的开关元件，属三端四层结构，有 3 个 PN 结 J_1、J_2、J_3，如图 8-26 所示。其特点在于控制极 G 不一定由电信号触发，可以由光照起触发作用。经触发后，A、K 间处于导通状态，直至电压下降或交流过零时关断。

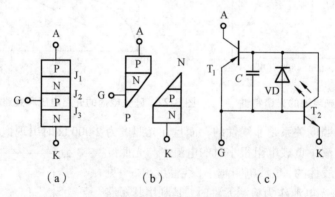

图 8-26　光控晶闸管结构及其等效电路

四层结构可视为两个三极管，如图 8-26（b）所示。光敏区为 J_2 结。若入射光照射在光敏区，产生的光电流通过 J_2 结，当光电流大于某一阈值时，晶闸管便由断开状态迅速变为导通状态。

考虑光敏区的作用，其等效电路如图 8-26（c）所示。无光照时，光敏二极管 VD 无光电流，三极管 T_2 的基极电流仅是 T_1 的反向饱和电流，在正常外加电压下处于关断状态。一旦有光照射，光电流 I_P 将作为 T_2 的基极电流。如果 T_1、T_2 的放大倍数分别为 β_1、β_2，则 T_2 的集电极得到的电流是 $\beta_2 I_P$。此电流实际上又是 T_1 的基极电流，因而在 T_1 的集电极上又将产生一个 $\beta_1\beta_2 I_P$ 的电流，这一电流又成为 T_2 的基极电流。如此循环反复，产生强烈的正反馈，整个器件就变为导通状态。

如果在 G、K 间接一电阻，必将分去一部分光敏二极管产生的光电流，这时要使晶闸管导通，就必须施加更强的光照。可见，用这种方法可以调整器件的光触发灵敏度。

光控晶闸管的伏安特性如图 8-27 所示。图中，E_0、E_1、E_2 代表依次增大的照度，曲线 0 ~ 1 段为高阻状态，表示器件未导通；1 ~ 2 段表示由关断到导通的过渡状态；2 ~ 3 为导通状态。

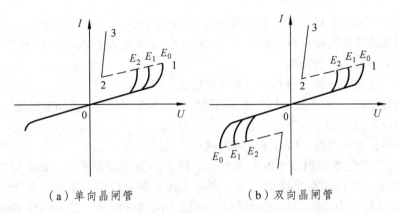

（a）单向晶闸管   （b）双向晶闸管

图 8-27　光控晶闸管伏安特性

光控晶闸管作为光控无触点开关使用更方便，它与发光二极管配合可构成固态继电器，体积小、无火花、寿命长、动作快，并具有良好的电路隔离作用，在自动化领域得到广泛应用。

三、光源及光学元件

（一）光　源

1.　白炽灯

白炽灯是利用电能将灯丝加热至白炽而发光，其辐射的光谱是连续的，除可见光外，同时还辐射大量的红外线和少量的紫外线。

2.　发光二极管

发光二极管（Light Emitting Diode，LED），由半导体 PN 结构成，是能将电能转换成光能的半导体器件。

特点：工作电压低（1 ~ 3 V），工作电流小（小于 40 mA），响应快（一般为 10^{-6} ~ 10^{-9} s），体积小，质量轻，坚固耐振，寿命长，比普通光源单色性好等，广泛用来作为微型光源和显示器件。

发光机理：由于载流子的扩散作用，在半导体 PN 结处形成势垒，从而抑制空穴和电子的继续扩散。当 PN 结上加有正向电压时，势垒降低，电子由 N 区注入 P 区，空穴由 P 区注入 N 区，称为少数载流子注入。注入 P 区的电子与 P 区的空穴复合，注入 N 区的空穴与 N 区的电子复合，这种复合同时伴随着以光子的形式释放能量，因而在 PN 结有发光现象。电子与空穴复合，所释放的光子能量 $h\nu$ 也就是 PN 结禁带宽度 E_g，即

$$E_g = h\nu = hc/\lambda$$

则 　　　　　　　　　　　$\lambda = hc/E_g$ 　　　　　　　　　　　　　　（8-7）

式中，h 为普朗克常数；c 为光速；λ 为波长。

若要辐射可见光（近似认为 $\lambda < 700\ \text{nm}$），按式（8-7）计算，制作 LED 的材料，其禁带宽度应为

$$E_\text{g} \geqslant hc/\lambda = 1.7\ \text{eV} \qquad\qquad (8\text{-}8)$$

普通二极管用 Ge 或 Si 制作，其禁带宽度 E_g 分别为 0.67 eV 和 1.12 eV，显然不能使用。通常用砷化镓和磷化镓两种材料的固溶体（$\text{GaAs}_{1-x}\text{P}_x$，$x$ 代表磷化镓的比例）制作 LED。$x > 0.4$ 时，便可得到 $E_\text{g} \geqslant 1.7\ \text{eV}$ 的材料。

LED 的颜色（波长）由半导体材料禁带宽度 E_g 决定。

- 伏安特性如图 8-28 所示，与普通二极管相似。为安全起见，反向电压应小于 5 V。
- 光谱特性如图 8-29 所示。
- 温度影响，温度升高，LED 发光强度减小，且呈线性关系。
- LED 的发光强度与观察角度有关。透明封装体前端如为平面，则出射光成发散状，适合作指示灯用；若前端有半球形透镜，则对光线有聚光作用，正前方发光强度最大，适合于光电耦合或对某个固定目标进行照射。除以上两种光源外，还有气体放电灯、激光器等光源。

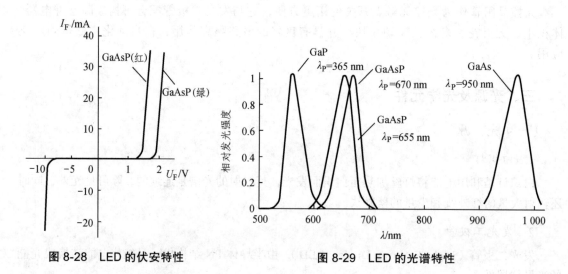

图 8-28　LED 的伏安特性　　　　　图 8-29　LED 的光谱特性

（二）光学元件和光路

在光电传感器中，必须采用光学元件，并按照一些光学定律和原理构成各种各样的光路。常用的光学元件有各种反射镜、透镜、半反半透镜等。

单元二　光电元件的基本应用电路

光敏电阻、光敏晶体管、光电池等光电元件必须根据各自的特点，使用不同的电路，才能达到最佳的使用效果。

一、光敏电阻基本应用电路

分析图 8-30（a）中，当无光照时，光敏电阻 R_ϕ 很大，I_ϕ 在 R_L 上的压降 U_o 很小。随着入射光增大，R_ϕ 减小，U_o 随之增大。

图 8-30（b）的情况恰好与图 8-30（a）相反，入射光增大，U_o 反而减小。

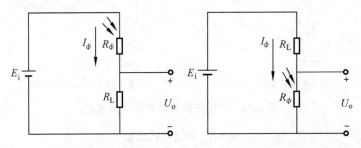

（a）U_o 与光照变化趋势相同的电路 　（b）U_o 与光照变化趋势相反的电路

图 8-30　光敏电阻基本应用电路

二、光敏二极管应用电路

光敏二极管在应用电路中必须反相偏置，否则其电流就与普通二极管的正向电流一样，不受入射光的控制。利用反相器可将光敏二极管的输出电压转换成 TTL 电平，如图 8-31 所示。

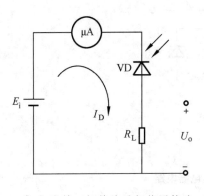
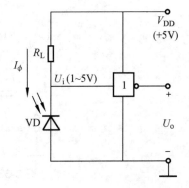

（a）光敏二极管的反相偏置接法　　　　（b）光敏二极管的一种应用电路

图 8-31　光敏二极管基本应用电路

请大家逐步分析：强光照时，U_o 为何电平？

三、光敏三极管应用电路

光敏三极管在电路中必须遵守集电结反偏，发射结正偏的原则，与普通三极管工作在放大区时条件是一样的，如图 8-32 所示。输出状态比较见表 8-1。

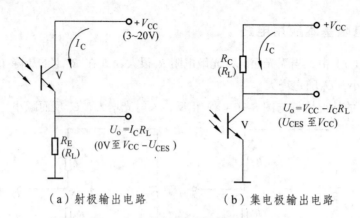

（a）射极输出电路　　　　　　（b）集电极输出电路

图 8-32　光敏三极管的两种常用电路

表 8-1　输出状态比较

电路形式	无光照时			强光照时		
	三极管状态	I_C	U_o	三极管状态	I_C	U_o
射极输出	截止	0	0（低电平）	饱和	$(V_{CC}-0.3)/R_L$	$V_{CC}-U_{CES}$（高电平）
集电极输出	截止	0	V_{CC}（高电平）	饱和	$(V_{CC}-0.3)/R_L$	U_{CES}（0.3 V，低电平）

分析表 8-1：射极输出电路的输出电压变化与光照的变化趋势相同，而集电极输出恰好相反。

例 8-1　利用光敏三极管来达到强光照时继电器吸合的光控继电器电路如图 8-33 所示，请分析工作过程。

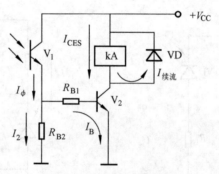

图 8-33　光控继电器电路

解　当无光照时，V_1 截止，$I_B = 0$，V_2 也截止，继电器 KA 处于失电（释放）状态。

当有强光照时，V_1 产生较大的光电流 I_ϕ，I_ϕ 一部分流过下偏流电阻 R_{B2}（起稳定工作点作用），另一部分流经 R_{B1} 及 V_2 的发射结。当 $I_B > I_{BS}$（$I_{BS} = I_{CES}/\beta$）时，V_2 也饱和，产生较大的集电极饱和电流 I_{CES}，$I_{CES} = (V_{CC} - 0.3)/R_{kA}$，因此继电器得电并吸合。如果将 V_1 与 R_{B2} 位置上下对调，其结果相反，请读者自行分析。

四、光电池的应用电路

为了得到光电流与光照度成线性的特性，要求光电池的负载短路，常采用集成运算放大器组成的 I/U 转换电路，如图 8-34 所示。I/U 转换电路的输出电压 U_o 与光电流 I_ϕ 成正比，从而达到电流/电压转换的目的。若希望 U_o 为正，可将光电池极性调换。

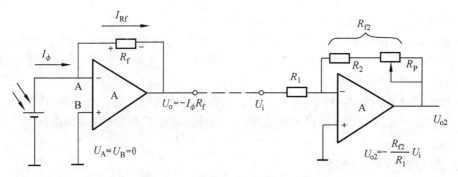

图 8-34　光电池短路电流测量电路

单元三　光电传感器的应用

光电传感器属于非接触式测量，目前被广泛地应用于生产、生活的各个领域。光电传感器由光源、被测物和光电元件组成，在设计应用中要特别注意光电元件与光源的光谱特性匹配。

一、模拟式光电传感器

模拟式光电传感器将被测量转换成连续变化的电信号，与被测量间呈单值对应关系。主要有 4 种基本形式，如图 8-35 所示。

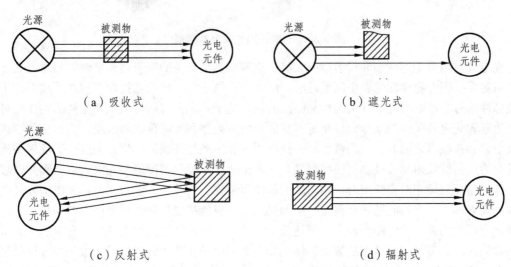

图 8-35　光电元件的应用方式

（1）吸收式。被测物体置于光路中，恒光源发出的光穿过被测物，部分被吸收后透射光投射到光电元件上，如图 8-35（a）所示。透射光强度决定被测物对光的吸收大小，而吸收的光通量与被测物透明度有关，如用来测量液体、气体的透明度、浑浊度的光电比色计。

（2）反射式。恒光源发出的光投射到被测物上，再从被测物体表面反射后投射到光电元件上，如图 8-35（c）所示。反射光通量取决于反射表面的性质、状态及其与光源间的距离。此

143

原理可制成表面光洁度、粗糙度和位移测试仪等。

（3）遮光式。光源发出的光经被测物遮去其中一部分，使投射到光电元件上的光通量改变，其变化程度与被测物在光路中的位置有关，如图8-35（b）所示。这种形式可用于测量物体的尺寸、位置、振动、位移等。

（4）辐射式。被测物本身就是光辐射源，所发射的光通量射向光电元件，如图8-35（d）所示，也可经过一定光路后作用到光电元件上。这种形式可用于光电比色高温计中。

二、脉冲式光电传感器

脉冲式光电传感器的作用方式是光电元件的输出仅有两种稳定状态，即"通"和"断"的开关状态，称为光电元件的开关应用状态，这种形式的光电传感器也称为光电开关或光电断续器。

光电开关及光电断续器都是用来检测物体的靠近、通过等状态的光电传感器。从原理上讲，它们没有太大的差别，都是由红外线发射元件与光敏接收元件组成，只是光电断续器是整体结构，其检测距离只有几毫米至几十毫米，而光电开关的检测距离可达几米至几十米，如图8-36所示。

图8-36　光电开关和光电断续器

光电开关可分为遮断型和反射型两大类。遮断型光电开关的发射器和接收器相对安放，轴线严格对准。当有物体在两者中间通过时，红外光束被遮断，接收器接收不到红外线而产生一个负脉冲信号。遮断型光电开关的检测距离一般可达十几米，对所有能遮断光线的物体均可检测。遮断式光电开关由相互分离且相对安装的光电发射器和光电接收器组成。当被检测物体位于发射器和接收器之间时，光线被阻断，接收器接受不到红外线而产生开关信号。反射型光电开关分为反射镜反射型和被测物漫反射型（简称散射型）。反射镜反射型光电发射器和光电接收器一体，与反射镜相对安装配合使用。反射镜使用偏光三角棱镜，能将发射器发出的光转变成偏振光反射回去，光接收器表面覆盖一层偏光透镜，只能接受反射镜反射回来的偏振光。这种类型抗干扰能力强，检测距离较大，可达几米。还有一种定区域式光电开关，它有一个非常确定的检测区域，不经过该区域的被测物体不会引起光电开关产生开关信号。被测物漫反射型光电开关，当被测物体经过该光电开关时，发射器发出的光线经被测物体表面反射由接收器接收，于是产生开关信号。检测距离与被测物黑度有关，检测距离较小。

光电断续器可分为遮断型和反射型两种。遮断型光电断续器也称为槽式光电开关，通常是标准的U字形结构，其发射器和接收器做在体积很小的同一塑料壳体中，分别位于U形槽的两边，并形成一光轴，两者能可靠地对准。槽式光电开关比较可靠，较适合高速检测。反射式光电断续器检测距离较小，多用于安装空间较小的场合。

三、应用实例

（一）光电式照度计

照度与人们的生活有着密切的关系。充足的光照，可防止人们免遭意外事故的发生。反之，过暗的光线可引起人体疲劳的程度远远超过眼睛的本身。因此，不适或较差的照明条件是造成事故和疲劳的主要原因之一。光的照度 E 的单位是 lx（勒克斯），它是常用的光度学单位之一，它表示受照物体被照亮程度的物理量，可以用照度计来测量，如图 8-37 所示。为保障人们在适宜的光照下生活，我国制定了有关室内（包括公共场所）照度的卫生标准。如在公共场所商场（店）的照度卫生标准 $\geqslant 100$ lx；图书馆、博物馆、美术馆、展览馆台面照度的卫生标准 $\geqslant 100$ lx；在工厂，生产线上的视觉工作的照度要求为 1 000 lx……照度计通常是由硒光电池或硅光电池和微安表组成。

图 8-37　光电式照度计

（二）光电式浊度计

水样的浊度是水文资料的重要内容之一，图 8-38 是光电式浊度计的原理图。光源发出的光线经过半反半透镜分成两束强度相等的光线，一路光线穿过标准水样 8 到达光电池 9，产生作为被测水样浊度的参比信号。另一路光线穿过被测水样 5 到达光电池 6，其中一部分光线被样品介质吸收，样品水样越混浊，光线衰减量越大，到达光电池 6 的光通量就越小。两路光信号均转换成电压信号 U_{o1}、U_{o2} 由运算电路 11 计算出 U_{o1}、U_{o2} 的比值，并进一步算出被测水样的浊度。采用分光镜 3、标准水样 8 以及光电池 9 作为参比通道的好处是：当光源的光通量因种种原因有所变化或环境温度变化引起光电池灵敏度发生改变时，由于两个通道的结构完全一样，所以在最后运算 U_{o1}、U_{o2} 值时，上述误差可自动抵消，减小了测量误差。利用光电元件还可以制成光电比色计，光电传感器还可用在测量复印机的走纸故障、智能模糊洗衣机自动判断衣物脏净、废水的分类回收等设备上。

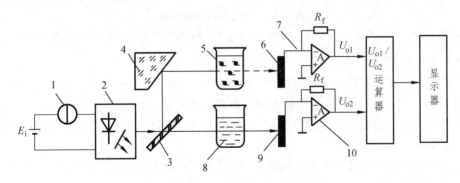

图 8-38　光电式浊度计工作原理图

1—恒流源；2—半导体激光器；3—半反半透镜；4—反射镜；5—被测水样；
6、9—光电池；7、10—电流/电压转换器；8—标准水样

（三）光电式烟雾报警器

烟雾传感器是通过监测烟雾的浓度来实现火灾防范的，光电式烟雾报警器是一种工作稳定可靠的报警器，被广泛运用到各种消防报警系统中。光电式烟雾报警器按内部结构来分，主要有直射型和漫反射型，如图 8-39 所示。图 8-39（a）中红外线 LED 与红外光敏晶体管的峰值波长相同，称为红外对管。它们的安装孔处于同一轴线上。无烟雾时，光敏晶体管接收到 LED 发射的恒定红外光。而在火灾发生时，烟雾进入检测室，遮挡了部分红外光，使光敏晶体管的输出信号减弱，经阈值判断电路后，发出报警信号。室内抽烟也可能引起误报警，所以还必须与其他火灾传感器组成综合火灾报警系统，由火灾报警主机做出综合判断，并开启相应房间的消防设备。

上述直射式烟雾报警器的灵敏度不高，只有在烟气较浓时光通量才有较大的衰减。图 8-39（b）所示的反射式烟雾报警器灵敏度较高。在没有烟雾时，由于红外对管相互垂直，烟雾室内又涂有黑色吸光材料，所以红外 LED 发出的红外光无法到达红外光敏晶体管。当烟雾进入烟雾室后，烟雾的固体粒子对红外光产生漫反射，使部分红外光到达光敏晶体管。在反射式烟雾报警器中，红外 LED 的激励电流不是连续的直流电，而是用 40 kHz 调制的脉冲，所以红外光敏晶体管接收到的光信号也是同频率的调制光。它输出的 40 kHz 电信号经选频放大器放大、检波后成为直流电压，再经低放和阈值比较器输出报警信号。

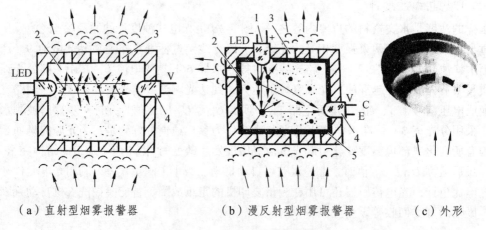

（a）直射型烟雾报警器　　　　（b）漫反射型烟雾报警器　　　（c）外形

图 8-39　光电式烟雾报警器

1—红外发光二极管；2—烟雾检测室；3—透烟孔；4—红外光敏晶体管；5—黑色吸光绒布

（四）光电式转速表

光电式转速表主要有反射式和直射式两种基本类型，如图 8-40 所示，反射式转速表有便携式（见图 8-41），非接触式测转速非常方便，而直射式的常安装在运转设备上用于动态监测。为了提高转速测量的分辨力，采用机械细分技术，使转动体每转动一周有多个（Z）反射光信号或透射光信号。

若直射型调制盘上的孔（或齿）数为 Z（或反射型转轴上的反射体数为 Z），测量电路计数时间为 T 秒，被测转速 n（r/min），则计数值为

$$N = nZT/60 \tag{8-9}$$

为了使计数值 N 能直接读出转速 n 值，一般取 $ZT = 60 \times 10^m$（m = 0，1，2，…）。

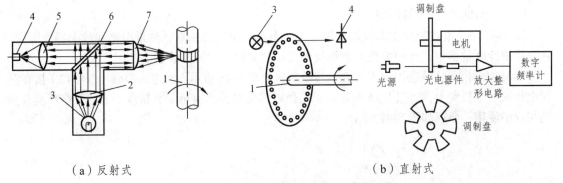

（a）反射式   （b）直射式

图 8-40　光电式转速表

1—短轴；2、5、7—透镜；3—光源；4—光敏元件；6—半反半透镜

光电脉转换电路如图 8-42 所示。

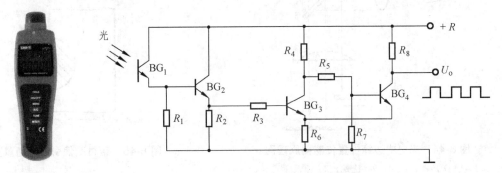

图 8-41　便携式光电转速表　　　　图 8-42　光电脉冲转换电路

（五）色标传感器

现代化工业生产中，颜色检测和颜色识别等的应用越来越多。例如，在包装生产中机器要确定哪种产品放在什么颜色的包装中、如何保证产品的正面朝向包装盒的玻璃纸窗口等等。色标传感器常用于检测特定色标或物体上的斑点，它是通过与非色标区相比较来实现色标检测，而不是直接测量颜色。

色标传感器指的是对各种标签进行检测，即使背景颜色有着细微差别的颜色也可以检测到，处理速度快。色标传感器实际是一种反向装置，如图 8-43 所示，光源垂直于目标物体安装，而接收器与物体成锐角方向安装，让它只检测来自目标物体的散射光，从而避免传感器直接接收反射光，并且可使光束聚焦很窄。白炽灯和单色光源都可用于色标检测。

图 8-43　色标传感器

（六）光电式带材跑偏仪

图 8-44 是光电式带材跑偏仪原理图，主要由边缘位置传感器、测量电路和放大器等组成。它是用于冷轧带钢生产过程中控制带钢运动途径的一种自动控制装置。

带材边缘位置检测选用遮光式光电传感器，如图 8-45 所示。光电三极管（3DU12）接在测量电桥的一个桥臂上，如图 8-46 所示。采用角矩阵反射器能满足安装精度不高、工作环境有振动场合中使用，原理如图 8-47 所示。

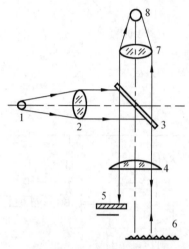

图 8-44　光电式边缘位置传感器原理图

1—LED 光源；2、4、7—透镜；3—半反半透镜；
5—带材；6—角矩阵反射器；8—光电三极管

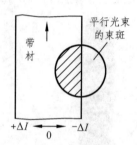

图 8-45　带材跑偏引起光通量变化

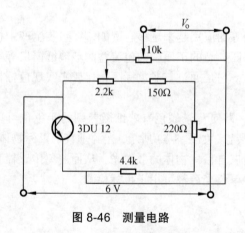

图 8-46　测量电路

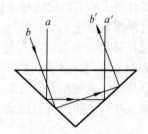

图 8-47　角矩阵反射器原理

（七）"光幕"（光电阵列）的应用

两个柱形结构相对而立，每隔数十毫米安装一对发光二极管和光敏接收管，形成光幕，如图 8-48（a）所示，当有物体遮挡住光线时，传感器发出报警信号，在光幕式防入侵系统中起保护、预警作用。利用光幕的原理，还可以用于自动收费系统的车辆检测、设备安全防护系统［见图 8-48（b）］、大尺寸产品的三维尺寸检测等等。

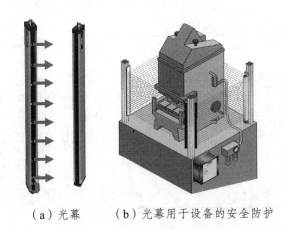

（a）光幕　　（b）光幕用于设备的安全防护

图 8-48　光幕及光幕的应用实例

（八）光电耦合器

将发光器件与光电元件集成在一起便构成光电耦合器，如图 8-49 所示。

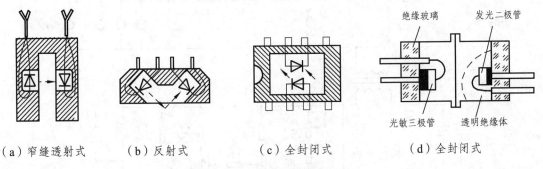

（a）窄缝透射式　　（b）反射式　　（c）全封闭式　　（d）全封闭式

图 8-49　光电耦合器典型结构

目前，常用光电耦合器的发光元件多为发光二极管（LED），光敏元件以光敏二极管和光敏三极管为主，少数采用光敏达林顿管或光控晶闸管。发光元件和光敏元件之间具有相同的光谱特性，以保证其灵敏度最高；若要防止环境光干扰，透射式和反射式都可选用红外波段发光元件和光敏元件。

光电池在光电检测和自动控制方面的应用，主要利用光电池的光电特性、光谱特性、频率特性和温度特性等，通过基本光电转换电路与其他电子线路组合，可实现检测和自动控制的目的，基本电路如图 8-50、图 8-51 所示。

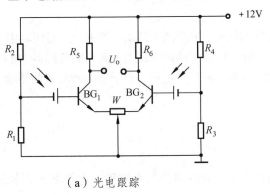

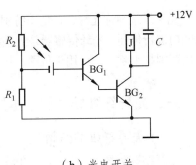

（a）光电跟踪　　　　　　　　　　　　　　（b）光电开关

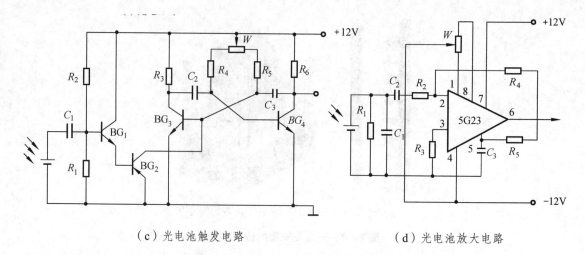

（c）光电池触发电路　　　　　　　　（d）光电池放大电路

图 8-50　光电池应用的几种基本电路

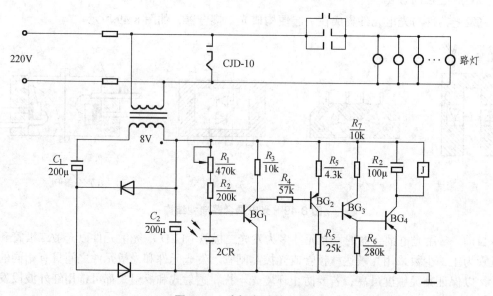

图 8-51　路灯自动控制器

单元四　光导纤维传感器

光导纤维简称光纤，它是用特别的工艺拉成的细丝，光纤透明纤细，能够把光封闭其中，并沿轴向进行传播。光纤传感器是近些年来随着光导纤维技术的进步而发展起来的传感器，光纤的应用范围越来越广，可用于位移、压力、温度、流量、液位、电场、磁场等多种参量的测量。

一、光导纤维导光的基本原理

（一）光导纤维的结构

光纤结构如图 8-52 所示。纤芯采用玻璃或石英，直径 ϕ 为几十微米，折射率 n_1；包层为

150

玻璃或塑料，$\phi = 100 \sim 200 \ \mu m$，折射率 n_2；保护层为塑料，折射率 n_3；

其中 $n_2 < n_3 < n_1$，故称为阶跃型光纤，光在纤芯中传播。此外还有一种梯度型光纤，其断面折射率分布从中央高折射率逐步变化到包皮的低折射率。

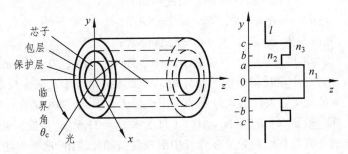

图 8-52　光纤的基本结构

（二）光导纤维的导光原理

光纤导光是利用光传输的全反射原理，如图 8-53 所示。

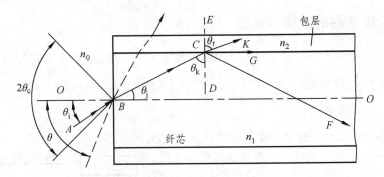

图 8-53　光纤导光示意图

由几何光学的折射定律可得出

$$n_0 \sin\theta_i = n_1 \sin\theta_j \tag{8-10}$$

$$n_1 \sin\theta_k = n_2 \sin\theta_r \tag{8-11}$$

由以上两式可以推出

$$\sin\theta_i = (n_1 / n_0) \sin\theta_j = (n_1 / n_0) \sin(90° - \theta_k)$$

$$= (n_1 / n_0) \cos\theta_k = (n_1 / n_0) \sqrt{1 - \sin^2\theta_k}$$

$$= (n_1 / n_0) \sqrt{1 - \left(\frac{n_2}{n_1} \sin\theta_r\right)^2} = \frac{1}{n_0} \sqrt{n_1^2 - n_2^2 \sin^2\theta_r}$$

$$= \sqrt{n_1^2 - n_2^2} \sin\theta_r，（空气空气折射率 n_0 \approx 1） \tag{8-12}$$

当 $\theta_r = \pi / 2$ 临界状态时，$\theta_i = \theta_c$，折射光线 CK 变为 CG，式（8-12）变为

$$\sin\theta_c = \sqrt{n_1^2 - n_2^2} = \text{NA} \tag{8-13}$$

纤维光学中把 $\sin\theta_c$ 定义为"数值孔径"NA（Numerical Aperture）。由于 n_1 与 n_2 相差较小，

即 $n_1 + n_2 \approx 2n_1$，则式（8-13）又变为

$$NA = \sin\theta_c \approx n_1\sqrt{2\Delta} \qquad\qquad （8-14）$$

式中，$\Delta = (n_1 - n_2)/n_1$，称为相对折射率差。由此可得：

- $\theta_r = 90°$ 时，$\sin\theta_i = \sin\theta_c = NA$，$\theta_c = \arcsin NA$；
- $\theta_r > 90°$ 时，光线发生全反射，$\theta_i < \theta_c = \arcsin NA$；
- $\theta_r < 90°$ 时，式（8-12）成立，可以看出 $\sin\theta_i > \sin\theta_c = NA$，$\theta_i > \arcsin NA$，光线散失。

θ_c 是入射光线在纤芯中全反射传输的临界角，只要入射角小于 θ_c，全反射条件成立。NA 越大，θ_c 也越大，满足全反射条件的入射光的范围也越大。因此，NA 是光纤的一个重要参数。

传感器所用光纤一般要求：$0.2 \leqslant NA \leqslant 0.4$（$11.5° \leqslant \theta_c \leqslant 23.6°$）；传输损耗 < 10 dB/km。

光纤中能传输的光波是其横向分量在光纤中形成驻波的光线组，这样一些光线组称为"模"。通信技术上常用的光纤模式：

- 单模（基模）光纤：$\phi 5 \sim 10\ \mu m$ 纤芯，只能传输一个模式（基模）的光波；
- 多模光纤：$\phi 50 \sim 150\ \mu m$ 纤芯，传输多种模式的光波。

二、光纤传感器的结构和类型

光纤传感器一般由光源、敏感元件、光纤、光敏元件（光电接收）和信号处理系统组成。

（一）按工作原理分类

1. 功能型光纤传感器

利用光纤本身的某种特性或功能制成的传感器，如图 8-54（a）所示。功能型光纤传感器只能用单模光纤。

2. 传光型光纤传感器

光纤仅仅起传输光波的作用，必须在光纤端面加装其他敏感元件，才能构成传感器，如图 8-54（b）所示。传光型光纤传感器主要采用多模光纤。

（二）按对光波的调制方式分类：

1. 强度调制型光纤传感器

利用被测对象的变化引起敏感元件的折射率、吸收或反射等参数的变化，而导致光强度变化来实现敏感测量的传感器。

2. 相位调制型光纤传感器

利用被测对象对敏感元件的作用，使敏感元件的折射率或传播常数发生变化，而导致光的相位变化，然后用干涉仪来检测这种相位变化而得到被测对象的信息。

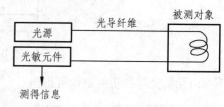

（a）功能型

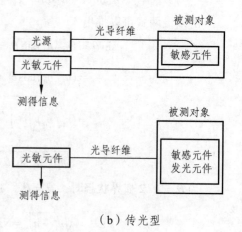

（b）传光型

图 8-54 光纤传感器类型

3. 频率调制型光纤传感器

利用被测对象引起光频率的变化来进行检测的传感器。

4. 偏振调制型光纤传感器

利用光的偏振状态的变化来传递被测对象信息的传感器。

三、光纤传感器的应用

光纤传感器应用广泛，能用于温度、压力、位移、速度、加速度、电压、电流、流速、液位等物理量的测量，表8-2为部分光纤传感器的型号与用途。

表8-2　部分光纤传感器的型号与用途

名称/型号	性 能 指 标	应 用
FM型微型光纤传感器	设计距离：10～30 mm　　光纤材料：塑料 工作光源：LED　　　　感光元件：光电晶体管 光纤长度：30～100 mm　连接方式：软线 2 m	用于分离性放大器，可与其他用途的控制器使用
FE7B-F小型光纤式光电开关传感器	工作方式：透光型、直接反光型 设计距离：10 mm，30 mm 最大开闭次数：200 Hz　　工作电源：DC1028V 最大输出电流：100 mA	产品计数、物体检测、料位检测、尺寸控制等
GGO102 光纤型 60 kV 高压模拟传输光耦合器	耐高压、电气隔离、抗干扰性好	高压自动控制设备的模拟传输控制
E32型光纤传感器	形式：分离（通过光束）、扩散反射 传感器距离：1.2 m、1.5 m、3.5 m、5 m、10 m、12 m	电子零件插脚、二极管颜色标记、水位、气密等检测

（一）光纤位移传感器

1. 光纤开关与定位装置

利用光纤中光强度的跳变（开关）来测出各种移动物体的极端位置，输出信号是跳变信号。

（1）简单光纤开关、定位装置，如图 8-55 所示。

图 8-55（a）：光纤计数；测位移（工件间隔均匀、已知）。

图 8-55（b）：测角位移；测转速。

图 8-55（c）：工件加工定位装置。

图 8-55（d）：光纤液位检测、控制装置。

（2）移动球镜式光纤开关传感器，如图 8-56 所示。

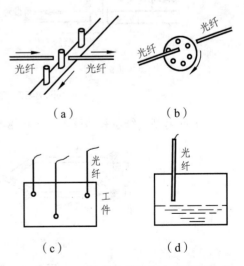

（a）　　　　　　（b）

（c）　　　　　　（d）

图 8-55　简单光纤开关定位装置

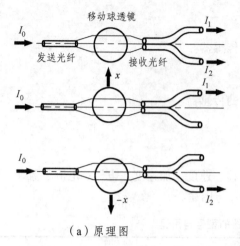
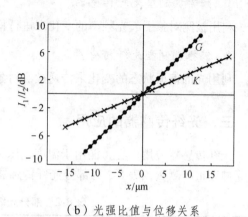

（a）原理图　　　　　　　　　　　　（b）光强比值与位移关系

图 8-56　移动球透镜位移传感器

发送光纤将光强为 I_0 的光束照射到球透镜上，球透镜把光束聚焦在两个接收光纤的端面上，当球透镜处于平衡位置时，两接收光纤得到的光强 $I_1 = I_2$。如果球透镜在垂直于光路的方向上产生微小位移，则 $I_1 \neq I_2$。光强比值 I_1/I_2 的对数与球透镜位移量 x 呈线性关系。

2. 传光型光纤位移传感器

由两段光纤构成，当它们之间产生相对位移时，通过它们的光强发生变化，从而达到测量位移的目的。

（1）直射型光纤位移传感器，如图 8-57 所示。

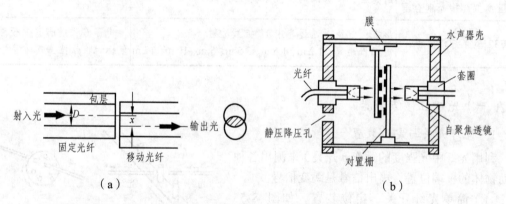

（a）　　　　　　　　　　　　　　　　（b）

图 8-57　直射型光纤位移传感器

（2）反射型光纤位移传感器，如图 8-58 所示。

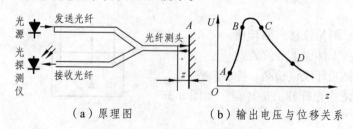

（a）原理图　　　　　（b）输出电压与位移关系

图 8-58　反射型光纤位移传感器

（3）其他光纤位移传感器，如图 8-59 所示。

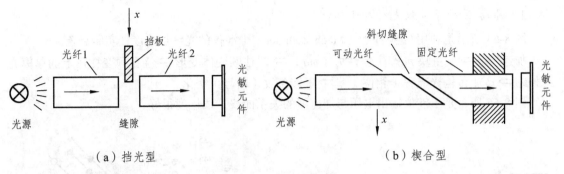

（a）挡光型　　　　　　　　　　　　（b）楔合型

图 8-59　光纤位移传感器

3. 受抑全内反射光纤位移（液面）传感器

基于全内反射被破坏，而导致光纤传输特性改变的原理，可以制成位移传感器来测位移、压力、温度、液位等。

（1）受抑全内反射光纤位移传感器，如图 8-60 所示，直接耦合。

（2）棱镜式全内反射光纤位移传感器，如图 8-61 所示，棱镜耦合。

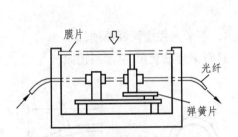

图 8-60　受抑全内反射位移传感器

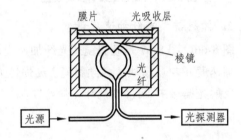

图 8-61　棱镜式全内反射光纤位移传感器

（3）全内反射光纤液面探测器，如图 8-62 所示，空气耦合。

（4）光纤液体分界面探测器，如图 8-63 所示，液体耦合。

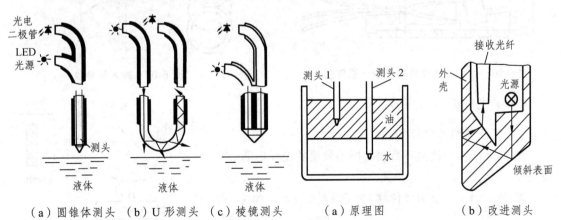

（a）圆锥体测头　（b）U 形测头　（c）棱镜测头　　　　（a）原理图　　　　（b）改进测头

图 8-62　光纤液面探测器　　　　　　　图 8-63　光纤液体分界面探测器

（二）光纤加速度传感器

1. 马赫-泽德干涉仪光纤加速度计

图 8-64 所示是利用马赫-泽德（Mach-Zehnder）干涉仪的光纤加速度计实验装置。

加速度 a ⇒ 质量块 m 产生惯性力（ma）⇒ 圆柱顺变体变形 ⇒ 绕在顺变柱体上的单模光纤伸缩 ⇒ 产生传输光光程（相位）差 ⇒ 干涉条纹（信号）变化。

图 8-65 所示是干涉仪输出电压与加速度的关系曲线，线性度很好。

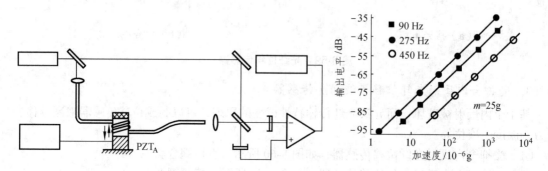

图 8-64　光纤加速度计实验装置

图 8-65　光纤加速度干涉仪输出电压与加速度的关系

2. 倾斜镜式光纤加速度计

图 8-66、图 8-67 是倾斜镜式光纤加速度计原理图，基于光强度调制原理：

加速度 a ⇒ 质量块（含倾斜镜）m 惯性力 ma ⇒ 悬臂梁弯曲变形 ⇒ 倾斜镜倾斜反射光偏移 ⇒ 两接收光纤光强差异。

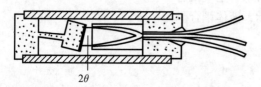

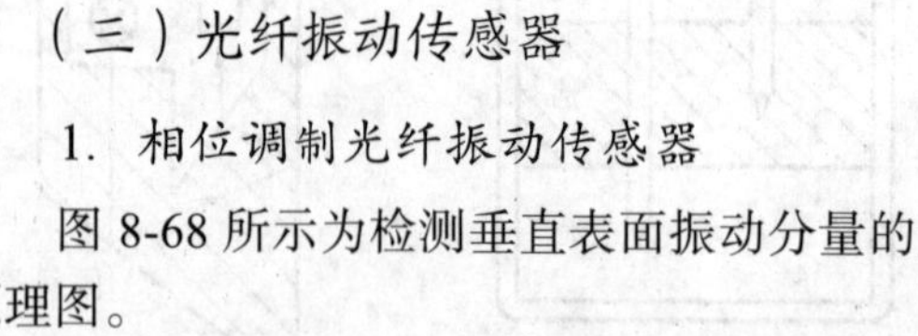

图 8-66　倾斜镜式光纤加速度计原理图

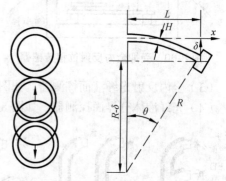

图 8-67　输入与接收

（三）光纤振动传感器

1. 相位调制光纤振动传感器

图 8-68 所示为检测垂直表面振动分量的光纤振动传感器原理图。

振动体振动 ⇒ 反射体位移 ⇒ 反射光束光程（相位）改变 ⇒ 信号光束与参考光束间相位差 $\Delta\varphi = \dfrac{4\pi}{\lambda} U_\perp \cos\omega t$ ⇒ 干涉。

可测振动体垂直分量振幅和面内振动振幅，线性度好。

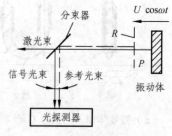

图 8-68　垂直表面振动分量光纤振动传感器原理图

垂直分量振幅，$10^{-6}\,\mu\text{m}$；表面内振动振幅，$0.5\times10^{-7}\,\mu\text{m}$；

可测频率范围：$1\,\text{kHz}\sim 30\,\text{MHz}$。

2. 光弹效应光纤振动传感器

透明的各向同性介质在机械应力作用下，显示出光学上的各向异性而产生双折射现象称为光弹性效应。

应力 $\Rightarrow$ 双折射现象 $\Rightarrow$ 线偏振光 $\Rightarrow$ o 光，e 光（相互正交）$\Rightarrow n_e - n_o = kp$（见图 8-69）。式中，$p$ 为应力，$p = F/S$，S 为正受力 F 处的面积；n_e、n_o 分别为 e 光、o 光的折射率；k 为非晶体 E 应变光学系数。

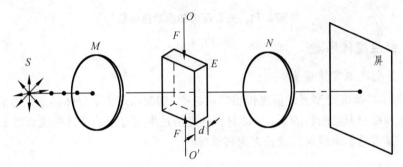

图 8-69　观察应力双折射现象

图 8-70 就是利用光弹效应制成的光纤振动传感器原理示意图。质量块受振动作用产生惯性力作用在光弹元件 4 上，使其成为以振荡方向为光轴的双折射晶体。起偏器 3 和检偏器 7 的偏振化方向均与振荡方向成 45° 角。光源 1 发出的光经光纤投射到起偏器 3 变为线偏振光，通过光弹元件 4 后变成振幅相等、具有一定相位差 φ 的 e 光、o 光，再经检偏器 7 的作用而产生干涉现象，由光电探测器 2 检测干涉光强的变化，从而达到测压力或振动的目的。

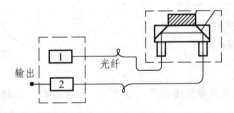

图 8-70　光纤振动传感器结构示意图

压力和振动使光纤变形，从而改变光在光纤中的传播特性，图 8-71 是元件型光纤压力和振动传感器的原理示意图。图 8-71（a）是将光纤夹在波浪形受压板之间的压力传感器，加压板使光纤生成许多细小的弯曲形变，这种传感器对低频压力变化特别灵敏，可检测最小 $100\,\mu\text{Pa}$ 的压力。图 8-71（b）是将光纤完成 U 形的振动传感器，在 U 形前端加振幅为 $50\,\mu\text{m}$ 的振动时，可观测到收到百分之几振幅调制的输出光。光纤压力和振动传感器发展的主要障碍是温度性能差，目前正致力于开发稳定而方便的光纤传感器。

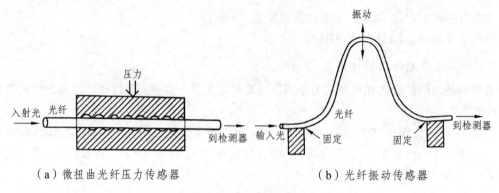

（a）微扭曲光纤压力传感器　　　　　　　　（b）光纤振动传感器

图 8-71　光纤压力和振动传感器

（四）光纤温度传感器

1. 传光型光纤温度传感器

图 8-72 为半导体吸光型光纤温度传感器示意图，测温原理为半导体感温元件的吸光性与温度有关从而达到检测温度的目的。半导体材料的光透过率与温度的特性曲线如图 8-73 所示，当温度升高时，其透过率曲线向长波长方向移动。

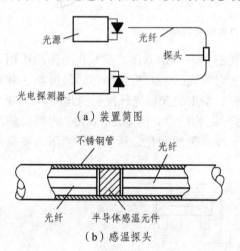

（a）装置简图

（b）感温探头

图 8-72　半导体吸光型光纤温度传感器

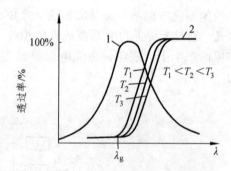

图 8-73　半导体的光透过率特性曲线

1—光源光谱分布；2—透过率曲线

2. 相位调制型光纤温度传感器

测量臂光纤受到温度场的作用时，传输光产生相应的相位变化，与参考臂光纤传输的光之间产生一定的相位差 $\Delta\varphi$，从而引起干涉条纹的移动。光探测器接收干涉移动的变化信息反映被测温度的变化，如图 8-74 所示。

（五）光纤流速、流量传感器

1. 激光多普勒（Doppler）测速传感器

图 8-75 是光纤激光多普勒测速传感器示意图，把光纤探头以与管中心线夹角 θ 的方向插入管道中，由光纤梢端发出的激光被运动流体中微粒散射，产生多普勒频移的散射光信号，再由

158

同一光纤耦合回传，并与原信号光重叠产生差拍。

多普勒频移 $\qquad \Delta f = \dfrac{2nv\cos\theta}{\lambda}$ （8-15）

式中，n 为运动微粒折射率；v 为微粒运动速度；λ 为激光波长；θ 如前所述。

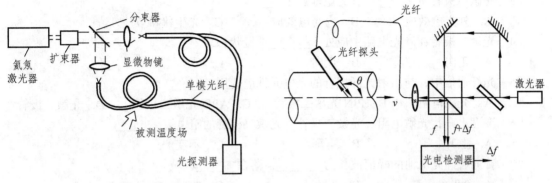

图 8-74　光纤温度传感器　　　　图 8-75　光纤激光测速系统原理图

2. 光纤旋涡流量计

涡街现象：流体通过障碍物，在障碍物后会形成两列旋涡，呈交替平行状，犹如"街灯"，故称"涡街"，或"卡曼（Kamrman）涡街"，如图 8-76 所示。障碍物在涡街作用下，产生横向振动，其振动频率为

$$f = S_t v / d$$ （8-16）

式中，v 为流体流速；d 为光纤（障碍物）直径；S_t 为斯特劳哈尔常数。

可见 f 与 v 呈正比。测得流速 v 后便可测流体的流量 $Q = Sv$（S 为流管截面面积），图 8-77 为光纤旋涡流量计结构示意图。

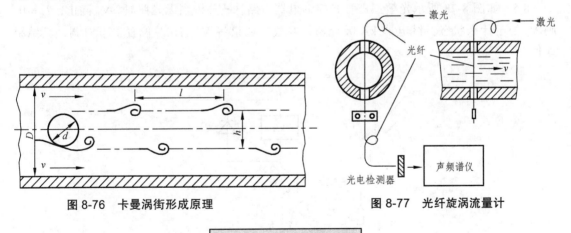

图 8-76　卡曼涡街形成原理　　　　图 8-77　光纤旋涡流量计

课后思考与练习

8-1　单项选择题

（1）晒太阳取暖利用了＿＿＿＿；人造卫星的光电池板利用了＿＿＿＿；植物的生长利用

了_____。

　　　　A．光电效应　　　　　B．光化学效应　　　　C．光热效应　　　　D．感光效应

（2）蓝光的波长比红光_____，相同光通量的蓝光能量比红光_____。

　　　　A．长　　　　　　　B．短　　　　　　　C．大　　　　　　　D．小

（3）光敏二极管属于_____，光电池属于_____。

　　　　A．外光电效应　　　　B．内光电效应　　　　C．光生伏特效应

（4）光敏二极管在测光电路中应处于_____偏置状态．

　　　　A．正向　　　　　　　B．反向　　　　　　　C．零

（5）光纤通信中，与出射光纤耦合的光电元件应选用_____。

　　　　A．光敏电阻　　　B．PIN 光敏二极管　　C．APD 光敏二极管　　D．光敏三极管

（6）温度上升，光敏电阻、光敏二极管、光敏三极管的暗电流_____。

　　　　A．上升　　　　　　　B．下降　　　　　　　C．不变

（7）普通型硅光电池的峰值波长为_____，落在_____区域。

　　　　A．0.8 m　　　　　B．8 mm　　　　　C．0.8 μm　　　　D．0.8 nm

　　　　E．可见光　　　　　　F．近红外光　　　　　G．紫外光　　　H.远红外光

（8）欲精密测量光的照度，光电池应配接_____。

　　　　A．电压放大器　　　B．A/D 转换器　　　C．电荷放大器　　　D．I/U 转换器

（9）欲利用光电池为手机充电，需将数片光电池_____起来，以提高输出电压，再将几组光电池_____起来，以提高输出电流。

　　　　A．并联　　　　　　B．串联　　　　　　C．短路　　　　　　D．开路

8-2　光电效应分为哪 3 类？对应的光电元件有哪些？

8-3　光电传感器可以应用在哪些场合？请举例简述。

8-4　光敏二极管在电路中应该采用什么接法？画出电路图并说明原因。

8-5　如图 8-78 所示光敏三极管光控继电器电路，试分析当无光照时，V_1 截止，$I_\phi = 0$，则 V_2 处于什么状态？继电器 kA 吸合还是释放？如果将 V_1 与 R_{b2} 位置上下对调，其结果如何？

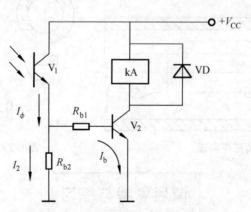

图 8-78　光敏三极管光控继电器电路

8-6　请根据光电式浊度计工作原理图分析（见图 8-79）浊度计的测量原理。

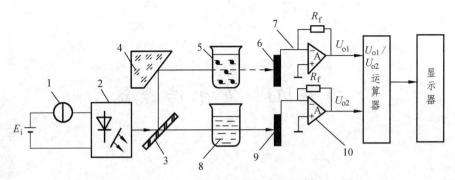

图 8-79　光电式浊度计工作原理图

1—恒流源；2—半导体激光器；3—半反半透镜；4—反射镜；5—被测水样；
6、9—光电池；7、10—电流/电压转换器；8—标准水样

8-7　保存贵重物品的场所都需要安装多种不同类型的防盗报警器,例如 PVDF 压电薄膜玻璃破碎感应器、超声波、光电传感器、热释电元件等。现在希望在窗户、门口、保险箱前面、上下左右安装多种传感器、多道防线,组成"与"逻辑的"天罗地网",以达到多重防护、报警的目的。请你根据所学的知识写出设计思路,画出相应的图纸,包括立体图和平面图。

8-8　冲床工作时,工人稍不留神就有可能被冲掉手指,请选用两种以上的传感器同时探测工人的手是否处于危险区域。只要有一个传感器输出有效,则不让冲头动作或使正在动作的冲头惯性轮刹车。请谈谈你的设计思路及方案,写出工程设计说明书。

8-9　简述光纤传感器的优点。光纤传感器有哪些类型?举例说明。

8-10　光纤的工作原理是什么?光纤是如何分类的?

模块九　霍尔传感器

　　1879 年，美国物理学家霍尔首先在金属材料中发现了霍尔效应，他在长方形导体薄片上通以电流，再沿电流的垂直方向加上磁场，发现在导体两侧与电流和磁场均垂直的方向上产生了与磁场强度成正比的电动势，这个现象后来被人们称为霍尔效应。但由于金属材料的霍尔效应太弱而没有得到应用。1948 年以后，由于半导体技术迅速发展，人们找到了霍尔效应较明显的半导体材料，并制成了砷化镓、锑化铟、硅、锗等材料的霍尔元件。霍尔传感器大家或许比较陌生，它是一种基于霍尔效应的磁传感器，用它可以检测磁场及其变化，可在各种与磁场有关的场合中使用。比如霍尔特斯拉计用于磁场测量、霍尔电流传感器可以非接触式地测电流、霍尔转速传感器可用在汽车的 ABS 系统中、电动车上的霍尔式无刷电机、霍尔接近开关……霍尔元件具有许多优点，它们的结构牢固，体积小，质量轻，寿命长，安装方便，功耗小，频率高，耐震动，不怕灰尘、油污、水汽及烟雾等的污染或腐蚀。我国从 20 世纪 70 年代开始研究霍尔器件，经过几十年的研究和开发，目前已经能生产各种性能的霍尔元件。

单元一　霍尔元件的工作原理及特性

　　霍尔传感器是基于霍尔效应的一种传感器。将小型蜂鸣器的负极接到霍尔接近开关的 OC 门输出端，正极接 Vcc 端。在没有磁铁靠近时，OC 门截止，蜂鸣器不响。当磁铁靠近到一定距离（例如 3 mm）时，OC 门导通，蜂鸣器响；将磁铁逐渐远离霍尔接近开关到一定距离（例如 5 mm）时，OC 门再次截止，蜂鸣器停响，这种现象就是由霍尔效应引起的。

一、霍尔元件的工作原理

（一）工作原理

　　金属或半导体薄片置于磁感应强度为 B 的磁场中，磁场方向垂直于薄片，当有电流 I 流过薄片时，在垂直于电流和磁场的方向上将产生电动势 E_H，这种现象称为霍尔效应，如图 9-1 所示。

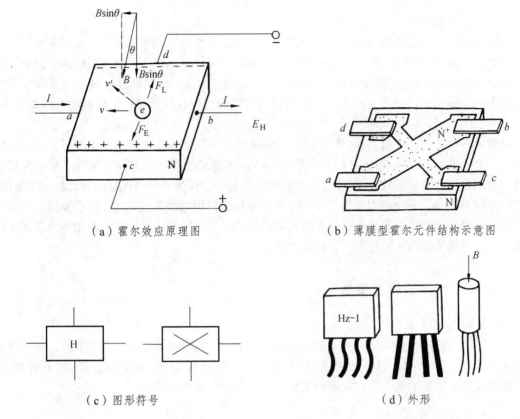

（a）霍尔效应原理图　　　　　　　（b）薄膜型霍尔元件结构示意图

（c）图形符号　　　　　　　　　（d）外形

图 9-1　霍尔元件

假设薄片为 N 型半导体，在其左右两端通以电流 I，半导体中的电子将沿着与电流 I 相反的方向运动。由于外磁场 B 的作用，使电子受到洛伦兹力 F_L 作用而发生偏转，结果在半导体的后端面上电子有所积累。而前端面缺少电子，因此后端面带负电，前端面带正电，在前后端面间形成电场。该电场产生的电场力 F_E 阻止电子继续偏转。当 F_E 和 F_L 相等时，电子积累达到动态平衡。这时，在半导体前后两端面之间（即垂直于电流和磁场方向）建立电场，称为霍尔电场 E_H，相应的电动势就是霍尔电动势 E_H。

由实验可知，流入激励电流端的电流 I 越大、作用在薄片上的磁场强度 B 越强，霍尔电动势也就越高。霍尔电动势 E_H 可用下式表示：

$$E_H = K_H I B \tag{9-1}$$

式中，K_H 为霍尔系数，也称为霍尔元件的灵敏度。

若磁感应强度 B 不垂直于霍尔元件，而是与其法线成某一角度 θ 时，实际上作用于霍尔元件上的有效磁感应强度是其法线方向（与薄片垂直的方向）的分量，即 $B\cos\theta$，则霍尔电动势可以表示为

$$E_H = K_H I B \cos\theta \tag{9-2}$$

从式（9-2）可知，霍尔电动势与输入电流 I、磁感应强度 B 成正比，且当 B 的方向改变时，霍尔电动势的方向也随之改变。如果所施加的磁场为交变磁场，则霍尔电动势为同频率的交变电动势。

（二）霍尔元件材料

利用霍尔效应制成的传感元件称为霍尔元件。霍尔元件的结构很简单，它由霍尔片、引线和壳体组成，如图 9-1（b）所示。霍尔片是一块矩形半导体单晶薄片，有 4 根引线，因此，霍尔元件是四端元件。a、b 端称为激励电流端，c、d 端称为霍尔电动势输出端，c、d 端应处于侧面的中点。霍尔元件壳体由陶瓷、环氧树脂等封装而成，霍尔元件在电路中的符号如图 9-1（c）所示。

目前常用的霍尔元件材料是 N 型硅，它的灵敏度、温度特性、线性度均较好，而锑化铟（InSb）、砷化铟（InAs）、锗（Ge）、砷化镓（GaAs）等也是常用的霍尔元件材料。其中 N 型锗容易加工制造，其霍尔系数、温度性能和线性度都较好。N 型硅的线性度最好，其霍尔系数、温度性能同 N 型锗。锑化铟对温度最敏感，尤其在低温范围内温度系数大，但在室温时其霍尔系数较大。砷化铟的霍尔系数较小，温度系数也较小，输出特性线性度好。霍尔传感器属于比较典型的半导体传感器，通常用于非接触式测量。

二、霍尔元件的特性参数

（一）输入电阻 R_i

霍尔元件两激励电流端的直流电阻称为输入电阻。它的数值从几十欧到几百欧，视不同型号的元件而定。温度升高，输入电阻变小，从而使输入电流 I_{ab} 变大，最终引起霍尔电动势变大。为了减小这种温漂的影响，最好采用恒流源作为霍尔元件的激励源。

（二）输出电阻 R_o

两个霍尔电动势输出端之间的电阻称为输出电阻。它的数值与输入电阻属同一数量级，它也随温度改变而改变。选择适当的负载电阻 R_L 与之匹配，可以使由温度引起的霍尔电动势的飘移减至最小。

（三）额定激励电流 I_m

由于霍尔电动势随激励电流增大而增大，故在应用中总希望选用较大的激励电流。但激励电流增大，霍尔元件的功耗增大，元件的温度升高，从而引起霍尔电动势的温漂增大，因此每种型号的元件均规定了相应的最大激励电流，它的数值从几毫安至十几毫安。一般的 GaAs 霍尔元件对激励电流有限制，不大于 10 mA，典型为 1 mA。

（四）灵敏度 $K_H = E_H/(IB)$

霍尔元件的灵敏度约为 10 mV /(mA·T)

（五）最大磁感应强度 B_m

磁感应强度超过 B_m 时，霍尔电动势的非线性误差将明显增大，B_m 的数值一般小于零点几特斯拉。

（六）不等位电动势 U_0

在额定激励电流 I 下，不加磁场时，霍尔元件输出端之间的开路电压称为不等位电动势，它是由于 4 个电极焊接不对称、元件厚薄不均匀等引起的，使用时多采用电桥法来补偿不等位电动势引起的误差。

（七）霍尔电动势温度系数

在一定磁场强度和激励电流的作用下，温度每变化 1 ℃ 时，霍尔电动势变化的百分数称为霍尔电动势温度系数，它与霍尔元件的材料有关，一般约为 0.1%/℃。在要求较高的场合，应选择低温漂的霍尔元件。

单元二　霍尔集成电路

随着微电子技术的发展，目前霍尔器件多已集成化。霍尔集成电路（又称霍尔 IC）有许多优点，如体积小、灵敏度高、输出幅度大、温漂小、对电源稳定性要求低等。

霍尔集成电路可分为线性型和开关型两大类。

一、线性型霍尔集成电路

线性型霍尔集成电路是将霍尔元件和恒流源、精密线性差动放大器等做在一个芯片上，输出电压较高，为伏特级，使用非常方便，目前得到了广泛的应用。较典型的线性霍尔器件如 UGN3501系列等。UGN3501 的外形尺寸、内部电路框图及输出特性如图 9-2 所示。图 9-3 表示具有双端差动输出特性的线性霍尔器件的输出特性曲线。当磁场为零时，它的输出电压等于零；当感受的磁场为正向时，输出为正；磁场反向时，输出为负，线性型霍尔集成电路常用于相关参数测量。

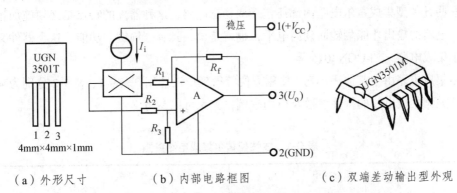

（a）外形尺寸　　　　（b）内部电路框图　　　（c）双端差动输出型外观

图 9-2　线性型霍尔集成电路外观及电路原理

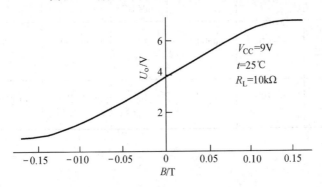

图 9-3　线性型霍尔集成电路输出特性

二、开关型霍尔集成电路

开关型霍尔集成电路是将霍尔元件、稳压电路、放大器、施密特触发器（具有回差特性）、OC门（集电极开路输出门）等电路做在同一个芯片上。当外加磁场强度超过规定的工作点时，OC门由高阻态变为导通状态，输出变为低电平；当外加磁场强度低于释放点时，OC门重新变为高阻态，输出高电平。这类器件中较典型的有 UGN3020、3022 系列等。UGN3020 的外形尺寸、内部电路框图及输出特性如图 9-4 所示。

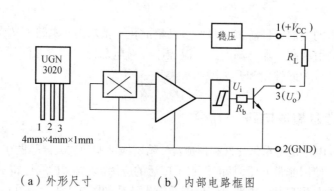

（a）外形尺寸　　　　（b）内部电路框图

图 9-4　开关型霍尔集成电路

有一些开关型集成霍尔电路内部还包括双稳态电路，这种器件的特点是必须施加相反极性的磁场，电路的输出才能翻转回到高电平，也就是说，具有"锁键"功能。这类器件又称为锁键型霍尔集成电路，如 UGN3075 等。

霍尔集成电路由于其体积小巧、使用方便等得到广泛应用，表 9-1、表 9-2 分别为某企业线性型及开关型集成电路的特性参数及应用举例，大家可以参考学习。

表 9-1　线性型霍尔集成电路参数

型号	工作电压 VVD/V	磁场范围 GS	输出电压 VOT/V	灵敏度 S mV/GS	工作温度 TA/℃	分装形式	典型应用
HAL95A	4.5-10.5	+/-670	0.5-4.5	3.125	-40-150	T0-92S	角度探测 如汽车油门
HAL49E	3.0-6.5	+/-100	0.8-4.25	1.4	-40-100	T0-92S	角度测量如 电动车转把

表 9-2　开关霍尔集成电路参数

型号	工作电压 VVD/V	工作电流 IDD/mA	工作点 (GS)	释放点 (GS)	工作温度 TA/℃	封装形式	典型应用
HAL13S	2.4-5.5	0.009	55	25	-40-85	S0T-23	低功耗数码产品 如：手机
HAL148	2.4-5.5	0.005	45	32	-40-125	T0-92S	低功耗数码产品 如：电筒

单元三　霍尔传感器的应用

霍尔电动势是关于 I、B、θ 3 个变量的函数，即 $E_H = K_H I B \cos\theta$，使其中两个量不变，将第三个量作为变量，或者固定其中一个量、其余两个量都作为变量。3 个变量的多种组合使得霍尔传感器具有非常广泛的应用，归纳起来主要有 3 个方面。

（1）维持 I、θ 不变，则 $E_H = f(B)$，霍尔传感器的输出与磁场强度成正比，可反映位置、角度的变化。这方面的应用有：测量磁场强度的高斯计、测量转速的霍尔转速表、磁性产品计数器、霍尔角编码器等。

（2）维持 I、B 不变，则 $E_H = f(\theta)$，霍尔传感器的输出与磁场与霍尔元件法线的夹角 θ 的余弦值成正比，合理设置霍尔元件与磁场的位置关系，可进行角位移测量。

（3）维持 θ 不变，则 $E_H = f(IB)$，传感器的输出 E_H 与 I、B 的乘积成正比。这方面的应用有模拟乘法器、霍尔功率计等。

下面介绍几种霍尔传感器的应用实例。

一、用于磁场强度测量的霍尔特斯拉计

根据霍尔效应原理制成的特斯拉计（高斯计）在测量磁场中有着广泛的应用，如图 9-5 所示。该仪器是由作为传感器的霍尔探头及仪表整机两部分组成，其中探头内霍尔元件的尺寸、性能与封装结构对磁场测量的准确度起着关键的作用。霍尔探头在磁场中因霍尔效应而产生霍尔电压，测出霍尔电压后根据霍尔电压公式和已知的霍尔系数可确定磁感应强度的大小。霍尔特斯拉计的读数以高斯或特斯拉为单位，高斯是常见非法定计量单位，特斯拉是法定计量单位。

图 9-5　霍尔特斯拉计

二、霍尔角位移测量仪

霍尔角位移测量仪结构示意图如图 9-6 所示，霍尔元件与被测物连动，而霍尔元件又在一个恒定的磁场中转动，于是霍尔电动势 E_H 就反映了转角 θ 的变化。不过，这个变化是线性的（E_H 正比于 $\cos\theta$），若要求 E_H 与 θ 呈线性关系，必须采用特定形状的磁极。霍尔元件可用于角度探测，比如线性型霍尔元件用在电动车转把上进行调速控制，用在汽车的油门踏板上用于油门控制。

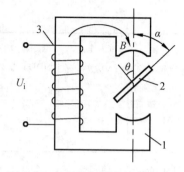

图 9-6　角位移测量仪结构示意图

1—极靴；2—霍尔器件；3—励磁线圈

三、霍尔转速表

图 9-7 所示是几种不同的霍尔式转速传感器示意图。在被测转速的转轴上安装一个转盘，当被测转轴转动时，转盘随之转动，固定在转盘附近的霍尔传感器便可在每一个小磁铁通过时产生一个相应的脉冲，检测出单位时间的脉冲数，便可知被测转速。和电涡流传感器测量转速的原理类似，测量转换电路测定的霍尔传感器输出信号周期性的变化，根据信号频率及旋转体上小磁铁数目多少就可确定旋转体的转速。

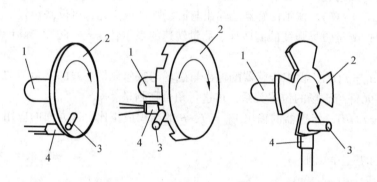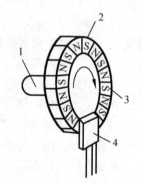

图 9-7　几种霍尔式转速传感器的结构

1—输入轴；2—转盘；3—小磁铁；4—霍尔传感器

霍尔转速传感器用在汽车防抱死装置（简称 ABS）中，汽车的霍尔轮速传感器由传感头和齿圈组成，传感头由永磁体、霍尔元件和电子电路等组成（见图 9-8）。霍尔轮速传感器具有如下特点：

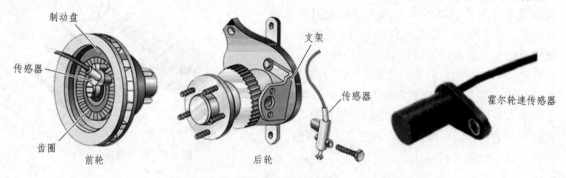

图 9-8　霍尔轮速传感器用于汽车 ABS 系统

168

（1）输出信号电压振幅值不受转速的影响。

（2）频率响应高。

（3）抗电磁波干扰能力强。

四、霍尔式微压力传感器

霍尔式微压力传感器工作原理如图 9-9 所示。当被测压力为零时，霍尔元件的上半部分感受的磁力线方向为从左至右，而下半部分感受的磁力线方向为从右至左，它们的方向相反，而大小相等，相互抵消，霍尔电动势为零。当被测压力 p 从进气口进入弹性波纹膜盒时，膜盒膨胀，带动杠杆（起位移放大作用）的末端向上移动，从而使霍尔器件在此路系统中感受到的磁场方向以从左至右为主，产生的霍尔电动势为正值。如果被测压力为负压，杠杆端部下移，霍尔电动势为负值。由于波纹膜盒的灵敏度很高，又有杠杆的位移放大作用，所以可用于测量微小压力的变化。

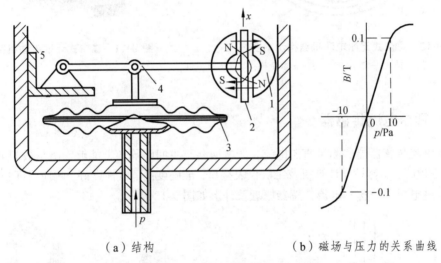

（a）结构 （b）磁场与压力的关系曲线

图 9-9 霍尔式微压力传感器原理示意图

1—磁铁；2—霍尔器件；3—波纹膜盒；4—杠杆；5—外壳

五、霍尔无刷电动机

传统的直流电动机使用换向器来改变转子（或定子）电枢电流的方向，以维持电动机的持续运转。霍尔式无刷电动机取消了换向器和电刷，而采用霍尔元件来检测转子和定子之间的相对位置，其输出信号经放大、整形后触发电子线路，从而控制电枢电流的换向，维持电动机的正常运转。图 9-10 为霍尔无刷电动机结构示意图，无刷直流电动机的外转子采用高性能钕铁硼稀土永磁材料，3 个霍尔位置传感器产生 6 个状态编码信号，控制逆变桥各功率管通断，使三相内定子线圈与外转子之间产生连续转矩。

由于无刷电动机具有效率高、不产生电火花及电刷磨损、可靠性强等优点，所以在电动车、家用电器等电器中得到越来越广泛的应用，霍尔式无刷电动机如图 9-11 所示。

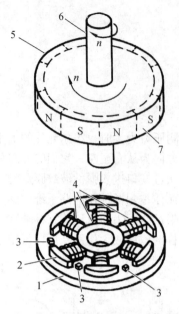

图 9-10　霍尔式无刷电动机结构示意图

1—定子底座；2—定子铁心；3—霍尔元件；
4—绕组；5—外转子；6—转轴；7—磁极

图 9-11　霍尔式无刷电动机实物

六、霍尔电流传感器

霍尔电流传感器能够测量直流电流，弱电回路与主回路隔离，能够输出与被测电流波形相同的"跟随电压"，容易与计算机及二次仪表接口，准确度高、线性度好、响应时间快、频带宽，不会产生过电压等。霍尔电流传感器原理及外形如图 9-12 所示。

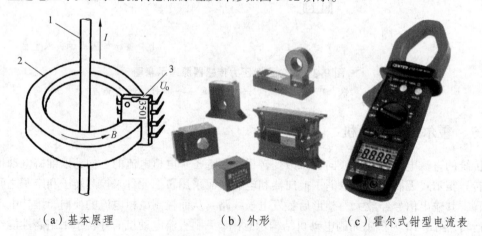

（a）基本原理　　　　　　　（b）外形　　　　　　　（c）霍尔式钳型电流表

图 9-12　霍尔电流传感器原理及外形

1—被测电流母线；2—铁心；3—线性霍尔 IC

（一）工作原理

用一环形（有时也可以是方形）导磁材料做成铁心，套在被测电流流过的导线（也称电流母线）上，将导线中电流感生的磁场聚集在铁心中。在铁心上开一与霍尔传感器厚度相等的气隙，将霍尔线性 IC 紧紧地夹在气隙中央。电流母线通电后，磁力线就集中通过铁心中的霍尔 IC，霍尔 IC 就输出与被测电流成正比的输出电压或电流。霍尔电流传感器原理及外形如图 9-15 所示。

（二）技术指标及换算

霍尔电流传感器可以测量高达 2 000 A 的电流；电流的波形可以是高达 100 kHz 的正弦波和电工技术较难测量的高频窄脉冲；它的低频端可以一直延伸到直流电；响应时间小于 1 μs，电流上升率（d_1/d_t）大于 200 A/μs。被测电流称为一次测电流 I_P，将霍尔电流传感器的输出电流称为"二次测电流"I_S（霍尔传感器中并不存在二次测）。

例如，当用额定值为 200 A 的传感器去测量 10 A 的电流时，为提高准确度，可将"一次测"导线在传感器的铁心内孔中心绕 10 圈，即 $N_P = 10$，则 $N_P \times 10 A = 100 A$，达到传感器额定值的一半，从而提高了准确度。但当被测导线在铁心之间穿绕的匝数太多时，被测回路的感抗将增大许多，有可能人为地减小被测回路的电流，因此这种方法不予提倡。

七、霍尔式接近开关

当磁性物件移近霍尔接近开关时，开关检测面上的霍尔元件因产生霍尔效应而使开关内部电路状态发生变化，由此识别附近有磁性物体存在，进而控制开关的通或断，这种接近开关的检测对象必须是磁性物体。霍尔接近开关应用示意图如图 9-13 所示，霍尔接近开关需要建立一个较强的闭合磁场。

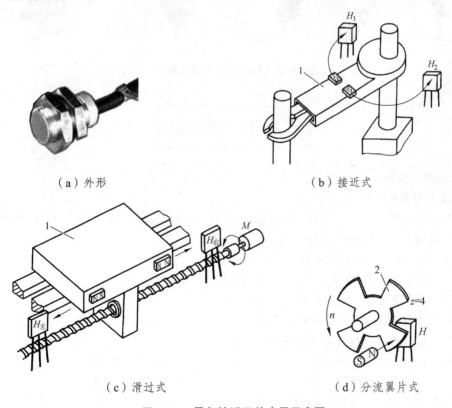

（a）外形　　　　　　　　　　　　　（b）接近式

（c）滑过式　　　　　　　　　　（d）分流翼片式

图 9-13　霍尔接近开关应用示意图

1—运动部件；2—软铁分流翼片

171

在图 9-16（b）中，磁极的轴线与霍尔接近开关的轴线在同一直线上。当磁铁随运动部件移动到距离霍尔接近开关几毫米时，霍尔接近开关的输出由高电平变为低电平，经驱动电路使继电器吸合或释放，控制运动部件停止移动（否则将撞坏霍尔接近开关）起到限位的作用。

在图 9-16（c）中，磁铁随运动部件运动，当磁铁与霍尔 IC 的距离小于某一数值时，霍尔 IC 输出由高电平跳变为低电平。当磁铁继续运动时，与霍尔 IC 的距离又重新拉大，霍尔 IC 输出重新跳变为高电平，且不存在损坏霍尔 IC 的可能。

在图 9-16（d）中，磁铁和霍尔接近开关保持一定的间隙，均固定不动。软铁制作的分流翼片与运动部件联动。当它移动到磁铁与霍尔接近开关之间时，磁力线被屏蔽（分流），无法到达霍尔接近开关，所以此时霍尔接近开关输出跳变为高电平。改变分流翼片的宽度可以改变霍尔接近开关的高电平与低电平的占空比。

霍尔接近开关具有无触点、低功耗、使用寿命长、响应频率高、价格便宜等特点，内部采用环氧树脂封灌成一体化，能在各类恶劣环境下可靠地工作，霍尔接近开关如图 9-14 所示。

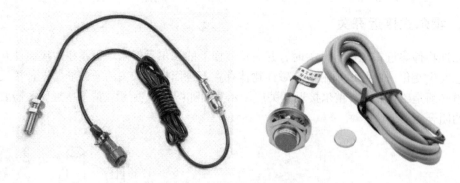

图 9-14　霍尔接近开关实物图

课后思考与练习

9-1　单项选择题

（1）属于四端元件的是＿＿＿＿。

    A．应变片　　　　　　　B．压电晶片　　　　　C．霍尔元件　　　　　D．热敏电阻

（2）公式 $E_H = K_H I B \cos\theta$ 中的角 θ 是指＿＿＿＿。

    A．磁力线与霍尔薄片平面之间的夹角

    B．磁力线与霍尔元件内部电流方向的夹角

    C．磁力线与霍尔薄片的垂线之间的夹角

（3）磁场垂直于霍尔薄片，磁感应强度为 B，当磁场方向反向（$\theta = 180°$）时，输出的霍尔电势＿＿＿＿，因此霍尔元件可用于测量交变磁场。

    A．大小不变，符号相反　　　　　　B．大小不变，符号相同

    C．大小改变，符号相反　　　　　　D．大小改变，符号相同

（4）霍尔元件采用恒流源激励是为了＿＿＿＿。

    A．提高灵敏度　　　　　　B．克服温漂　　　　　C．减小不等位电势

（5）减小霍尔元件的输出不等位电势的办法是_____。

    A. 减小激励电流　　　B. 减小磁感应强度　　C. 使用电桥法调零

（6）为保证测量精度，图 9-3 中的线性霍尔 IC 的磁感应强度不宜超过_____为宜。

    A. 0 T　　　　　　　B. +0.10 T　　　　　C. +0.15 T　　　　　D. +100 Gs

9-2　根据所学知识分析霍尔传感器可以应用在哪些场合？请举例。

9-3　请分析图 9-6～图 9-13，说出这些霍尔传感器的应用实例中，哪几个适合采用线性霍尔集成电路，哪几个适合采用开关型霍尔集成电路？

9-4　图 9-18 是霍尔式电流传感器的结构示意图，请分析填空。

（1）夹持在铁心中的导线电流越大，根据右手定律，产生的磁感应强度 B 就越_____，霍尔元件产生的霍尔电动势也就越_____，因此该霍尔式电流传感器的输出电压与被测导线中的电流成_____比。

（2）由于被测导线与铁心、铁心与霍尔元件之间是绝缘的，所以霍尔式电流传感器不但能传输电流信号，而且还能起到_____作用，使后续电路不受强电的影响，例如击穿、麻电等。

（3）由于霍尔元件能响应静态磁场，所以它与交流电流互感器相比，最大的不同是能_____。

（4）如果被测电流小于 30 A，该电流产生的磁场可能太小，可采取_____措施，使穿过霍尔元件的磁场成倍地增加（可参考电流互感器原理），以增加霍尔元件的输出电压。

（5）观察图 9-15，被测导线是（怎样）_____放入铁心中间的。

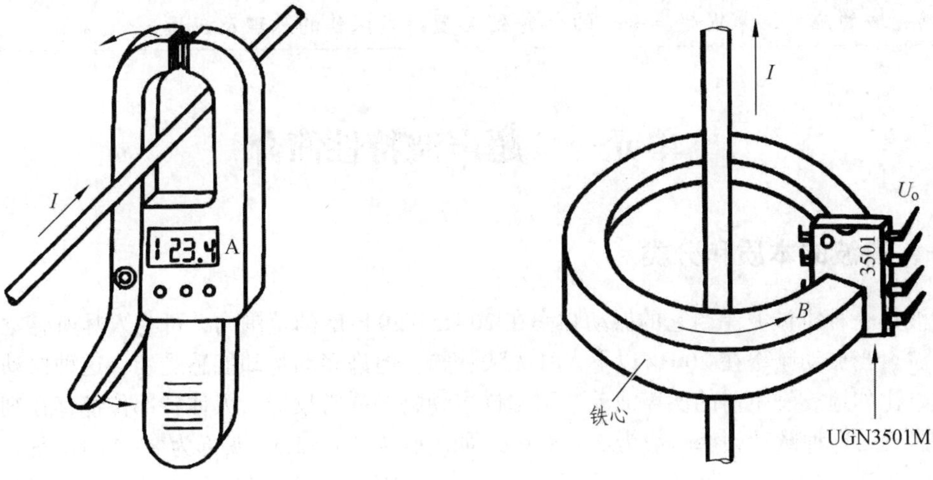

（a）外形图　　　　　　　　　　　　（b）内部结构

图 9-15　霍尔电流传感器测量原理图

模块十　超声波传感器

　　大家都知道蝙蝠能发出和听见超声波，蝙蝠夜间可以依靠超声波捕食。超声波是一种频率高于 20 kHz 的机械振动波。超声波指向性很好，可以被聚焦，能量集中，穿透能力强，在遇到两种介质的分界面时，能产生明显的反射和折射现象。因此超声波被广泛地应用于工业、生活、医疗等领域，比如超声波声呐探测器，可以用于探测海底沉船、敌方潜艇等；超声波探伤、超声波流量测量、超声波焊接、超声波测距、超声波测厚、超声波加湿器、超声波清洗、医学 B 超检查、骨密度测试等。本模块重点介绍超声波的特性、超声波探头及耦合技术、超声波在检测领域的应用及超声波无损探伤等。

　　在学习过程中应结合生活、生产实际的实物图片，在日常生活中要善于观察、注重理论联系实际。通过本模块的学习，掌握超声波的特性、认识和区分各类超声探头、熟悉超声波在检测领域的应用、掌握超声探伤的分类及 A 型超声探伤的原理及应用……

单元一　超声波特性简介

一、声波的本质和分类

　　声波是一种机械波。当它的振动频率在 20 Hz ~ 20 kHz 的范围内，可为人耳所感觉，称为可闻声波。当振动频率在 20 Hz 以下人耳无法感知，但许多动物却能感受到，这种振动波称为次声波。比如地震发生前的次声波就会引起许多动物的异常反应。人体各部位都存在细微而有节奏的脉动，这种脉动频率一般为 2 ~ 16 Hz，如内脏为 4 ~ 6 Hz，头部为 8 ~ 12 Hz 等。人体的这些固有频率正好在次声波的频率范围内，一旦大功率的次声波作用于人体，就会引起人体强烈的共振，从而造成极大的伤害。自然界中的陨石落地、海上风暴，人类活动中的火炮发射、导弹飞行等等，广泛存在着次声波。

　　振动频率高于 20 kHz 的机械振动波称为超声波。超声波具有许多不同于可闻声波的特点。比如指向性好，能量集中，穿透本领大，在遇到两种介质的分界面（例如钢板与空气的交界面）时，能产生明显的反射和折射现象，这一现象类似于光波。较大功率的超声波，可以被聚焦，能用于集成电路及塑料的焊接。超声波对液体、固体的穿透本领很大，尤其是在不透明的固体中，它可穿透几十米的深度。超声波碰到杂质或分界面会产生显著反射形成反射回波，碰到活动物体能产生多普勒效应。比如超声波捕鱼器应用很普遍，水中的声呐探头发射一定频率的超声波，并接收反射回来的超声波信号。水中的物体距离越远，接收信号的时间就越长。

　　超声波可用于高效清洗，超声波作用于液体时，液体中每个气泡的破裂会产生能量极大的冲击波，相当于瞬间产生几百度的高温和高达上千个大气压的压力，这种现象被称之为"空化作用"，超声波清洗正是利用液体中气泡破裂所产生的冲击波来达到清洗和冲刷工件内外表面的作用。超声清洗多用于半导体、机械、玻璃、医疗仪器等行业。

　　超声波的频率越高，其声场指向性就越好，与光波的反射、折散特性就越接近。

二、超声波的传播方式

　　超声波的传播波型主要可分为纵波、横波、表面波等几种。

　　（1）纵波。质点振动方向与波传播方向一致，这种波称为纵波，又称为压缩波。纵波能在固体、液体、气体中传播。人讲话时产生的声音就属于纵波。

　　（2）横波。质点振动方向与波传播方向垂直，这种波称为横波。它是固体介质受到交变剪切应力作用时产生的剪切变形，横波只能在固体中传播。

　　（3）表面波。固体的质点在固体表面的平衡位置附近作椭圆轨迹的振动，此振动波只沿着固体表面向前传播，这种波称为表面波。

三、声速、波长与指向性

　　（1）声速。声波的传播速度取决于介质的弹性系数、介质的密度以及声阻抗。几种常用材料的声速与密度、声阻抗的关系如表 10-1 所示。

表 10-1　常用材料的密度、声阻抗与声速（环境温度为 0 ℃）

材料	密度	声阻抗	纵波声速	横波声速
	$\rho /10^3 \text{ kg} \cdot \text{m}^{-1}$	$Z/10 \text{ MPa} \cdot \text{s}^{-1}$	$c_L/\text{km} \cdot \text{s}^{-1}$	$c_S/\text{km} \cdot \text{s}^{-1}$
钢	10.8	46	5.9	3.23
铝	2.10	100	6.3	3.1
铜	8.9	42	4.10	2.1
有机玻璃	1.18	3.2	2.10	1.2
甘油	1.26	2.4	1.9	—
水（20 ℃）	1.0	1.48	1.48	—
油	0.9	1.28	1.4	—
空气	0.001 2	0.000 4	0.34	—

　　分析表 10-1 得知，多数情况下，密度和声阻抗越大，声速越快。

　　声波的传播速度取决于介质的弹性系数、介质的密度及声阻抗。声阻抗是描述介质传播声波特性的物理量。几个超声波参数的计算公式：

　　声阻抗　　$Z = \rho c$（常用介质的 Z、ρ、c 见表 10-1）

　　波长　　　$\lambda = c / f$

　　指向角　　$\sin \theta = 1.22 \lambda / D$

θ 为声波指向角，D 为超声源的直径，频率越高，波长越小，指向角就较小，指向性好，因此可闻声波由于频率低而不适用于检测领域。声场指向性及指向角如图 10-1 所示。

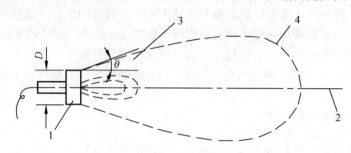

图 10-1　声场指向性及指向角

1——超声源；2—轴线；3—指向角；4—等强度线

四、垂直入射时的反射与透射

当声波从一种介质进入另一种介质时，在两种不同介质的分界面上，可以分为反射声波和透射声波两部分，如图 10-2 所示。反射和透射的比例与组成界面的两种介质密度及声阻抗 Z 有关。

在两种介质界面上，用反射声压 P_r 和入射声压 P_0 的比值表示声压反射率 R

$$R = \frac{P_r}{P_0}$$

在两种介质界面上，用透射声压 P_d 和入射声压 P_0 的比值表示声压透射率 D

$$D = \frac{P_d}{P_0}$$

经过理论推导可知：

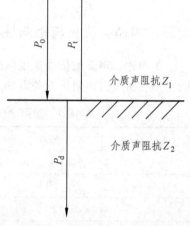

$$R = \frac{Z_2 - Z_1}{Z_2 + Z_1} \qquad D = \frac{2Z_2}{Z_2 + Z_1}$$

图 10-2　垂直入射时波的反射与透射

（1）当介质 1 与介质 2 的声阻抗相等或十分接近时（$Z_1 = Z_2$），$R = 0$ 而 $D = 1$，即不产生反射波，可视为声波全透射。

（2）当超声波从密度小的介质（例如水）射向密度大的介质（例如钢板）时，$Z_1 < Z_2$，此时反射率 R 和透射率 D 都较大，而且 D 比 R 大。例如超声波从水中入射到钢中时，透射率高达 93.8%。

（3）当超声波从密度大的介质（例如钢板）射向密度小的介质（例如水）时，$Z_1 > Z_2$，此时反射率 R 较大，而透射率 D 较小。当声波传播到两种介质声阻抗相差很大的界面上时，声波几乎全部被反射。如果钢板的底面是空气，超声波到达底面时，超声波的泄漏量就更小，超声波的这一特性有利于金属的探伤与测厚。

五、超声波在介质中的衰减

由于多数介质都含有微小的结晶体或不规则缺陷，由于其内部结构、弹性滞后及各向异性等特点，超声波在这样的介质中传播时在晶体交界面或缺陷界面会发生散射，从而使沿入射方向传播的超声波声强衰减。介质中的声强衰减与超声波的频率、介质的密度及晶粒粗细等因素有关。一般来讲，介质的晶粒越粗或密度越小，衰减越快；超声波频率越高，衰减也越快。

气体的密度较小，因此衰减较快，尤其在频率高时衰减更快。因此，在空气中传导的超声波的频率选得较低，通常选几十 kHz 的频率，而在固体、液体中选用较高频率（MHz 数量级）。

单元二　超声波换能器及耦合技术

超声波换能器有时又称超声波探头。超声波换能器的工作原理有压电式、磁致伸缩式、电磁式等数种，在检测技术中主要采用压电式。由于其结构不同，超声波探头又分为直探头、斜探头、双晶探头、表面波探头、聚焦探头、冲水探头、水浸探头、空气传导探头以及其他专用探头等，超声波探头结构示意图如图 10-3 所示。

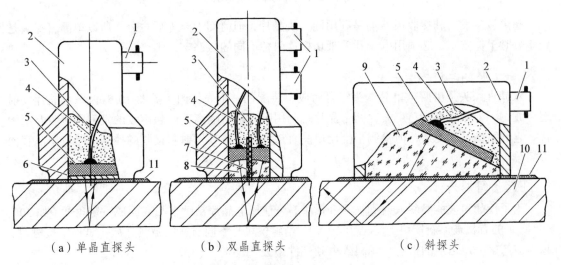

（a）单晶直探头　　　　（b）双晶直探头　　　　（c）斜探头

图 10-3　超声波探头结构示意图

1—接插件；2—外壳；3—阻尼吸收块；4—引线；5—压电晶体；6—保护膜；7—隔离层；
8—延迟块；9—有机玻璃斜楔块；10—试件；11—耦合剂

一、固体传导型超声探头

（一）单晶直探头

用于固体介质的单晶直探头（见图 10-4）的压电晶片一般采用 PZT 压电陶瓷材料制作，外壳为金属制作，保护膜常采用硬度很高的耐磨材料做成，用于防止压电晶片磨损；阻尼块用于吸收压电晶片背面的超声脉冲能量，防止杂乱反射波，以提高分辨力。发射超声波时，将 500 V 以上的高压电脉冲加到压电晶片上，利用逆压电效应，使晶片发射出一束频率落在超声范围内、持续时间很短的超声振动波。超声波到达被测物底部后，超声波的绝大部分能量被底部界面所反射。反射波经过一短暂的传播时间回到压电晶片，利用压电效应，压电晶片将机械振动波转换成同频率的交变电荷和电压。由于衰减等原因，该电压通常只有几十毫伏，还要加以放大，才能在显示器上显示出该脉冲的波形和幅值。

图 10-4 常用单晶直探头

超声波的发射和接收虽然均是利用同一块晶片，但时间上有先后之分，所以单晶直探头是处于分时工作状态，必须用电子开关来切换这两种不同的状态。

（二）双晶直探头

双晶直探头是由两个单晶探头组合而成，装配在一个壳体内（见图 10-5）。一个晶片发射超声波，一个晶片接收超声波，两个晶片之间用吸声材料隔离，使超声波的发射和接收互不干扰。它的结构虽然复杂，但检测精度比单晶直探头高，且其发射和接收的控制电路较单晶直探头简单。

（三）斜探头

为了使超声波能倾斜入射到被测介质中，可使压电晶片粘贴在与底面成一定角度（如 30°、45° 等）的有机玻璃斜楔块上（见图 10-6），当斜楔块与不同材料的被测介质（试件）接触时，超声波产生一定角度的折射，倾斜入射到试件中去。

图 10-5 常用双晶直探头

图 10-6 常用斜探头

（四）聚焦探头

超声波的波长很短，它也可以像光波一样被聚焦成十分细的声束，用于分辨试件中的细小缺陷，这种探头称为聚焦探头，是一种很有发展前途的新型探头。聚焦探头采用曲面压电晶片或类似光学反射镜原理的声透镜来聚焦超声波（见图10-7），聚焦探头有点聚焦、线聚焦、水浸聚焦探头等类型。

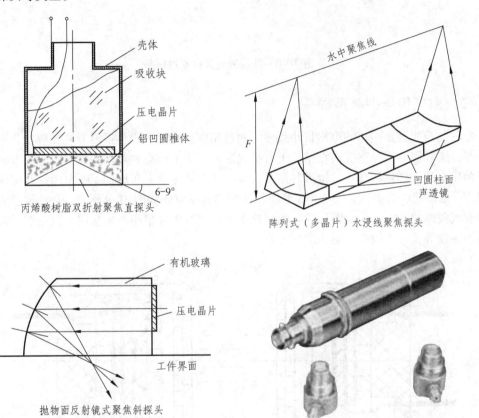

图 10-7　聚焦探头结构示意图及实物图

（五）铁路钢轨探伤专用探头

超声波探伤应用非常广泛，铁路轨道探伤用超声探头有多种类型，比如钢轨对接焊缝探测用探头、轮式探头及滑板式探头等（见图10-8）。

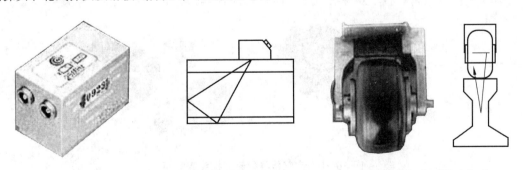

（a）钢轨对接焊缝探测用探头　　　　　　（b）钢轨探伤用轮式探头

（c）钢轨探伤用滑板式探头

图 10-8　铁路钢轨探伤专用探头

二、空气传导型超声探头

空气的声阻抗比固体的声阻抗小得多，而且超声波在空气中传播时衰减比较快，因此空气传导型探头和固体传导型探头在结构上有很大区别。为了提高超声波的发射效率和方向性，发射器的压电片上必须粘贴一只锥形共振盘，接收器在共振盘上还增加了一只阻抗匹配器，以滤除噪声、提高接收效率，空气传导型超声探头的结构示意图如图 10-9 所示。空气传导的超声发射器和接收器的有效工作范围可达几米至几十米，空气传导型超声探头用于汽车倒车雷达、超声波测距仪等，常用探头如图 10-10 所示。

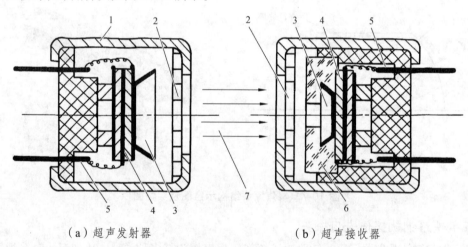

（a）超声发射器　　　　　　　　　　　　（b）超声接收器

图 10-9　空气传导型超声发生器、接收器结构

1—外壳；2—金属丝网罩；3—锥形共振盘；4—压电晶片；5—引脚；6—阻抗匹配器；7—超声波束

图 10-10　空气传导型超声探头实物图

三、耦合技术

在固体传导型超声探头使用时，无论是直探头还是斜探头，一般不能将探头在被测介质表面来回移动，以防止探头磨损。另外，超声探头与被测物体表面间存在一层空气薄层，空气将引起 3 个界面间强烈的杂乱反射波，造成干扰，并造成很大的衰减。为此，必须将接触面之间的空气排挤掉，使超声波能顺利地入射到被测介质中。在工业中，经常使用一种称为耦合剂的液体物质，使之充满在接触层中，起到减少探头磨损、减少超声波衰减、更好地传递超声波的作用。常用的耦合剂有自来水、机油、甘油、水玻璃、胶水、化学糨糊等。应根据使用情况选择合适的种类，当使用在光滑材料表面时，可以使用低黏度的耦合剂；当使用在粗糙表面、垂直表面及顶表面时，应使用黏度高的耦合剂。高温工件应选用高温耦合剂。比如在大面积钢板探伤或大型管道探伤时，为节约成本，可采用自来水作为耦合剂；车间的机床床身探伤时，可选用机油作为耦合剂；医院做 B 超时，应采用专用的医用耦合剂。另外，为减少耦合损耗，耦合剂的厚度应尽量薄一些。

单元三　超声波传感器的应用

超声波对液体、固体的穿透本领很大，尤其是在不透明的固体中，它可穿透几十米的深度。超声波碰到杂质或分界面会产生显著反射形成回波，碰到活动物体能产生多普勒效应。当超声发射器与接收器分别置于被测物两侧时，这种类型称为透射型。透射型可用于遥控器、防盗报警器、接近开关等。超声发射器与接收器置于同侧的属于反射型，反射型可用于接近开关、测距、测液位或物位、金属探伤以及测厚等。

超声波检测广泛应用在工业、国防、生物医学等方面。比如超声波距离传感器可以广泛应用在物位（液位）有监测、机器人防撞、各种超声波接近开关以及防盗报警等相关领域超声波探头。工作可靠，安装方便，防水型，灵敏度高，方便与工业显示仪表连接。超声波传感技术应用在生产实践的各个方面，而医学应用是其最主要的应用之一。超声波在医学上的应用主要是诊断疾病，它已经成为临床医学中不可缺少的诊断方法。超声波诊断的优点是对受检者无痛苦、无损害、方法简便、显像清晰、诊断的准确率高等。超声波诊断是利用超声波的反射，当超声波在人体组织中传播遇到两层声阻抗不同的介质界面时，在该界面就产生反射回声。每遇到一个反射面时，回声在示波器的屏幕上显示出来，而两个界面的阻抗差值也决定了回声振幅的高低。

在工业方面，超声波的典型应用是对金属的无损探伤和超声波测厚两种。过去，许多技术因为无法探测到物体组织内部而受到阻碍，超声波传感技术的出现改变了这种状况。当然更多的超声波传感器是固定地安装在不同的装置上，悄无声息地探测人们所需要的信号。在未来的应用中，超声波将与信息技术、新材料技术结合起来，将出现更多的智能化、高灵敏度的超声波传感器。

一、超声波测厚

测量试件厚度的方法有电感测微器（分辨力可达 0.5 μm）、电涡流测厚仪（只能测 0.1 mm 以内的金属厚度）、数显电容式游标卡尺（分辨力可达 10 μm）等。

用超声波在介质中的脉冲反射对物体进行厚度测试称超声测厚,超声波测厚仪主要由主机和探头两部分组成。主机电路包括发射电路、接收电路、计数显示电路 3 部分，由发射电路产生的高压冲击波激励探头，产生超声发射脉冲波，脉冲波经介质界面反射后被接收电路接收，通过单片机计数处理后，经液晶显示器显示厚度数值，它主要根据声波在试样中的传播速度乘以通过试样的时间的一半而得到试样的厚度。超声测厚仪具有量程范围大、无损、便携等特点，缺点是测量精度与温度及材料的材质有关。超声波测厚仪如图 10-11 所示。

图 10-11　超声波测厚仪

由于超声波处理方便，并有良好的指向性，超声波测厚仪对金属材料、非金属材料的厚度测量既快又准确，尤其是在只许可一个侧面可接触的场合，更能显示其优越性。超声波测厚仪广泛用于各种板材、管材壁厚、锅炉容器壁厚及其局部腐蚀、锈蚀的情况，因此对冶金、造船、机械、化工、电力、原子能等各工业部门的产品检验，对设备安全运行及现代化管理起着重要的作用。

双晶直探头中的压电晶片发射超声振动脉冲，超声脉冲到达试件底面时，被反射回来，并被另一只压电晶片所接收。只要测出从发射超声波脉冲到接收超声波脉冲所需的时间 t，再乘以被测体的声速常数 c，就是超声脉冲在被测件中所经历的来回距离，再除以 2，就得到厚度 δ。在电路上只要在从发射到接收这段时间内使计数电路计数，便可达到数字显示之目的。

$$\delta = \frac{1}{2}ct \tag{10-1}$$

二、超声波测量液位和物位

在液罐上方安装空气传导型超声发射器和接收器，根据超声波的往返时间，就可测得液体的液面。超声波液位计原理图如图 10-12 所示。超声波液位物位计采用非接触式测量，被测介质几乎不受限制，可广泛用于各种液体和固体物料高度的测量。

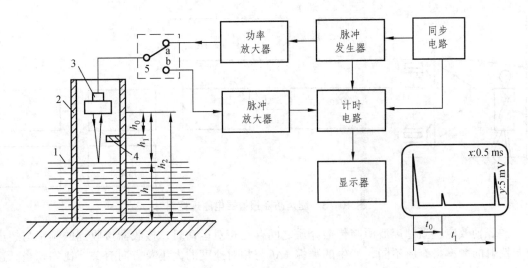

图 10-12　超声波液位计原理图

1—液面；2—直管；3—空气超声探头；4—反射小板；5—电子开关

例 10-1　超声波液位计原理如图 10-12 所示，从显示屏上测得 $t_0 = 2$ ms，$t_{h1} = 5.6$ ms。已知水底与超声探头的间距为 10 m，反射小板与探头的间距为 0.34 m，求液位 h。

解　由于

$$\frac{h_0}{t_0} = \frac{h_1}{t_1}$$

所以有

$$h_1 = t_1 h_0 / t_0 = (5.6 \times 0.34/2) \text{ m} = 0.95 \text{ m}$$

所以液位 h 为

$$h = h_2 - h_1 = (10 - 0.95) \text{ m} = 9.05 \text{ m}$$

由于空气中的声速随温度改变会造成温漂，所以在传送路径中还设置了一个反射性良好的小板作标准参照物，以便计算修正。上述方法除了可以测量液位外，也可以测量粉体和粒状体的物位。

三、超声防盗报警器

图 10-13 所示为超声报警电路，上图为发射部分，下图为接收部分的电原理框图。它们装在同一块线路板上。发射器发射出频率 $f = 40$ kHz 左右的连续超声波（空气超声探头选用 40 kHz 工作频率可获得较高灵敏度，并可避开环境噪声干扰）。如果有人进入信号的有效区域，相对速度为 v，从人体反射回接收器的超声波将由于多普勒效应，而发生频率偏移 Δf。

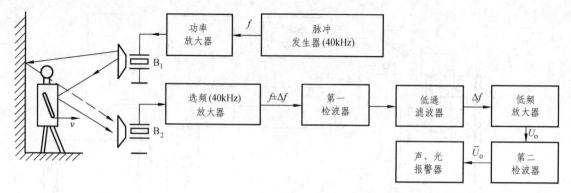

图 10-13　超声防盗报警器电原理框图

多普勒效应：当超声波源与传播介质之间存在相对运动时，接收器接收到的频率与超声波源发射的频率将有所不同，产生的频偏 $\pm\Delta f$ 与相对速度的大小及方向有关。比如，当高速行驶的火车向你逼近和掠过时，所产生的变调声就是多普勒效应引起的。接收器的电路原理是压电喇叭收到两个不同频率所组成的差拍信号（40 kHz 以及偏移的频率 40 kHz $\pm\Delta f$ ）。这些信号由 40 kHz 选频放大器放大，并经检波器检波后，由低通滤波器滤去 40 kHz 信号，而留下 Δf 的多普勒信号。此信号经低频放大器放大后，由检波器转换为直流电压，去控制报警扬声器或指示器。

利用多普勒原理的好处是可以排除墙壁、家具的影响（它们不会产生 Δf ），只对运动的物体起作用。由于振动和气流也会产生多普勒效应，故该防盗报警器多用于室内。根据本装置的原理，还能运用多普勒效应去测量运动物体的速度，液体、气体的流速、汽车的防碰、防追尾等。

四、超声波流量计

根据对信号检测的原理超声流量计可分为传播速度差法(直接时差法、时差法、相位差法和频差法)、波束偏移法、多普勒法、互相关法、空间滤法及噪声法等。超声流量计因仪表流通通道未设置任何阻碍件，均属无阻碍流量计，是适于解决流量测量困难问题的一类流量计，特别在大口径流量测量方面有较突出的优点，它是发展迅速的一类流量计之一。

超声波流量计采用时差式测量原理：一个探头发射信号穿过管壁、介质、另一侧管壁后，被另一个探头接收到，同时，第二个探头同样发射信号被第一个探头接收到，由于受到介质流速的影响，二者存在时间差 Δt，根据推算可以得出流速 v 和时间差 Δt 之间的换算关系 $v = (c_2/2L) \times \Delta t$，进而可以得到流量值 Q。图 10-14 和图 10-15 分别为超声波流量测量原理图和超声波流量计实物图。

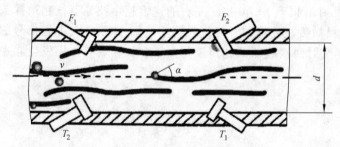

图 10-14　超声波流量测量原理图

图 10-15　超声波流量计实物图

超声波流量计由超声波换能器、电子线路及流量显示和累积系统3部分组成。超声波发射换能器将电能转换为超声波能量，并将其发射到被测流体中，接收器接收到的超声波信号，经电子线路放大并转换为代表流量的电信号供给显示和积算仪表进行显示和积算，这样就实现了流量的检测和显示。

超声波流量计常用压电换能器，把电能加到压电晶片上，使其产生超声波振劝。超声波以某一角度射入流体中传播，然后由接收换能器接收，并经压电元件变为电能，以便检测。发射换能器利用压电元件的逆压电效应，而接收换能器则是利用压电效应。超声波流量计换能器的压电元件常做成圆形薄片，沿厚度振动。薄片直径超过厚度的 10 倍，以保证振动的方向性。压电元件材料多采用锆钛酸铅，为固定压电元件，使超声波以合适的角度射入流体中，需把元件放入声楔中，构成换能器整体(又称探头)。声楔的材料不仅要求强度高、耐老化，而且要求超声波经声楔后能量损失小即透射系数接近 1。常用的声楔材料是有机玻璃，因为它透明，可以观察到声楔中压电元件的组装情况。另外，某些橡胶、塑料及胶木也可作声楔材料。

超声波流量计的最大特点是：探头可以装在被测管道的外壁，实现非接触式测流量，既不干扰流场，又不受流场参数的影响。其输出与流量基本呈线性关系，价格不随管道口径的增大而增加，因此特别适合大口径管道和混有杂质或腐蚀性液体的测量。

五、超声波测距仪

空气超声探头发射超声脉冲，到达被测物时，被反射回来，并被另一只空气超声探头所接收。测出从发射超声波脉冲到接收超声波脉冲所需的时间 t，再乘以空气的声速（340 m/s），就是超声脉冲在被测距离所经历的路程，除以 2 就得到距离。

如图 10-16 所示为超声波测距仪，超声波测距仪测量效果受环境影响较大，稳定和方向性较激光测距仪差，但价格相对便宜，适合室内测量。

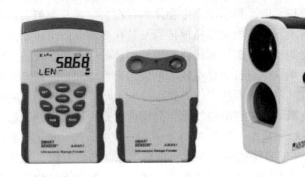

图 10-16　超声波测距仪

六、超声波测温

在化工、冶金、发电、机械制造、核物理技术、宇宙航行和卫星通信等部门中也常需进行温度测量。在这些领域中，传统的测温方法往往不适用，要采用新的测温技术。超声波测温是一种新的测温技术，它可用于超低温测量和高温高压气体的测温。由于它是一种非接触测量，故可测汽轮机进气、火箭排气、气缸燃烧气体、熔融液、核反应堆石墨芯等处的温度。

超声波测温多数是以气、液、固三态媒质中温度与声速的关系为基础。许多固体和液体的声速一般随温度增高而降低，而气体的声速与绝对温度的平方根成正比。气体的声速变化率在低温时最大，大多数液体的声速变化率基本上不随温度而变，固体则是高温时声速变化率最大。一般超声测温主要可分两类：一类是使超声波直接通过被测媒质，即以媒质本身作为敏感元件；另一类则选用一种敏感元件使其与被测媒质进行热平衡后，再使超声波通过该敏感元件而测温。

声波在理想气体中的传播过程可认为是绝热过程，声传播速度 c 为

$$c = \sqrt{\frac{\gamma p}{\rho}} = \sqrt{\frac{\gamma RT}{M}} \tag{10-2}$$

$$T = \frac{Mc^2}{\gamma R} \tag{10-3}$$

式中，R 为气体常数；γ 为定压比热和定容比热之比；M 为分子量；ρ 为密度；p 压强；T 为绝对温度。

由上式可以看出，理想气体的声速与绝对温度 T 的平方根成正比。对于空气来说，影响声速的主要因素是温度，可用下式计算声速 c（m/s）的近似值

$$c = 20.067\sqrt{T} \tag{10-4}$$

为了各种不同的测温目的，已经有各种声速测量方法的超声波气温计。

七、声呐的应用

声呐是声音导航测距的缩写，它利用声波在水下的传播特性，通过电声转换和信息处理，用于对水下目标进行探测、定位和通信，判断海洋中物体的存在、位置及类型，同时也用于水下信息的传输。人们利用声波在水下可以相对容易地传播及其在不同介质中传播的性质不同的特点，研制出了多种水下测量仪器、侦察工具和武器装备，即各种"声呐"设备。声呐技术不仅在水下军事通信、导航和反潜作战中享有非常重要的地位，而且在和平时期已经成为人类认识、开发和利用海洋的重要手段。声呐技术按工作方式可分为主动声呐和被动声呐两类。从理论上讲，次声波、声波、超声波都可以在声呐中使用，但穿透性是次声波最好，超声波最差，定向性超声波最好。被动式声呐频率范围一般为 3 Hz～97 kHz，主动式声呐工作频率较高，一般为 3～97 kHz。水声换能器是声呐系统的重要部件，根据工作状态的不同，可分为两类：一类称为发射换能器，它将电能转换为机械能，再转换为声能；另一类称为接收换能器，它将声能转换为机械能，再转换为电能。实际应用中的水声换能器兼有发射和接收两种功能，现代声呐技术对水声发射换能器的要求是低频、大功率、高效率以及能在深海中工作等特性。人们发现用低频声波传递信号，对于远距离目标的定位和检测有着明显的优越性，因为低频声波在海水中传播时，被海水吸收的数值比高频声波要低，故能比高频声波传播更远的距离，这对增大探测距离非常有益。

单元四 超声波无损探伤

一、无损探伤的基本概念

无损探伤检测是利用物质的声、光、磁和电等特性，在不损害或不影响被检测对象使用性能的前提下，检测被检对象中是否存在缺陷或不均匀性，给出缺陷大小、位置、性质和数量等信息。

与破坏性检测相比，无损检测有以下特点。第一是具有非破坏性，因为它在做检测时不会损害被检测对象的使用性能；第二是具有全面性，由于检测是非破坏性，因此必要时可对被检测对象进行 100%的全面检测，这是破坏性检测办不到的；第三是具有全程性，破坏性检测一般只适用于对原材料进行检测，如机械工程中普遍采用的拉伸、压缩、弯曲等，破坏性检验都是针对制造用原材料进行的，对于产成品和在用品，除非不准备让其继续服役，否则是不能进行破坏性检测的，而无损检测因不损坏被检测对象的使用性能，所以，它不仅可对制造用原材料，各中间工艺环节、直至最终产成品进行全程检测，也可对服役中的设备进行检测。

无损探伤一般有 3 种含义：

（1）无损检测 NDT（Nondestructive Testing）。

（2）无损检查 NDI（Nondestructive Inspection）。

（3）无损评价 NDE（Nondestructive Evaluation）。

NDT 仅仅是检测出缺陷；NDI 则以 NDT 的结果为判定基础；而 NDE 则是对被测对象的完整性、可靠性等进行综合评价。近年来，无损探伤已逐步从 NDT 向 NDE 过渡。

对铁磁材料，可采用磁粉检测法；对导电材料，可用电涡流法；对非导电材料还可以用荧光染色渗透法。以上几种方法只能检测材料表面及接近表面的缺陷。

采用放射线（X 光、中子、δ 射线）照相检测法可以检测材料内部的缺陷，但对人体有较大的危险，且设备复杂，不利于现场检测。

除此之外，还有红外、激光、声发射、微波、计算机断层成像技术（CT）探伤等。

超声波检测和探伤是目前应用十分广泛的无损探伤手段。运用超声检测的方法来检测的仪器称之为超声波探伤仪。它的原理是超声波在被检测材料中传播时，材料的声学特性和内部组织的变化对超声波的传播产生一定的影响，通过对超声波受影响程度和状况的探测了解材料性能和结构变化。

超声波无损探伤既可检测材料表面的缺陷，又可检测内部几米深的缺陷，这是 X 光探伤所达不到的深度。

二、超声探伤分类

超声检测方法通常有穿透法、脉冲反射法等。常用的探伤仪按照信号分有模拟信号(价格低)和数字信号(价格高，能自动计算保存数据)两类。常见的都是属于 A 型超声波探伤仪，但在实际的探伤过程，脉冲反射式超声波探伤仪应用得最为广泛。一般在均匀的材料中，缺陷的存在将造成材料的不连续，这种不连续往往又造成声阻抗的不一致，由反射定理我们知道，超声波在两种不同声阻抗的介质的交界面上将会发生反射，反射回来能量的大小与交界面两边介质声阻抗的差异和交界面的取向、大小有关。脉冲反射式超声波探伤仪就是根据这个原理设计的。

（一）A型超声探伤

A型超声探伤的结果以二维坐标图形式给出，如图10-17（a）所示。它的横坐标为时间轴，纵坐标为反射波强度。可以从二维坐标图上分析出缺陷的深度、大致尺寸，但较难识别缺陷的性质、类型。

（二）B型超声探伤

B型超声探伤的原理类似于医学上的B超，如图10-17（b）所示。它将探头的扫描距离作为横坐标，探伤深度作为纵坐标，以屏幕的辉度（亮度）来反映反射波的强度。它可以绘制被测材料的纵截面图形。探头的扫描可以是机械式的，更多的是用计算机控制一组发射晶片阵列（线阵）来完成与机械式移动探头相似的扫描动作，但扫描速度更快，定位更准确。

 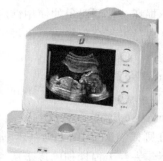 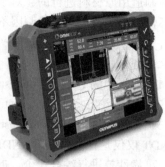

（a）A型超声探伤　　　　（b）B型超声探伤　　　　　（c）C型超声探伤

图10-17　超声探伤的分类

（三）C型超声探伤

目前发展最快的是C型探伤，它类似于医学上的CT扫描原理，如图10-17（c）所示。计算机控制探头中的三维晶片阵列（面阵），使探头在材料的纵、深方向上扫描，因此可绘制出材料内部缺陷的横截面图，这个横截面与扫描声束相垂直。横截面图上各点的反射波强通过相对应的几十种颜色，在计算机的高分辨力彩色显示器上显示出来。经过复杂的算法，可以得到缺陷的立体图像和每一个断面的切片图像。

C型超声探伤的特点：利用三维动画原理，分析员可以在屏幕上控制该立体图像，以任意角度来观察缺陷的大小和走向。当需要观察缺陷的细节时，还可以对该缺陷图像进行放大（放大倍数可达几十倍），并显示出图像的各项数据，如缺陷的面积、尺寸和性质。对每一个横断面都可以作出相应的解释和评判其是否超出设定标准。每一次扫描的原始数据都可记录并存储，可以在以后的任何时刻调用，并打印探伤结果。

三、A型超声探伤

A型超声探伤采用超声脉冲反射法。而脉冲反射法根据波形不同又可分为纵波探伤、横波探伤和表面波探伤等。A型超声探伤仪外形如图10-18所示。

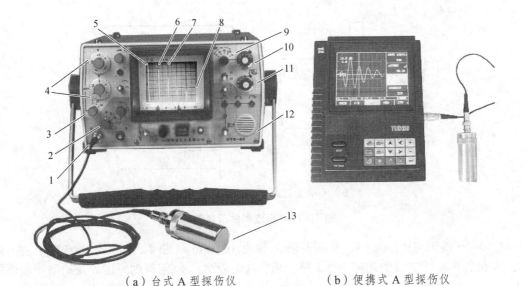

（a）台式 A 型探伤仪　　　　　　　（b）便携式 A 型探伤仪

图 10-18　A 型超声波探伤仪外形

1—电缆插头座；2—工作方式选择；3—衰减细调；4—衰减粗调；5—发射波 T；6—第一次底反射波 B_1；
10—第二次底反射波 B_2；7—第五次底反射波 B_5；9—扫描时间调节；10—扫描时间微调；
11—脉冲 X 轴移位；12—报警扬声器；13—直探头

　　测试前，先将探头插入探伤仪的连接插座上。探伤仪面板上有一个荧光屏，通过荧光屏可知工件中是否存在缺陷、缺陷大小及缺陷位置。工作时探头放于被测工件上，并在工件上来回移动进行检测。探头发出的超声波，以一定速度向工件内部传播，如工件中没有缺陷，则超声波传到工件底部便产生反射，反射波到达表面后再次向下反射，周而复始，在荧光屏上出现始脉冲 T 和一系列底脉冲 B_1、B_2、B_3、…。B 波的高度与材料对超声波的衰减有关，可以用于判断试件的材质、内部晶体粗细等微观缺陷。如果钢板中有缺陷，一部分声脉冲在缺陷处产生反射，另一部分继续传播到工件底面产生反射，在荧光屏上除出现始脉冲 T 和底脉冲 B 外，还出现缺陷脉冲 F，可根据脉冲 F 的幅度高低判断缺陷大小，还可以根据始脉冲 T、缺陷脉冲 F 及底波 B 间的时间关系确定工件的厚度及缺陷的大致位置，通过移动探头确定缺陷大致长度和走向。纵波探伤示意图如图 10-19 所示。

　　分析图 10-19 可知：荧光屏上的水平亮线为扫描线（时间基线），其长度与工件的厚度成正比（可调整）。

（1）缺陷面积大，则缺陷脉冲 F 脉冲的幅度就高，而 B 脉冲的幅度就低。

（2）F 脉冲距离 T 脉冲越近，缺陷距离表面越近。

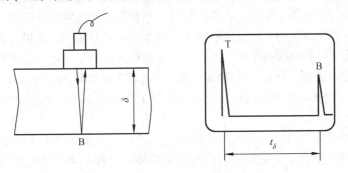

（a）无缺陷时超声波的反射及显示波形

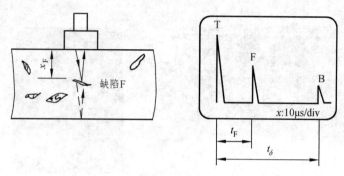

（b）有缺陷时超声波的反射及显示波形

图 10-19　纵波探伤示意图

例 10-2　图 10-19（b）中，显示器的 X 轴为 $10\ \mu s/div$（格），现测得 B 波与 T 波的距离为 10 格，F 波与 T 波的距离为 3.5 格。求：① t_δ 及 t_F；② 钢板的厚度 δ 及缺陷与表面的距离 x_F。

解　①　$t_\delta = 10\ \mu s/div \times 10\ div = 100\ \mu s = 0.1\ ms$，$t_F = 10\ \mu s/div \times 3.5\ div = 35\ \mu s = 0.035\ ms$

②　查表 10-1 得到纵波在钢板中的声速 $c = 5.9 \times 10^3\ m/s$ 则：

$$\delta = t_\delta \times c_L / 2 = (5.9 \times 10^3 \times 0.1 \times 10^{-3}/2)\ m \approx 0.3\ m$$

$$x_F = t_\delta \times c_F / 2 = (5.9 \times 10^3 \times 0.035 \times 10^{-3}/2)\ m \approx 0.1\ m$$

四、超声波探伤的应用

超声波是一种机械波，有很高的频率，频率超过 20 kHz，其能量远远大于振幅相同的可闻声波的能量，具有很强的穿透能力。用于探伤的超声波，频率为 0.4 ~ 25 MHz，其中用得最多的是 1 ~ 5 MHz。它能够快速便捷、无损伤、精确地进行工件内部多种缺陷的检测、定位，并且超声波探伤探测距离大，探伤装置体积小，质量轻，便于携带到现场探伤，检测速度快，探伤中只消耗耦合剂和磨损探头，总的检测费用较低等特点，所以它的应用越来越广泛。

（一）铁路轨道探伤

利用超声波法进行钢轨伤损探测，能够探测钢轨的轨头和轨腰范围内（包括接头附近）的疲劳缺陷和焊接缺陷，有的还能检测擦伤、轨头压溃和波浪形磨耗以及轨底锈蚀和月牙掉块。这种车辆装有自动记录设备，能把钢轨伤损信号、里程信号和线路特征信号（桥梁、隧道、接头、轨枕类别等）等记录在同一纸带或胶片上。根据记录可分析确定伤损的大小和在钢轨内的位置，也可确定伤损所在的线路里程。此外，根据连续二次的记录还可确定钢轨伤损的发展速度和发展规律。超声波钢轨探伤车常用的检测行车速度为每小时 30 ~ 50 km，检测核伤的最佳灵敏度约 50 mm^2，检测轨腰裂纹的最佳灵敏度相当于直径为 3 mm 的钻孔。如图 10-20 所示为高速钢轨探伤车。

确定钢轨伤损所在线路上的位置误差最小达 ± 10 cm。轨面不平和不洁会影响这种车辆的检测灵敏度，特别是影响接头附近伤损的检出灵敏度。这种车辆冬季配合加热器可在不低于 − 15 ℃ 情况下使用，水中添加防冻剂时工作温度可更低，但大雪天仍不宜使用。

图 10-20　高速轨道探伤车

此外，各国还广泛采用人工推进的各种小型和便携式钢轨探伤仪。中国铁路采用国产的配有 3 个不同角度探头的超声波钢轨探伤小车，探伤效果很好。为提高检测的技术水平，钢轨探伤车正在向以下几个方向发展：① 用计算机处理记录得到的探伤信号；② 增加地面设施，实现自动定里程；③ 改进超声波探头经过道岔辙叉时用手工操作起落的方法，实现不起落或自动起落；④ 提高超声波钢轨探伤车的检测速度和降低检测费用；⑤ 探索可实用的非接触式检测方法。

（二）管道环焊缝探伤

管道环焊缝探伤仪可以检测板材、钢结构、锅炉压力容器、管道（热力、压力）、机械等金属材料的焊缝焊接质量（如钢结构 T 形角焊缝、平焊缝、对接焊缝，单面焊、双面焊、裂纹等）。

焊缝内部缺陷的性质的估判大体有以下几点：

（1）气孔。单个气孔回波高度低，波形为单缝，较稳定。从各个方向探测，反射波大体相同，但稍一动探头就消失，密集气孔会出现一簇反射波，波高随气孔大小而不同，当探头作定点转动时，会出现此起彼落的现象。

（2）夹渣。点状夹渣回波信号与点状气孔相似，条状夹渣回波信号多呈锯齿状，波幅不高，波形多呈树枝状，主峰边上有小峰，探头平移波幅有变动，从各个方向探测时反射波幅不相同。

（3）未焊透。反射率高，波幅也较高，探头平移时，波形较稳定，在焊缝两侧探伤时均能得到大致相同的反射波幅。

（4）未熔合。探头平移时，波形较稳定，两侧探测时，反射波幅不同，有时只能从一侧探到。

（5）裂纹。回波高度较大，波幅宽，会出现多峰，探头平移时反射波连续出现波幅有变动，探头转时，波峰有上下错动现象。

（三）零件构件探伤

超声波探伤作为无损检测检测方法之一，是在不破坏加工表面的基础上，应用超声波探伤仪来进行检测，既可以检查肉眼不能检查的零件内部缺陷，也可以大大提高检测的准确性和可靠性。在每次探伤操作前都必须利用标准试块（CSK-IA、CSK-ⅢA）校准仪器的综合性能，校准面板曲线，以保证探伤结果的准确性。

10-1 单项选择题

（1）人讲话时，声音从口腔沿水平方向向前方传播，则沿传播方向的空气分子_____。

    A. 从口腔附近通过振动，移动到听者的耳朵

    B. 在原来的平衡位置前后振动而产生横波

    C. 在原来的平衡位置上下振动而产生横波

    D. 在原来的平衡位置前后振动而产生纵波

（2）一束频率为 1 MHz 的超声波（纵波）在钢板中传播时，它的声速约为_____，波长约为_____。

    A. 5.9 m   B. 340 m   C. 5.9 mm   D. 1.2 mm   E. 5.9 km/s   F. 340 m/s

（3）超声波频率越高，_____。

    A. 波长越短，指向角越小，方向性越好

    B. 波长越长，指向角越大，方向性越好

    C. 波长越短，指向角越大，方向性越好

    D. 波长越短，指向角越小，方向性越差

（4）超声波在有机玻璃中的声速比在水中的声速_____，比在钢中的声速_____。

    A. 大   B. 小   C. 相等

（5）单晶直探头发射超声波时，是利用压电晶片的_____，而接收超声波时是利用压电晶片的_____，发射在_____，接收在_____。

    A. 压电效应   B. 逆压电效应   C. 电涡流效应

    D. 先   E. 后   F. 同时

（6）钢板探伤时，超声波的频率多为_____，在房间中利用空气探头进行超声防盗时，超声波的频率多为_____。

    A. 20 Hz ~ 20 kHz   B. 35 kHz ~ 45 kHz

    C. 0.5 MHz ~ 5 MHz   D. 100 MHz ~ 500 MHz

（7）大面积钢板探伤时，耦合剂应选_____为宜；机床床身探伤时，耦合剂应选_____为宜；给人体做 B 超时，耦合剂应选_____。

    A. 自来水   B. 机油   C. 液体石蜡   D. 化学糨糊

（8）A 型探伤时，显示图像的 x 轴为_____，y 轴为_____，而 B 型探伤时，显示图像的 x 轴为_____，y 轴为_____，辉度为_____。

    A. 时间轴   B. 扫描距离   C. 反射波强度

    D. 探伤的深度   E. 探头移动的速度

（9）在 A 型探伤中，F 波幅度较高，与 T 波的距离较接近，说明_____。

    A. 缺陷横截面面积较大，且较接近探测表面

    B. 缺陷横截面面积较大，且较接近底面

    C. 缺陷横截面面积较小，但较接近探测表面

    D. 缺陷横截面面积较小，但较接近底面

（10）对处于钢板深部的缺陷宜采用_____探伤；对处于钢板表面的缺陷宜采用_____探伤。

　　A. 电涡流　　　B. 超声波　　　C. 磁粉探伤　　　D. 荧光染色法

10-2　在超声波流量测量中，流体密度 $\rho = 0.9\ \text{t/m}^3$，管道直径 $D = 1\ \text{m}$，$\alpha = 45°$，测得 $\Delta f = 10\ \text{Hz}$，求：

（1）管道横截面面积 A；（2）流体流速 v；（3）体积流量 q_V；（4）质量流量 q_m；（5）1 h 的累积流量 $q_\text{总}$。

10-3　利用 A 型探伤仪测量某一根钢制 $\phi 0.5\ \text{m}$、长约数米的轴的长度，从图 10-19 的显示器中测得 B 波与 T 波的时间差 $t_\delta = 1.2\ \text{ms}$，求轴的长度。

10-4　什么是超声波?超声波有哪些传播特性？

10-5　为什么可闻声波（如说话的声音）不适合检测领域而超声波可以？

10-6　超声波探头发生超声波与接收超声波的原理分别是什么？

10-7　超声波探头主要有哪些类型？它们各自有什么特点？

10-8　超声波传感器都可以应用在哪些场合？请举例说明。

10-9　超声波无损探伤有哪些优点？

10-10　简述 A 型超声波探伤的探伤原理，并说明各波所表示的含义。

10-11　查阅"铁路轨道探伤小车"相关资料，论述轨道探伤小车的探伤原理、操作规程及轨道探伤技术要求。

10-12　利用自己所学知识分析汽车倒车雷达防撞系统工作原理，如图 10-21 所示，该装置还可以有其他哪些用途？

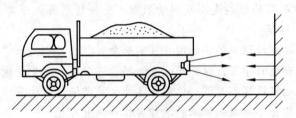

图 10-21　汽车倒车雷达示意图

模块十一　数字式位置传感器

典型应用

课前 LEAD-IN 导读

　　几十年来，世界各国都在致力于发展数字位置测量技术，寻找最理想的测量元件和信息处理技术。早在 1874 年，物理学家瑞利就发现了构成计量光栅基础的莫尔条纹，直到 20 世纪 50 年代初，英国 FERRANTI 公司才成功地将计量光栅用于数控铣床。20 世纪 60 年代末，日本索尼公司发明了磁栅数显系统，20 世纪 90 年代初，瑞士 SYLVAC 公司又推出了容栅数显系统。数字式位置传感器包括直线位置传感器和旋转式位置传感器。一方面应用于测量工具中，使传统的游标卡尺、千分尺、高度仪实现了数显化，使读数过程方便准确；另一方面还广泛应用于数控机床中，通过测量机床工作台、刀架等运动部件的位移进行位置伺服控制。这类传感器既可以有很高的精度，也可以测量很大的位移量。目前，数字位置测量的直线位移分辨力可达 0.1 μm，角位移分辨力可达 0.1″。本模块主要介绍用于角位移测量的角编码器的结构类型及测量原理、光栅传感器的分类及结构、辨向及细分技术、容栅及磁栅传感器。

　　在学习过程中应注意授课中的实物图片及实例分析，在日常生活中要善于观察、注重理论联系实际。通过本模块的学习，你会知道角编码器可以用于测量转速、加工定位及刀库选刀控制、电动机转子磁极位置测量等；你会知道什么是光栅，结构有什么特点；你会知道为什么要辨向和细分；你会了解数控机床的工作台位移测量原理……

单元一　角编码器

　　角编码器又称码盘，是一种旋转式位置传感器，它的转轴通常与被测轴连接，随被测轴一起转动，如图 11-1 所示。角编码器能将被测轴的角位移转换成二进制编码或一串脉冲信号，它是把角位移采集、转换为可以通信、传输和存储的信号形式的设备。角编码器按照读出方式可以分为接触式和非接触式两种；按照工作原理又可分为增量式和绝对式两类。

　　增量式测量的特点是只能获得位移增量，移动部件每移动一个基本长度单位，位置传感器便发出一个测量信号，此信号通常为脉冲形式。这样，一个脉冲

图 11-1　角编码器在机床中的应用

所代表的的基本长度单位就是分辨力，对脉冲计数便可得到位移量。增量式位置传感器必须有一个零位标志，作为测量起点的标志。即使如此，如果中途断电，增量式位置传感器仍然无法获知移动部件的绝对位置。绝对式位置传感器的特点是，每一个被测点都有一个对应的编码，常以二进制数据形式来表示。绝对式测量即使断电后重新上电，也能读出当前位置的数据。典型的绝对式位置传感器有绝对式角编码器，这种角编码器所对应的每个角度都有一组二进制数据与之对应。能分辨的角度值越小，所要求的二进制位数就越多，角编码器的结构就越复杂。

一、角编码器的分类

（1）按码盘的结构和检测方式不同分类。

① 增量型：每转过一个基本角度单位就发出一个脉冲信号，通常为 A 相、B 相、C 相输出，A 相、B 相为相互延迟 1/4 周期的脉冲输出，根据延迟关系可以区别正反转，C 相为单圈脉冲，即每圈发出一个脉冲，作为测量的参考基准。

② 绝对型：对应码盘的一圈，每个基本角度单位发出一个唯一与该角度对应的二进制数据，通过外部记圈器件可以进行多个位置的记录和测量。

（2）按角编码器的工作原理可分为：光电式、触点电刷式和磁电式等。

（3）按编码器的机械安装形式分类。

① 轴型安装［见图 11-2（a）］：轴型又可分为夹紧法兰型、同步法兰型和伺服安装型等。

② 轴套型安装［见图 11-2（b）］：轴套型又可分为半空型、全空型和大口径型等。

（a）轴型安装　　　　　　　　　　（b）轴套型安装

图 11-2　角编码器的安装形式

二、绝对式编码器

绝对式编码器按照角度直接进行编码，可直接把被测转角用数字代码表示出来。根据内部结构和检测方式有接触式、光电式等形式。

（一）接触式编码器

图 11-3 所示为 4 位二进制接触式编码器结构。它是在一个不导电基体上做成许多有规律的导电金属区，其中阴影部分为导电区，用"1"表示，其他部分为绝缘区，用"0"表示。

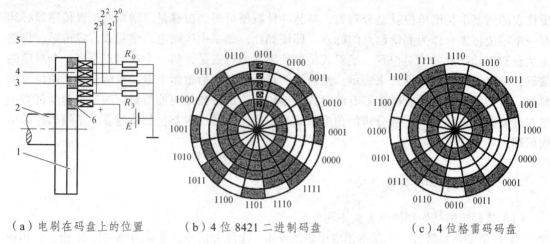

（a）电刷在码盘上的位置　　　（b）4 位 8421 二进制码盘　　　（c）4 位格雷码码盘

图 11-3　接触式码盘

1—码盘；2—转轴；3—导电体；4—绝缘体；5—电刷；6—激励公用轨道（接电源正极）

分辨的角度 α（即分辨力）为

$$\alpha = 360°/2^n \tag{11-1}$$

$$分辨力 = 1/2^n \tag{11-2}$$

思考：码道越多，位数 n 越大，所能分辨的角度 α 就越小？

若要提高分辨力，就必须增加码道数，即二进制位数。

例：某 12 码道的绝对式角编码器，其每圈的位置数为 $2^{12} = 4\,096$，能分辨的角度为 $\alpha = 360°/2^{12} = 5.27'$；

若为 13 码道，则能分辨的角度为 $\alpha = 360°/2^{13} = 2.64'$。

（二）绝对式光电编码器

绝对式光电编码器与接触式编码器结构类似，只是其中的黑白区域不表示导电区和绝缘区，而是表示透光或不透光区。黑的区域表示不透光区，用"0"表示；白的区域为透光区，用"1"表示。这样，在任意的角度都有对应的二进制编码。

绝对式光电编码器（见图 11-4）的特点是没有接触磨损、允许转速高。码盘材料通常采用不锈钢薄板、玻璃码盘。

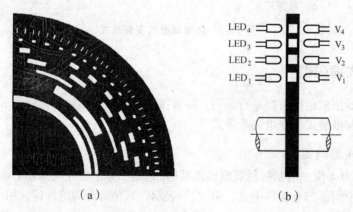

（a）　　　　　　　　　　　（b）

图 11-4　光电编码器示意图

三、增量式编码器

增量式光电码盘结构示意图如图 11-5 所示。光电码盘与转轴连在一起。码盘可用玻璃材料制成，表面镀上一层不透光的金属铬，然后在边缘制成向心的透光狭缝。透光狭缝在码盘圆周上等分，数量从几百条到几千条不等。这样，整个码盘圆周上就被等分成 n 个透光的槽。增量式光电码盘也可用不锈钢薄板制成，然后在圆周边缘切割出均匀分布的透光槽。

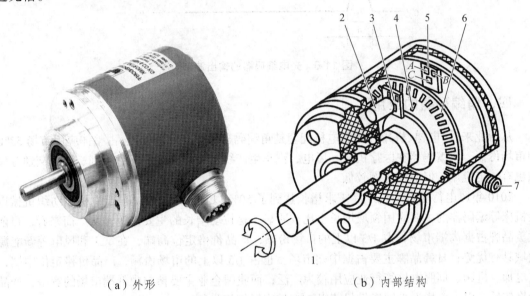

（a）外形　　　　　　　　（b）内部结构

图 11-5　增量式光电码盘结构示意图

1—转轴；2—发光二极管；3—光栅板；4—零标志位光槽；5—光敏元件；
6—码盘；7—电源及信号线连接座图

光电码盘的光源最常用的是自身有聚光效果的发光二极管。当光电码盘随工作轴一起转动时，光线透过光电码盘和光栅板狭缝，形成忽明忽暗的光信号。光敏元件把此光信号转换成电脉冲信号，通过信号处理电路后，向数控系统输出脉冲信号，也可由数码管直接显示位移量。

光电编码器的测量准确度与码盘圆周上的狭缝条纹数 n 有关，能分辨的角度 α 为

$$\alpha = 360°/n \tag{11-3}$$

$$分辨力 = 1/n \tag{11-4}$$

码盘边缘的透光槽数为 1 024 个，则能分辨的最小角度 $\alpha = 360°/1\,024 = 0.352°$。

为了判断码盘旋转的方向，必须在光栅板上设置两个狭缝，其距离是码盘上的两个狭缝距离的 $(m + 1/4)$ 倍，m 为正整数，并设置了两组对应的光敏元件，如图 11-6 中的 A、B 光敏元件，有时也称为 cos 、sin 元件。光电编码器的输出波形如图 11-6 所示。为了得到码盘转动的绝对位置，还须设置一个基准点，如图 11-5 中的"零位标志槽"。码盘每转一圈，零位标志槽对应的光敏元件产生一个脉冲，称为"一转脉冲"，见图 11-6 中的 C_0 脉冲。

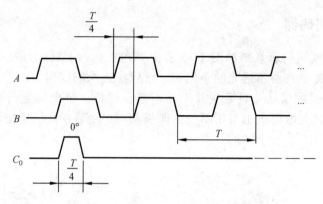

图 11-6 光电编码器的输出波形

四、角编码器的应用

从行业来看,电梯、机床和伺服电机配套是角编码器的重点应用领域,占整体应用市场 53% 的市场份额。角编码器在医疗机械、风电、汽车生产线、混合动力汽车、水利、轨道交通等领域也有一定应用,但应用比例较低。

2010 年风电行业自动化产品需求增长达到了 50% 以上,而电梯、伺服电机、纺织机械以及机床等编码器的主要应用领域增长也比较明显,是拉动增长的主要来源。从厂商来看,目前欧美品牌占据高端市场, 占 1/3 以上的市场份额, 产品价格定位高端, 在重工和风电等新能源领域具有优势;日韩品牌主要占据中端市场, 也占 1/3 以上的市场份额, 产品价格定位中端,在电梯、机床、伺服电机等行业应用较为广泛;而我国企业主要参与中低端市场的竞争,产品价格较低,以占市场近半销售量仅获得 25% 的市场销售份额。

目前绝对式编码器的价格大约是增量型编码器的 4 倍以上,国内市场上 70% 的应用是价格相对经济的增量型编码器,主要应用在如包装、纺织、电梯等行业中仅要求测量转速及对绝对位置测量要求不高的机器设备上。而在高精度机械设备或钢铁、港口及起重等重工业行业,由于对测量的精度要求相对较高,更多情况会使用绝对值编码器。随着机械设备自动化程度的提高,编码器产品的应用领域也越来越广泛,客户已不再满足于编码器仅能将物理的旋转信号转换为电信号,还要求编码器集成度更高,产品更加耐用,并且希望能在绝对值编码器中出现更丰富的接口方式,使更多的设备实现智能化。

（一）数字测速

增量式角编码器的输出信号是脉冲形式,因此,可以通过测量脉冲频率或周期的方法来测量转速。角编码器可代替测速发电机的模拟测速,而成为数字测速装置。

在一定的时间间隔 t_s 内（又称闸门时间,如 10 s、1 s、0.1 s 等）,用角编码器所产生的脉冲数来确定速度的方法称为 M 法测速（见图 11-7）。

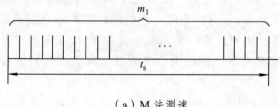

（a）M 法测速

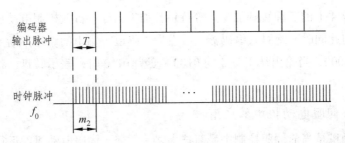

（b）T法测速

图 11-7　M 法和 T 法测速原理

若角编码器每转产生 N 个脉冲，在闸门时间间隔 t_s 内得到 m_1 个脉冲，则角编码器所产生的脉冲频率 f 为

$$f = \frac{m_1}{t_s} \tag{11-5}$$

则转速 n（单位为 r/min）为

$$n = 60 \frac{f}{N} = 60 \frac{m_1}{t_s N}$$

例 11-1　某角编码器的指标为 2 048 个脉冲/r（即 $N = 2\,048$ p/r），在 0.2 s 时间内测得 8K 脉冲（1K = 1 024），即 $t_s = 0.2$ s，$m_1 = 8$K $= 8\,192$ 个脉冲，$f = 4\,096/0.2$s $= 20\,480$ Hz，求转速 n。

解　角编码器轴的转速为

$$n = 60 \frac{m_1}{t_s N} = 60 \frac{8\,192}{2\,048 \times 0.2} \text{r/min} = 1\,200 \text{ r/min}$$

适合于 M 法测速的场合：要求转速较快，否则计数值较少，测量准确度较低。

例如，角编码器的输出脉冲频率 $f = 1\,000$ Hz，闸门时间 $t_s = 1$ s 时，测量精度可达 0.1% 左右；而当转速较慢时，角编码器输出脉冲频率较低，±1 误差（多或少计数一个脉冲）将导致测量精度的降低。

闸门时间 t_s 的长短对测量精度的影响：

t_s 取得较长时，测量精度较高，但不能反映速度的瞬时变化，不适合动态测量；t_s 也不能取得太小，以至于在 t_s 时段内得到的脉冲太少，而使测量精度降低。例如，脉冲的频率 f 仍为 1 000 Hz，t_s 缩短到 0.01 s 时，此时的测量准确度将降到 10% 左右。

（二）工位编码

由于绝对式编码器每一转角位置均有一个固定的编码输出，若编码器与转盘同轴相连，则转盘上每一工位安装的被加工工件均可以有一个编码相对应，转盘工位编码如图 11-8 所示。当转盘上某一工位转到加工点时，该工位对应的编码由编码器输出给控制系统。

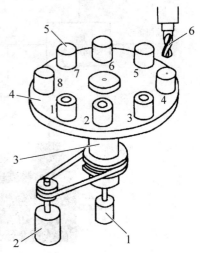

图 11-8　转盘工位编码

1—绝对式编码器；2—电动机；3—转轴；
4—转盘；5—工件；6—刀具

要使处于工位 4 上的工件转到加工点等待钻孔加工，计算机就控制电动机通过带轮带动转盘逆时针旋转。与此同时，绝对式编码器（假设为 4 码道）输出的编码不断变化。设工位 1 的绝对二进制码为 0000，当输出从工位 3 的 0100，变为 0110 时，表示转盘已将工位 4 转到加工点，电动机停转。

（三）在交流伺服电动机中的应用

交流伺服电动机是当前伺服控制中最新技术之一。交流伺服电动机的运行需要角度位置传感器，以确定各个时刻转子磁极相对于定子绕组转过的角度，从而控制电动机的运行，如图 11-9 所示。编码器安装在伺服电机上用来测量磁极位置和伺服电机转角及转速，编码器在交流伺服电动机控制中起了 3 方面作用：① 提供电动机定、转子之间相互位置数据；② 提供速度反馈信号；③ 提供传动系统的角位移信号。绝对式编码器在定位方面明显地优于增量式编码器，已经越来越多地应用于伺服电机上。绝对式编码器因其高精度，输出位数较多，如仍用并行输出，其每一位输出信号必须确保连接很好，对于较复杂工况还要隔离，连接电缆芯数多，由此带来诸多不便和降低可靠性。

（四）在加工中心刀库选刀控制中的应用

数控机床的刀库系统是加工中心自动化加工过程中需储刀和换刀的一种装置，主要由刀库和换刀机构构成。刀库主要提供储刀位置，并能依程式控制正确选择刀具加以定位，以进行刀具交换。换刀机构则是执行刀具交换的动作，刀库和换刀机构必须同时存在。角编码器在数控加工中心的刀库选刀控制中得到了广泛的应用，图 11-10 所示为数控加工中心刀库装置。

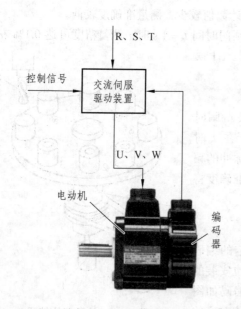

图 11-9　编码器在交流伺服电动机中的应用

图 11-10　数控加工中心刀库选刀控制

单元二　光栅传感器

光栅传感器（optical grating transducer）指采用光栅莫尔条纹原理测量位移的传感器。光栅是在一块长条形的光学玻璃上密集等间距平行的刻线，刻线密度为 10～100 线/毫米。由光栅形成的莫尔条纹具有光学放大作用和误差平均效应，因而能提高测量精度。传感器由标尺光栅、指示光栅、光路系统和测量系统 4 部分组成。标尺光栅相对于指示光栅移动时，便形成大致按正弦规律分布的明暗相间的莫尔条纹。这些条纹以光栅的相对运动速度移动，并直接照射到光电元件上，在它们的输出端得到一串电脉冲，通过放大、整形、辨向和计数系统产生数字信号输出，直接显示被测的位移量。

光栅传感器的光路形式有两种：一种是透射式光栅，它的栅线刻在透明材料（如工业用白玻璃、光学玻璃等）上；另一种是反射式光栅，它的栅线刻在具有强反射的金属（不锈钢）或玻璃镀金属膜（铝膜）上。这种传感器的优点是量程大和精度高。光栅传感器应用在数控机床和三坐标测量机构中，可测量静、动态的直线位移和角位移。在机械振动测量、变形测量等领域也有应用。

一、光栅的类型和结构

光栅可分为物理光栅和计量光栅，物理光栅主要是利用光的衍射现象，常用于光谱分析和光波波长测定，而在检测中常用的是计量光栅。计量光栅是利用光的透射和反射现象，常用于位移测量，可具备很高的分辨力。计量光栅的脉冲读数速率可达每毫秒几百次之高，非常适用于动态测量。

计量光栅分为透射式光栅和反射式光栅两大类，均由光源、光栅副、光敏元件 3 大部分组成。光敏元件可以是光敏二极管，也可以是光电池。透射式光栅结构用光学玻璃做基体，在其上均匀地刻画出间距、宽度相等的条纹，形成连续的透光区和不透光区，如图 11-11（a）所示。反射式光栅使用不锈钢做基体，在其上用化学方法制出黑白相间的条纹，形成反光区和不反光区，如图 11-11（b）所示。

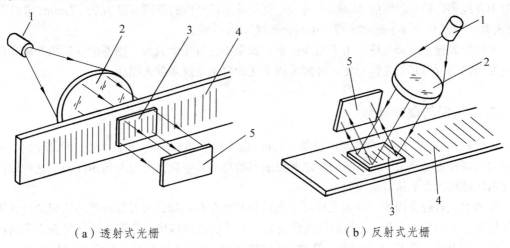

（a）透射式光栅　　　　　　　　　　（b）反射式光栅

图 11-11　计量光栅的分类示意图

1—光源；2—透镜；3—指示光栅；4—标尺光栅；5—光敏元件

计量光栅按形状分为长光栅和圆光栅。长光栅用于直线位移测量，故又称直线光栅，圆光栅用于角位移测量。图 11-12 为直线光栅外观及内部结构剖面示意图。

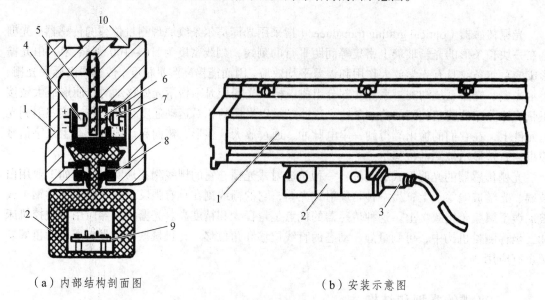

（a）内部结构剖面图　　　　　　　　　　　　　（b）安装示意图

图 11-12　直线光栅的结构及外观

1—铝合金定尺尺身外壳；2—读数头；3—电缆；4—带聚光镜的 LED；5—主光栅；
6—指示光栅；7—光敏元件；8—密封唇；9—信号调理电路；10—安装槽

计量光栅由标尺光栅（主光栅）和指示光栅组成，又称光栅副。标尺光栅和指示光栅之间保持很小的间隙（0.05 mm 或 0.1 mm）。在长光栅中标尺光栅固定不动，而指示光栅安装在运动部件上，所以两者之间形成相对运动。在圆光栅中，指示光栅通常固定不动，而标尺光栅随轴转动。在光栅尺上，a 为栅线宽度，b 为栅缝宽度，$W = a + b$ 称为光栅常数，或称栅距。通常 $a = b = W/2$，栅线密度通常有 10 线/mm、25 线/mm、50 线/mm、100 线/mm 和 200 线/mm 等几种。对于圆光栅来说，两条相邻刻线的中心线之夹角称为角节距，每周的栅线数从较低精度的 100 线到高精度等级的 21 600 线不等。例如某一长光栅的栅线密度为 25 线/mm，求栅距 W（可视为分辨力）：$W = 1 \text{ mm}/25 \text{ 线} = 0.04 \text{ mm/线} = 4 \text{ μm/线}$。

无论长光栅还是圆光栅，由于刻线很密，如果不进行光学放大，则不能直接用光敏元件来测量光栅移动所引起的光强变化，必须采用下述的莫尔条纹来放大栅距。

二、光栅与莫尔条纹

将两块画有竖直方向的等间隔黑条（1 mm/条）的有机玻璃叠合在一起。可以看到，在水平方向出现较宽的黑条，黑条的间距随两块玻璃的角度而变化，可以大到 50 mm。这种黑白条纹随两块玻璃的水平相对运动而上下移动。

在透射式直线光栅中，指示光栅与主光栅相对叠合在一起，两者保持很小的间隙，并使栅线保持很小的夹角 θ。在两光栅的刻线重合处，光从缝隙透过形成亮带，在两光栅刻线的错开处，由于相互挡光作用形成暗带。这种亮带和暗带形成明暗相间的条纹称为莫尔条纹，如图 11-13 所示。

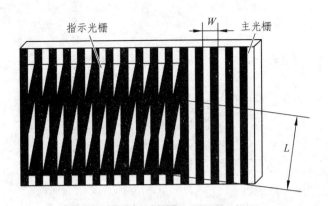

图 11-13　莫尔条纹示意图

在光栅的适当位置安装 2 只光敏元件（有时为 4 只）。当指示光栅沿 x 轴自左向右移动时，莫尔条纹的亮带和暗带将顺序自下而上不断地掠过光敏元件。光敏元件"观察"到莫尔条纹的光强变化近似于正弦波变化。

由于光栅的刻线非常细微（例如上例中的 4 μm），如果只用一块玻璃，光电元件很难直接分辨到底从面前移动过去了多少个栅距。

利用能放大栅距的莫尔条纹的价值：莫尔条纹的黑白条纹比栅距大几十倍，所以能让光敏元件"看清"随光栅刻线移动所带来的光强变化。

莫尔条纹的间距是放大了的光栅栅距，它随着指示光栅与主光栅刻线夹角而改变。由于 θ 很小，所以其关系可用下式表示

$$L = W/\sin\theta \approx W/\theta \qquad (11\text{-}6)$$

式中，L 为莫尔条纹间距；W 为光栅栅距；θ 为两光栅刻线夹角，必须以弧度（rad）为单位，式（11-6）才能成立。

从式（11-6）可知，θ 越小，L 越大，相当于把微小的栅距扩大了 $1/\theta$。由此可见，计量光栅起到光学放大器的作用。

例：对 25 线/mm 的长光栅而言，$W = 0.04$ mm。若 $\theta = 0.016$ rad，则 $L = 2.5$ mm，光敏元件可以分辨这 2.5 mm 的间隔，但若不采用两块玻璃组成莫尔条纹的光学放大，则无法分辨 0.04 mm 的间隔。

莫尔条纹的特征：

（1）误差平均效应。莫尔条纹能在很大程度上消除光栅刻线不均匀引起的误差。

（2）光学放大作用。莫尔条纹间距 L 是放大了的光栅栅距。

（3）对应关系。两光栅相对移动一个栅距，莫尔条纹移动一个条纹间距；莫尔条纹方向近似垂直于栅线方向，光栅反向移动，莫尔条纹亦反向移动。

当指示光栅沿 x 轴自左向右移动时，莫尔条纹的亮带和暗带将顺序自下而上不断地掠过光敏元件。光敏元件"观察"到莫尔条纹的光强变化近似于正弦波变化。光栅移动一个栅距 W，光强变化一个周期。光电元件随着两块玻璃的水平相对运动，而输出连续的正弦波，如图 11-14 所示。

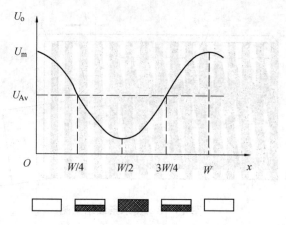

图 11-14　光栅位移与光强及输出电压的关系

三、辨向及细分技术

（一）辨向原理

如果传感器只安装一套光电元件，则在实际应用中，无论光栅作正向移动还是反向移动，光敏元件都产生相同的正弦信号，是无法分辨移动方向的。为此，必须设置辨向电路。例如人有两只耳朵，它们的输出信号经大脑处理后，可以判断脑后物体移动的左右方向。

通常可以在沿光栅线的 y 方向上相距（$m \pm 1/4$）L（相当于电相角 1/4 周期）的距离上设置 sin 和 cos 两套光电元件（见图 11-15 中的 sin 位置和 cos 位置）。这样就可以得到两个相位相差 $\pi/2$ 的电信号 $u_{\sin}$ 和 $u_{\cos}$，经放大、整形后得到 $u'_{\sin}$ 和 $u'_{\cos}$ 两个方波信号，分别送到计算机的两路接口，由计算机判断两路信号的相位差。当指示光栅向右移动时，$u_{\sin}$ 滞后于 $u_{\cos}$；当指示光栅向左移动时，$u_{\sin}$ 超前于 $u_{\cos}$。计算机据此判断指示光栅的移动方向。

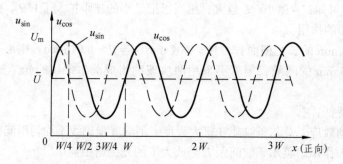

（a）光栅位移与光强及输出电压的关系

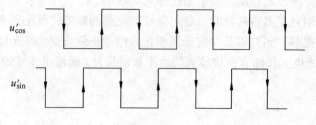

（b）整形后方波的上升沿和下降沿

204

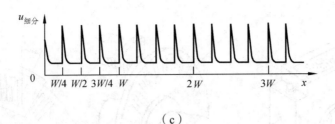

（c）

图 11-15　sin 和 cos 光敏元件的输出电压波形及细分脉冲

（二）细分技术

细分技术又称倍频技术。如将光敏元件的输出电信号直接计数，则光栅的分辨力只有一个 W 的大小。为了能够分辨比 W 更小的位移量，必须采用细分电路。细分电路能在不增加光栅刻线数（线数越多，成本越昂贵）的情况下提高光栅的分辨力。该电路能在一个 W 的距离内等间隔地给出 n 个计数脉冲，如图 11-15（c）所示。细分后计数脉冲的频率是原来的 n 倍，传感器的分辨力就会有较大的提高。通常采用的细分方法有 4 倍频法、16 倍频法等，可通过专用集成电路来实现。

例 11-2　细分数 $n = 4$，光栅刻线数 $N = 100$ 根/mm，求细分后光栅的分辨力 Δ。

解　栅距 $W = 1/N = (1/100)$ mm $= 0.01$ mm

$$\Delta = W/n = (0.01/4) \text{ mm} = 0.002\,5 \text{ mm} = 2.5 \text{ μm}$$

由此可见，光栅通过 4 细分电路处理后，相当于将原光栅的分辨力提高了 3 倍。

（三）零位光栅

在增量式光栅中，为了寻找坐标原点、消除误差积累，在测量系统中需要有零位标记（位移的起始点），因此在光栅尺上除了主光栅刻线外，还必须刻有零位基准的零位光栅，以形成零位脉冲，又称参考脉冲。把整形后的零位信号作为计数开始的条件。

（四）轴环式数显表

图 11-16 是 ZBS 型轴环式光栅数显表示意图。它的主光栅用不锈钢圆薄片制成，可用于角位移的测量。

在轴环式数显表中，定片（指示光栅）固定，动片（主光栅）可与外接旋转轴相连并转动。动片边沿被均匀地镂空出 500 条透光条纹，见图 11-16（b）的 A 放大图。定片为圆弧形薄片，在其表面刻有两组与动片相同间隔的透光条纹（每组 3 条），定片上的条纹与动片上的条纹成一角度 θ。两组条纹分别与两组红外发光二极管和光敏三极管相对应。当动片旋转时，产生的莫尔条纹亮暗信号由光敏三极管接收，相位正好相差 $\pi/2$，即第一个光敏三极管接收到正弦信号，第二个光敏三极管接收到余弦信号。经整形电路处理后，两者仍保持相差 1/4 周期的相位关系。再经过细分及辨向电路，根据运动的方向来控制可逆计数器做加法或减法计数，测量电路框图如图 11-16（c）所示。测量显示的零点由外部复位开关完成。光栅型轴环式数显表可以安装在中小型机床的进给手轮（刻度轮）的位置，可以直接读出进给尺寸，减少停机测量的次数，从而提高工作效率和加工精度。

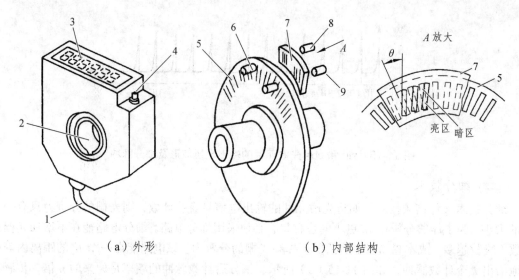

（a）外形　　　　　　　　　（b）内部结构

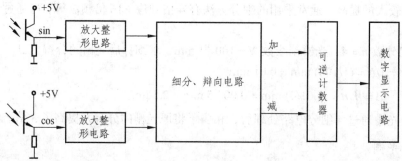

（c）测量电路框图

图 11-16　ZBS 型轴环式数显表

1—电源线（＋5 V）；2—轴套；3—数字显示器；4—复位开关；5—主光栅；
6—红外发光二极管；7—指示光栅；8—sin 光敏三极管；9—cos 光敏三极管

四、光栅传感器的应用

　　光栅尺经常应用于数控机床的闭环伺服系统中，可用作直线位移或者角位移的检测。光栅尺的外观如图 11-17 所示，其测量输出的信号为数字脉冲，具有检测范围大，检测精度高，响应速度快的特点。例如，在数控机床中常用于对刀具和工件的坐标进行检测，来观察和跟踪走刀误差，以起到补偿刀具的运动误差的作用。

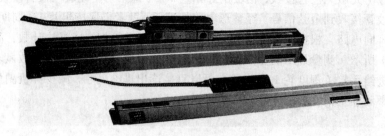

图 11-17　光栅尺外观

光栅尺线位移传感器的安装比较灵活，可安装在机床的不同部位，如图 11-18 所示。

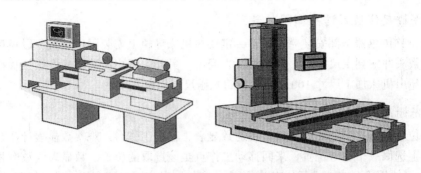

图 11-18　光栅尺在数控机床上的安装位置

一般将主尺安装在机床的工作台（滑板）上，随机床走刀而动，读数头固定在床身上，尽可能使读数头安装在主尺的下方。其安装方式的选择必须注意切屑、切削液及油液的溅落方向。如果由于安装位置限制必须采用读数头朝上的方式安装时，则必须增加辅助密封装置。另外，一般情况下，读数头应尽量安装在相对机床静止的部件上，此时输出导线不移动易固定，而尺身则应安装在相对机床运动的部件上（如滑板）。

（一）光栅尺线位移传感器安装基面

安装光栅尺传感器时，不能直接将传感器安装在粗糙不平的机床身上，更不能安装在打底涂漆的机床身上。光栅主尺及读数头分别安装在机床相对运动的两个部件上。用千分表检查机床工作台的主尺安装面与导轨运动的方向平行度。千分表固定在床身上，移动工作台，要求达到平行度为 0.1 mm/1 000 mm 以内。如果不能达到这个要求，则需设计加工一件光栅尺基座。

基座要求做到：① 应加一根与光栅尺尺身长度相等的基座（最好基座长出光栅尺 50 mm 左右）；② 该基座通过铣、磨工序加工，保证其平面平行度在 0.1 mm/1 000 mm 以内。另外，还需加工一件与尺身基座等高的读数头基座。读数头的基座与尺身的基座总共误差不得大于 ±0.2 mm。安装时，调整读数头位置，达到读数头与光栅尺尺身的平行度为 0.1 mm 左右，读数头与光栅尺尺身之间的间距为 1 ~ 1.5 mm。

（二）光栅尺线位移传感器主尺安装

将光栅主尺用 M4 螺钉上在机床安装的工作台安装面上，但不要上紧，把千分表固定在床身上，移动工作台（主尺与工作台同时移动）。用千分表测量主尺平面与机床导轨运动方向的平行度，调整主尺 M4 螺钉位置，使主尺平行度满足 0.1 mm/1 000 mm 以内时，把 M2 螺钉彻底上紧。

在安装光栅主尺时，应注意如下 3 点：

① 在装主尺时，如安装超过 1.5M 以上的光栅时，不能像桥梁式只安装两端头，尚需在整个主尺尺身中有支撑。② 在有基座情况下安装好后，最好用一个卡子卡住尺身中点（或几点）。③ 不能安装卡子时，最好用玻璃胶粘住光栅尺身，使基尺与主尺固定好。

（三）光栅尺线位移传感器读数头的安装

在安装读数头时，首先应保证读数头的基面达到安装要求，然后再安装读数头，其安装方法与主尺相似。最后调整读数头，使读数头与光栅主尺平行度在 0.1 mm 之内，其读数头与主尺的间隙控制在 1 ~ 1.5 mm 以内。

（四）光栅尺线位移传感器限位装置

光栅线位移传感器全部安装完以后，一定要在机床导轨上安装限位装置，以免机床加工产品移动时读数头冲撞到主尺两端，从而损坏光栅尺。另外，用户在选购光栅线位移传感器时，应尽量选用超出机床加工尺寸 100 mm 左右的光栅尺，以留有余量。

（五）光栅尺线位移传感器检查

光栅线位移传感器安装完毕后，可接通数显表，移动工作台，观察数显表计数是否正常。

在机床上选取一个参考位置，来回移动工作点至该选取的位置。数显表读数应相同（或回零）。另外也可使用千分表（或百分表），使千分表与数显表同时调至零（或记忆起始数据），往返多次后回到初始位置，观察数显表与千分表的数据是否一致。

通过以上工作，光栅尺线位移传感器的安装就完成了。但对于一般的机床加工环境来讲，铁屑、切削液及油污较多。因此，传感器应附带加装护罩，护罩的设计是按照传感器的外形截面放大留一定的空间尺寸确定，护罩通常采用橡皮密封，使其具备一定的防水防油能力。

光栅尺使用注意事项：

（1）光栅尺传感器与数显表插头座插拔时应关闭电源后进行。

（2）尽可能外加保护罩，并及时清理溅落在尺上的切屑和油液，严格防止任何异物进入光栅尺传感器壳体内部。

（3）定期检查各安装连接螺钉是否松动。

（4）为延长防尘密封条的寿命，可在密封条上均匀涂上一薄层硅油，勿溅落在玻璃光栅刻画面上。

（5）为保证光栅尺传感器使用的可靠性，可每隔一定时间用乙醇混合液（各 50%）清洗擦拭光栅尺面及指示光栅面，保持玻璃光栅尺面清洁。

（6）光栅尺传感器严禁剧烈震动及摔打，以免破坏光栅尺，如光栅尺断裂，光栅尺传感器即失效了。

（7）不要自行拆开光栅尺传感器，更不能任意改动主栅尺与副栅尺的相对间距，否则一方面可能破坏光栅尺传感器的精度；另一方面还可能造成主栅尺与副栅尺的相对摩擦，损坏铬层也就损坏了栅线，从而造成光栅尺报废。

（8）应注意防止油污及水污染光栅尺面，以免破坏光栅尺线条纹分布，引起测量误差。

（9）光栅尺传感器应尽量避免在有严重腐蚀作用的环境中工作，以免腐蚀光栅铬层及光栅尺表面，破坏光栅尺质量。

单元三　磁栅传感器概述

磁栅传感器（magnetic grating transducer）是利用磁栅与磁头的感应原理进行测量的位移传感器。它是一种新型的数字式传感器，成本较低且便于安装和使用。当需要时，可将原来的磁信号（磁栅）抹去，重新录制。还可以安装在机床上后再录制磁信号，这对于消除安装误差和机床本身的几何误差，以及提高测量精度都是十分有利的。并且可以采用激光定位录磁，而不需要采用感光、腐蚀等工艺，因而精度较高，可达 ± 0.01mm/m，分辨力为 1 ~ 5 μm。磁栅与其他类型的位置检测元件相比，结构简单，录磁方便，测量范围宽（可达十几米），但要注意防止退磁和定期更换磁头。

磁栅分为长磁栅和圆磁栅。长磁栅用于直线位移测量，圆磁栅主要用于角位移测量。

一、磁栅结构

磁栅由磁尺、磁头和信号处理电路组成，磁栅传感器的测量原理如图 11-19 所示。

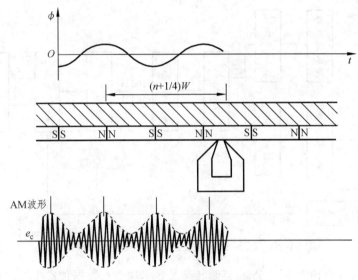

图 11-19　磁栅传感器的测量原理

（一）磁　尺

磁尺按基体形状有带状磁尺、线状磁尺（又称同轴型）和圆形磁尺。

通过录磁磁头在磁尺上录制出节距严格相等的磁信号作为计数信号。节距（栅距）W 通常为 0.05 mm、0.1 mm、0.2 mm。

（二）磁　头

磁头有动态磁头(速度响应式磁头)和静态磁头（磁通响应式磁头）两种。动态磁头有一个输出绕组，只有在磁头和磁栅产生相对运动时才能有信号输出。静态磁头有激磁和输出两个绕组，它与磁栅相对静止时也能有信号输出。静态磁头是用铁镍合金片叠成的有效截面不等的多间隙铁心。激磁绕组的作用相当于一个磁开关。当对它加以交流电时，铁心截面较小的那一段磁路每周两次被激励而产生磁饱和，使磁栅所产生的磁力线不能通过铁心。只有当激磁电流每周两次过零时，铁心不被饱和，磁栅的磁力线才能通过铁心。此时输出绕组才有感应电势输出。其频率为激磁电流频率的两倍，输出电压的幅度与进入铁心的磁通量成正比，即与磁头相对于磁栅的位置有关。磁头制成多间隙是为了增大输出，而且其输出信号是多个间隙所取得信号的平均值，因此可以提高输出精度。静态磁头总是成对使用，其间距为 $(m + 1/4)\lambda$，其中 m 为正整数，λ 为磁栅栅条的间距。两磁头的激励电流或相位相同，或相差 $\pi/4$。输出信号通过鉴相电路或鉴幅电路处理后可获得正比于被测位移的数字输出。

209

为了辨别磁头运动的方向，采用两只磁头（sin、cos 磁头）来拾取信号。它们相互距离为（$m\pm1/4$）W，m 为整数。为了保证距离的准确性，通常将两个磁头做成一体。

二、磁栅数显表及其应用

磁头、磁尺与专用磁栅数显示表配合，可用于检测机械位移量，其行程可达数十米，分辨力优于 1 μm，图 11-20 为 ZCB-101 鉴相型磁栅数显表的原理框图。

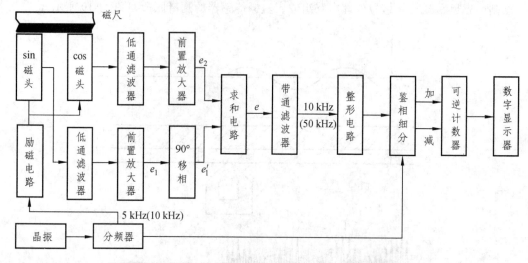

图 11-20　ZCB-101 鉴相型磁栅数显表的原理框图

磁栅数显表具有直径/半径、公制/英制转换及显示功能、数据预置功能、断电记忆功能、超限报警功能、非线性误差修正功能、故障自检功能等。能同时测量 x、y、z 3 个方向的位移。磁敏电阻磁头可不必设置励磁电路，检测速度提高，磁尺外观如图 11-21 所示。

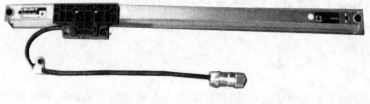

图 11-21　磁尺外观图

单元四　容栅传感器概述

容栅传感器是一种基于变面积工作原理，可测量大位移的电容式数字传感器。它与其他数字式位移传感器，如光栅、感应同步器等相比，具有体积小、结构简单、分辨力和准确度高、测量速度快、功耗小、成本低、对使用环境要求不高等突出的特点，因此在电子测量技术中占有十分重要的地位。随着测量技术向精密化、高速化、自动化、集成化、智能化、经济化、非接触化和多功能化方向的发展，容栅传感器的应用越来越广泛。因为它的电极排列如同栅状，故称此类传感器为容栅传感器。精度稍差，但造价低、耗电省，应用于电子数显卡尺、千分尺、高度仪、坐标仪和机床行程的测量中。

一、结构及工作原理

容栅传感器分为直线容栅、圆容栅和圆筒容栅。直线容栅和圆筒容栅用于直线位移的测量，圆容栅用于角位移的测量。

容栅传感器由动尺和定尺组成，两者保持很小的间隙 δ，其结构简图如图 11-22 所示。一般用于数显卡尺的容栅的节距 $W = 0.635$ mm（25 毫英寸），最小分辨力为 0.01 mm，非线性误差小于 0.01 mm，在 150 mm 范围内的总测量误差为 0.02 ~ 0.03 mm。

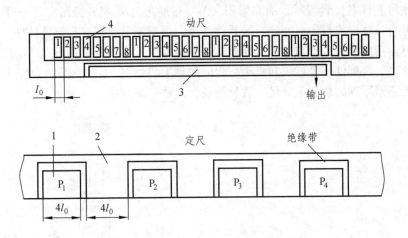

图 11-22　直线型容栅传感器结构简图
1—反射电极；2—屏蔽电极；3—公共接收电极；4—发射电极

容栅传感器的结构非常类似于平行板电容器，它是由一组排列成栅状结构的平行板电容器并联而成的，如果把随时间变化的周期信号，通过电子电路的控制，在同一瞬间以不同的相位分布，分别加载于顺序排列的栅状电容器各个栅极上，则在另一公共极板上，任一瞬间产生的感应信号将与该瞬间加载的激励信号具有相同的相位分布。

容栅传感器动栅、定栅各极板之间形成的电容的等效电路，设 $C_1(x)$，$C_2(x)$，$C_3(x)\cdots C_8(x)$ 为动栅上 48 块极板与定栅上相应极板所构成的电容量，它是位移 x 的函数，假设小发射极板与反射极板完全覆盖时两者之间的电容为 C_0，每一块小发射极板的宽度为 w，当 $0 \leqslant x \leqslant w$ 时，$C_8(x)$ $= C_0(x)/w$，$C_1(x) = C_2(x) = C_3(x) = C_0$，$C_4(x) = C_0(1 - x/w)$，$C_5(x) = C_6(x) = C_7(x) = 0$。由此可以得出整个量程中两极板之间的电容量随位移 x 的变化规律。

在 x 为任何值时，动栅上的 48 块极板中总有一部分与"地"（屏蔽板）形成电容，相应的输入信号源直接接入"地"，对传感器的输出信号不产生影响，可是为了导出 $\varphi(x)$（随位移量 x 连续变化的统一公式），在推导中不考虑这些极板对"地"形成电容，而仍把它们看作对定栅板形成电容，只不过此时它们的电容量为零而已。由于这些电容量为零，则其阻抗为无穷大。相应的信号源全部落在这些电容上，同样，对传感器的输出信号无影响。

如果给容栅传感器每组发射极板上所加的发射电压 $V_1 \sim V_8$ 为 8 路频率、幅值相同而相邻小极板间相位相差为 $\pi/4$ 的正弦交变电压，则在发射极上有电压 V_f，在接收极上有电压 V_r。

如果用 V_0 表示各发射极电压的幅值,并取 8 路信号中的第 1 路信号的相位为参考值。可见,容栅传感器的输出电压是一频率与发射电压相同的正弦电压,其幅值在很小范围内变化,可近似看作一常数,而相位比 V_1 超前了 $\pi/4+\varphi(x)$。相位移 $\varphi(x)$ 可采用鉴相型测量电路测出,即可得到相对位移 x。可见容栅传感器是一种相位跟踪型的位移传感器,这种传感器对输入信号的幅值变化不敏感,故具有较好的抗干扰能力。

二、容栅传感器在数显尺中的应用

容栅定尺安装在尺身上,动尺与单片测量转换电路(专用 IC)安装在游标上,分辨力为 0.01 mm,重复精度 0.02 mm。可实现自动断电,因此 1.5 V 氧化银扣式电池可使用一年以上;通过复位按钮可在任意位置置零,消除累积误差。可通过公/英制转换钮实现公/英制转换,通过串行接口可与计算机或打印机相连,经软件处理,可对测量数据进行统计处理。

容栅传感器精度稍差,但造价低、耗电省,测量范围较光栅、磁栅小,广泛应用于电子数显卡尺、千分尺、高度仪、坐标仪和机床行程的测量中。如图 11-23、图 11-24、图 11-25 所示为基于容栅传感器原理的数显千分尺、数显测量台及数显测高仪。

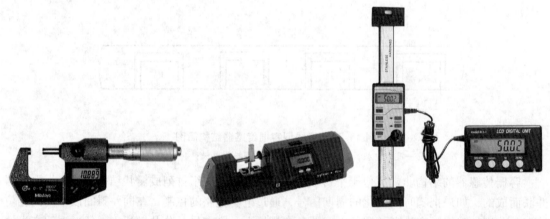

图 11-23　数显千分尺　　　　图 11-24　数显测量台　　　　图 12-25　数显测高仪

在整个测量系统中,容栅传感器的主要作用是把机械位移量转变成电信号的相位变化量,然后送给测量电路进行数据处理。容栅传感器通过精密电压比较器 TLC354 进行控制,由继电器供电,由 CPU89C52 提供所需的激励信号,同时接收其感应信号,并通过鉴相型电路测量出激励信号与感应信号的相位差,经过一系列的变化,即可得出机械位移量。

课后思考与练习

11-1　单项选择题

(1) 数字式位置传感器不能用于_____的测量。

　　A. 机床刀具的位移　　　　B. 机械手的旋转角度

　　C. 人体步行速度　　　　　D. 机床的位置控制

（2）不能直接用于直线位移测量的传感器是_____。

    A．长光栅   B．长磁栅   C．角编码器

（3）绝对式位置传感器输出的信号是_____，增量式位置传感器输出的信号是_____。

    A．电流信号   B．电压信号   C．脉冲信号   D．二进制格雷码

（4）有一只十码道绝对式角编码器，其分辨力为_____，能分辨的最小角位移为_____。

    A．$1/10$ B．$1/2^{10}$ C．$1/10^2$

    D．$3.6°$ E．$0.35°$ F．$0.01°$

（5）有一只 1 024 p/r 增量式角编码器，在零位脉冲之后，光敏元件连续输出 10241 个脉冲。则该编码器的转轴从零位开始转过了_____。

    A．10 241 圈   B．1/10 241 圈   C．10 又 1/1 024 圈   D．11 圈

（6）有一只 2 048 p/r 增量式角编码器，光敏元件在 30 s 内连续输出了 204 800 个脉冲。则该编码器转轴的转速为_____。

    A．204 800 r/min   B．60×204 800 r/min   C．（100/30）r/min   D．200 r/min

（7）某直线光栅每毫米刻线数为 50 线，采用四细分技术，则该光栅的分辨力为_____。

    A．5 μm   B．50 μm   C．4 μm   D．20 μm

（8）光栅中采用 sin 和 cos 两套光电元件是为了_____。

    A．提高信号幅度   B．辨向   C．抗干扰   D．作三角函数运算

（9）光栅传感器利用莫尔条纹来达到_____。

    A．提高光栅的分辨力

    B．辨向的目的

    C．使光敏元件能分辨指示光栅移动时引起的光强变化

    D．细分的目的

（10）当主光栅与指示光栅的夹角为 θ（rad）、主光栅与指示光栅相对移动一个栅距时，莫尔条纹移动_____。

    A．一个莫尔条纹间距 L B．θ 个 L C．$1/\theta$ 个 L D．一个 W 的间距

（11）容栅传感器是根据电容的_____工作原理来工作的。

    A．变极距式   B．变面积式   C．变介质式

（12）粉尘较多的场合不宜采用_____；直线位移测量超过 1 m 时，为减少接长误差，不宜采用_____。

    A．光栅   B．磁栅   C．容栅

（13）测量超过 30 m 的位移量应选用_____。

    A．光栅   B．磁栅   C．容栅   D．光电式角编码器

11-2 有一直线光栅，每毫米刻线数为 100 线，主光栅与指示光栅的夹角 $\theta = 1.8°$，采用 4 细分技术，列式计算：

（1）栅距 W = _____mm；

（2）分辨力 Δ = _____μm；

（3）θ = _____rad；

（4）莫尔条纹的宽度 L = _____ mm；

11-3 一透射式 3 600 线/圈的圆光栅，采用四细分技术，求：

（1）角节距 θ 为多少度？或多少分？

（2）分辨力为多少度？

（3）该圆光栅数显表每产生一个脉冲，说明主光栅旋转了多少度？

（4）若测得主光栅顺时针旋转时产生加脉冲 1 200 个，然后又测得减脉冲 200 个，则主光栅的角位移为多少度？

11-4　有一增量式光电编码器，其参数为 1 024 p/r，采用四细分技术，编码器与丝杠同轴连接，丝杠螺距 $t = 2$ mm，如图 11-26 所示。当丝杠从图中所示的基准位置开始旋转，在 0.5 s 时间里，光电编码器后续的细分电路共产生了 4×51 456 个脉冲。请列式计算：

（1）丝杠共转过_____圈，又_____度；

（2）丝杠的平均转速 n（r/min）为_____；

（3）螺母从图中所示的基准位置移动了_____mm；

（4）螺母移动的平均速度 v 为_____m/s；

（5）细分之前的分辨力为_____度，而细分之后的分辨力为_____度。

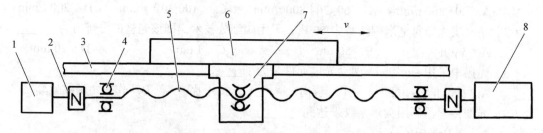

图 11-26　光电编码器与丝杠的连接

1—光电角编码器；2—联轴器；3—导轨；4—轴承；5—滚珠丝杠；
6—工作台；7—螺母（和工作台连在一起）；8—电动机

11-5　绝对式角编码器和增量式角编码器的结构和测量原理有什么不同？

11-6　角编码器可以应用在哪些场合？请举例说明。

11-7　简述莫尔条纹的定义，莫尔条纹有哪些特征？

11-8　根据所学的知识简述光栅传感器、磁栅传感器及容栅传感器在位移测量方面的应用特点。它们各有哪些优势？

模块十二　其他传感器

　　随着传感器技术的发展及激光技术、高科技材料的技术进步，传感器的发展呈现多样化的趋势，检测范围也由军事领域普及到民用行业。红外辐射技术是近几十年发展起来的一门综合性学科，激光技术也是近代科学技术发展的重要成果之一，目前已被成功地应用于精密计量、军事、宇航、医学、生物、气象等各领域。大家一定接触过非接触式测温的红外线温度计，对热成像系统、搜索跟踪系统、激光测距仪、三维激光扫描传感器、激光雷达也充满兴趣。本模块针对红外传感器检测原理、红外传感器类型及红外传感器的应用等方面做介绍，通过本模块的学习，你还会知道激光传感器可用于测距离、测速度、激光制导、激光雷达、三维扫描获取物体轮廓；你也会了解激光准直系统在铁路大型养路机械中是如何应用的……

单元一　红外传感器

　　红外线技术在测速系统中已经得到了广泛应用，许多产品已运用红外线技术实现车辆测速、探测等研究。红外线应用于速度测量领域时，最难克服的是受强太阳光等多种含有红外线的光源干扰。外界光源的干扰成为红外线应用于野外的瓶颈。本单元重点介绍红外传感器的工作原理、类型及应用，红外传感器包括热敏红外传感器和光子红外传感器，红外传感器可应用在红外测温、红外遥感、热成像技术、故障诊断及医疗诊断、人体判断和报警等；你还会了解到火车红外线轴温探测系统是怎么工作的……

一、红外传感器的工作原理

　　红外光又称红外辐射，它是太阳光谱红光外面的不可见光，其频率和波长范围如图 12-1 所示。从紫光到红光热效应逐渐增大，而最大的热效应却位于红外光处。红外光和所有电磁波一样，具有反射、折射、散射、干涉、吸收等性质，红外光在介质中传播时会产生衰减，这主要是由于介质的吸收和散射造成的。金属对红外光衰减非常大，多数半导体及一些塑料能透过红外光，大多数液体对红外光的吸收非常大，气体对于红外光也有不同程度的吸收。大气层对不同波长红外光的穿透程度不同，这是因为构成大气的一些分子对红外光存在着不同程度的吸收带。除了太阳能辐射红外线外，自然界中任何物体，只要它本身具有一定的温度（高于绝对零度），都能辐射红外线。红外线对射管的驱动分为电平型和脉冲型两种驱动方式，由红外线对射管阵列组成分离型光电传感器。太阳光中含有对红外线接收管产生干扰的红外线，该光线能够将红外线接收二极管导通，使系统产生误判，甚至导致整个系统瘫痪。

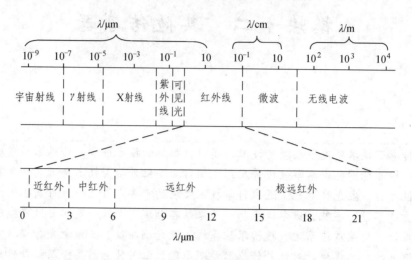

图 12-1　电磁波谱

（一）基尔霍夫（Kirechhoff）定律

物体在一定温度下与外界处于热平衡时，单位时间内从单位面积发射出的辐射能 E_R 为

$$E_R = \sigma E_0 \tag{12-1}$$

式中，σ 为物体的吸收系数；E_0 为常数，绝对黑体在同温度条件下的发射本领。

所谓黑体，即在任何温度下全部吸收任何波长的光的物体，其吸收本领与波长、温度无关。不同物体的吸收本领（同时也是发射本领）是不同的，如黑色物体的吸收本领较大，但它一经加热恰恰是最容易向外辐射热量的物体。

（二）斯忒藩-波尔兹曼（Stefan-Boltzmann）定律

物体温度越高，向外辐射的能量越多。在单位时间内，物体单位面积辐射的总能量 E_R 为

$$E_R = \sigma \varepsilon T^4 \tag{12-2}$$

式中，T 为物体的绝对温度（K）；σ 为 Stefan-Boltzmann 常数，$\sigma = 5.669\ 7\times10^{-12}$ W/(m^2·K^4)；ε 为比辐射率，黑体的 $\varepsilon = 1$，一般物体的 $\varepsilon < 1$。

（三）维恩（Wien）位移定律

红外辐射的电磁波中包含各种波长，其辐射能谱峰值波长 λ_m 与物体自身的温度 T 成反比，即

$$\lambda_m = 2\ 897/T(\mu m) \tag{12-3}$$

图 12-2 所示为物体峰值辐射波长与温度的关系曲线，从曲线中可以看出，随着温度的升高，峰值辐射波长向短波方向移动。在温度不很高的情况下，峰值辐射波长在红外区域。

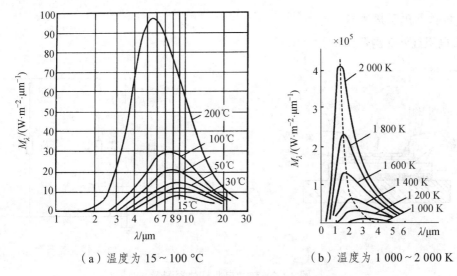

（a）温度为 15～100 °C　　　　　　　（b）温度为 1 000～2 000 K

图 12-2　物体峰值辐射波长与温度的关系曲线

二、红外传感器系统构成及类型

一个典型的红外传感器系统框图如图 12-3 所示。根据待测目标的红外辐射特性可进行红外传感器系统的设计。待测目标的红外辐射，通过地球大气层时，由于气体分子和各种气溶胶粒的散射和吸收，将使红外源发出的红外辐射发生衰减。光学接收器接收目标的部分红外辐射，并传输给红外探测器，相当于雷达天线，常用的是物镜。辐射调制器对来自待测目标的辐射调制成交变的辐射光，提供目标方位信息，并可滤除大面积背景干扰信号。红外探测器是红外传感器系统的核心，它是利用红外辐射与物质相互作用所呈现的物理效应探测红外辐射的传感器，多数情况下是利用这种相互作用所呈现的电学效应。由于某些探测器必须在低温下工作，所以相应的系统设有致冷装置，探测器经致冷后，可缩短响应时间，提高探测灵敏度。

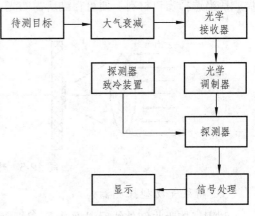

图 12-3　典型的红外传感器系统框图

将探测器所接收到的低电平信号进行放大、滤波，并从这些信号中提取所需信息。然后，将此信号转换成所要求的形式，最后输送到控制设备或显示器中去。显示装置是红外传感器系统的终端设备，常用的显示器有示波管、显像管、红外感光材料、指示仪表和记录仪等。

从近代测量技术角度看，能把红外辐射量的变化转变成电量的变化装置叫红外探测器，红外探测器按工作原理分为热探测器和光子探测器。

（一）热探测器

热探测器利用红外辐射的热效应制成，采用热敏元件将红外辐射转换为电信号。无论什么波长的红外辐射，只要规律相同，对物体加热效果也相同，它对任何波长的红外辐射都能全部吸收，对入射辐射的各种波长具有基本相同的响应，也称这类探测器为无选择性红外探测器。

1. 热敏电阻型探测器

热敏电阻红外探测器如图 12-4 所示。

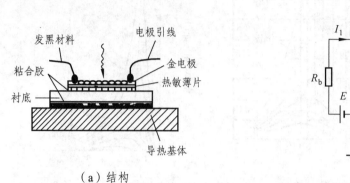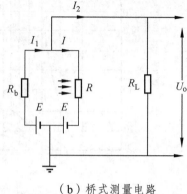

（a）结构　　　　　　　　　　　　　　　（b）桥式测量电路

图 12-4　热敏电阻红外探测器

2. 热电偶型探测器（热电堆光敏器件）

用多个微型热电偶串联起来，将其工作端密集地排列在很小的面积上，使入射红外线照射在工作端上，参考端则处于掩蔽场所，可以获得一定的热电势，如图 12-5 所示。对波长无选择性，响应频率范围宽，时间常数大，不能测快速变化的红外辐射。利用薄膜技术制作微型热电偶，适当选择窗口材料，便可得到所需的光谱范围。

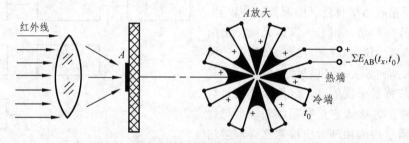

图 12-5　热电堆红外探测器

3. 高莱气动型探测器

利用气体吸收红外线后温度升高、体积增大的特性，来反映红外辐射的强弱，其结构原理如图 12-6 所示。灵敏度高，性能稳定；但响应时间长，结构复杂。

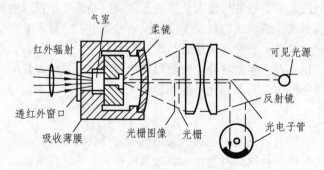

图 12-6　气动型红外探测器

218

4. 热释电型探测器

若使某些电介质的表面温度发生变化，在这些物质表面上就会产生电荷的变化，这种现象称为热释电效应。热释电红外传感器是一种能检测人或动物发射的红外线而输出电信号的传感器。热释电探测器已广泛用于红外光谱仪、红外遥感以及热辐射探测器，热释电红外传感器结构如图 12-7 所示。

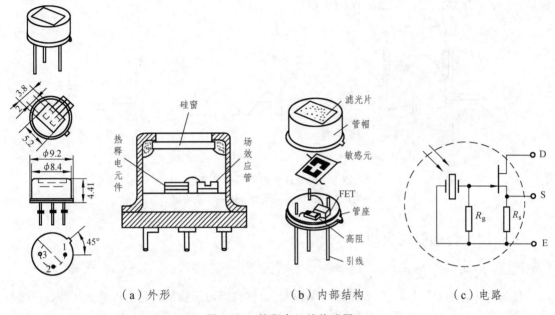

（a）外形　　　　　　（b）内部结构　　　　　（c）电路

图 12-7　热释电红外传感器

热释电红外光敏材料主要是压电陶瓷和陶瓷氧化物，如 $LiTaO_3$，锆钛酸铅 (PZT) 等。热释电红外光敏元件只能测动态信号，不能测静态信号，入射光必须调制成脉冲光进行检测。热释电红外光敏元件内阻极高（可达 $10^{13}\,\Omega$），输出电压极其微弱，则须进行阻抗变换和信号放大才能应用，测量电路如图 12-7（c）所示。热释电红外光敏元件光谱响应范围宽（0.2～20 μm），采用不同材料的滤光片作为窗口，使其光谱响应范围变窄，以适应不同的用途。如人体（36 ℃）红外辐射峰值波长 $\lambda_m = 9.4$ μm，则人体热释电红外传感器的滤光片选取 8.5～14 μm 波段为好。

（二）光子探测器

光子探测器就是利用某些半导体材料在入射光照射下，产生光子效应，使材料电学性质发生变化，通过测量其电学性质的变化，达到测量红外辐射强弱的目的。光子探测器灵敏度高、响应快、探测波段窄、需在低温下工作。外光电探测器（PE 器件）利用外光电效应的光电管和光电倍增管，内光电探测器利用光电导探测器（PC 器件）、光生伏特探测器（PU 器件）及光磁电探测器（PEM 器件）等。

1. 光电导探测器（PC 器件）

利用光电导效应制成的探测器，称为光电导探测器，光电转换原理如图 12-8 所示。光敏材料主要有：PbS，PbSe，InSb，HgCdTe 等。

2. 光生伏特探测器（PU 器件）

利用光生伏特效应制成的探测器，称为光生伏特探测器，光敏材料主要有：InAs，InSb，HgCdTe 等。光生伏特探测器一般都在加反向偏压的条件下工作，因此图 12-8 的电路对光伏型探测器也适用，只是要注意外加电池的极性。光伏型探测器的探测频率与响应时间基本无关，而光导型的探测率与响应时间有正比关系。新型红外材料的出现和制造工艺的进步，使红外探测器正朝着高度集成化、智能化的方向发展。

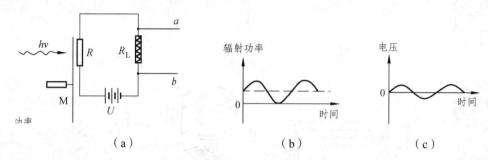

（a）　　　　　　　　　（b）　　　　　　　　（c）

图 12-8　光电转换电路及信号波形

M—调制盘；R—光电导电阻；R_L—负载电阻

三、红外传感器的应用

（一）红外测温技术

任何物体在绝对零度以上都能产生热辐射。温度较低时，辐射的是不可见的红外线，随着温度的升高，波长短的光开始丰富起来。温度升高到 500 ℃ 时，开始辐射一部分暗红色的光。通过测量光的颜色及辐射强度，可以粗略判定物体的温度。特别是在高温（2 000 ℃ 以上）区域，已无法用常规的温度传感器来测量，所以超高温测量多依靠辐射原理的温度计。红外辐射温度计既可用于高温测量，又可用于冰点以下的温度测量。

红外测温仪基本结构如图 12-9 所示，主要由光学系统、调制器、探测器、放大器和指示器等组成。

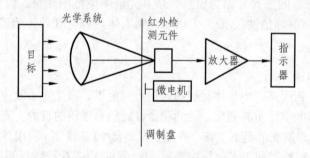

图 12-9　红外测温仪原理示意图

红外测温技术应用广，适合于远距离和非接触测量，特别适合于高速运动体、带电体、高温、高压物体的温度测量；红外测温响应快、灵敏度高、准确度高（可达 0.1 ℃）、测温范围宽（摄氏零下几十度到零上几千度）等。红外测温仪按测温工作原理分类为全辐射测温、亮度测温和比色测温，按量程分为低温（100 ℃ 以下）、中温（100 ~ 800 ℃）和高温（800 ℃ 以上）。红外测温技术已广泛地用于铁路机车轴温检测、冶金、化工、高压输变电设备、热加工流水线表面温度测量等，还可用于快速测量人体温度，如图 12-10 所示。

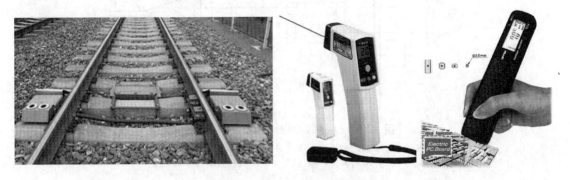

图 12-10　红外测温仪实例图

（二）红外成像技术

红外成像是在红外检测的基础上发展起来的图像传感器技术。红外成像传感器主要由热电元件和扫描机构组成。红外成像传感器可以检测到常规光电传感器无法响应的中、远红外信号，并得到发热物体的图像（热像）。红外探测器可将物体辐射的红外功率信号转换为电信号，在计算机成像系统的显示屏上得到与物体表面热分布相对应的热像图。运用这一方法能实现对目标进行远距离状态图像成像和分析判断各点温度，红外成像技术广泛应用于军事、医学、输变电、化工等许多领域。如图 12-11 所示为医疗及工业红外热像图，用不同的颜色和亮度代表不同的温度，通过热像图可以直观判断各部位的温度状况，并可发现温度的异常分布。通过红外热像图也可以对工业中的各种设备进行过热诊断，红外热像仪能透过烟尘、云雾、小雨及树丛等许多自然或人为的伪装来看清目标，手持式及安装于轻武器上的红外热成仪可以让使用者看清 800 m 或更远的人体大小目标。

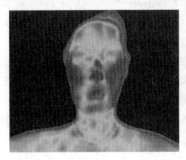

图 12-11　红外热像仪热像图实例

（三）红外分析

根据物质的红外吸收特性制成红外分析仪，分析物质组成和百分比含量。根据不同目的设计出多种红外分析仪，如红外气体分析仪、红外分光光度计、红外光谱仪等。

医用 CO_2 气体分析仪就是利用 CO_2 气体对波长为 4.3 μm 的红外辐射有强烈的吸收特性进行测量分析的，它主要用来测量、分析人或动物呼出的气体中 CO_2 的浓度。医用 CO_2 分析仪的光学系统如图 12-12 所示。

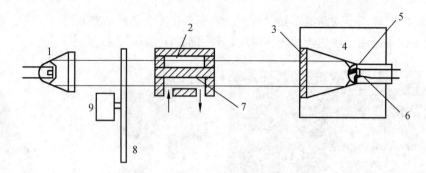

图 12-12　医用 CO_2 分析仪的光学系统图

1—红外光源；2—标准气室；3—滤光片；4—反射光锥；5—锗浸没透镜；
6—红外探测器；8—测量气室；8—调制盘；9—电机

（四）热释电红外传感器

热释电红外传感器主要是由一种高热电系数的材料，如锆钛酸铅系陶瓷、钽酸锂等制成的探测元件。在每个探测器内装入一个或两个热释电晶片，并将两个热释电晶片反极性串联，以抑制由于自身温度升高而产生的干扰。由探测元件将探测并接收到的红外辐射转变成微弱的电压信号，经装在探头内的场效应管放大后向外输出。为了提高探测器的探测灵敏度以增大探测距离，一般在探测器的前方装设一个菲涅尔透镜，该透镜用透明塑料制成，将透镜的上、下两部分各分成若干等份，制成一种具有特殊光学系统的透镜，它和放大电路相配合，可将信号放大 70 dB 以上，这样就可以测出 20 m 范围内人的行动。菲涅尔透镜利用透镜的特殊光学原理，在探测器前方产生一个交替变化的"盲区"和"高灵敏区"，以提高它的探测接收灵敏度。当有人从透镜前走过时，人体发出的红外线就不断地交替从"盲区"进入"高灵敏区"，这样就使接收到的红外信号以忽强忽弱的脉冲形式输入，从而加强其能量幅度。人体辐射的红外线中心波长为 9～10 μm，而探测元件的波长灵敏度在 0.2～20 μm 范围内几乎稳定不变。在传感器顶端开设一个装有滤光镜片的窗口，这个滤光片可通过光的波长范围为 7～10 μm，正好适合于人体红外辐射的探测，而对其他波长的红外线由滤光片予以吸收，这样形成一种专门用作探测人体辐射的红外线传感器。

人体探测报警器采用 SD02 热释电红外传感器，加滤波器以适应人体辐射，其原理框图如图 12-13 所示，主要用于防盗报警和安全报警。图 12-14 为热释电探测元件，热释电红外探测元件除了在楼道自动开关、防盗报警上得到应用外，比如在房间无人时会自动停机的空调机、饮水机，电视机能判断无人观看或观众已经睡觉后自动关机的电路，开启监视器或自动门铃上的应用，摄影机或数码照相机自动记录动物或人的活动等等……

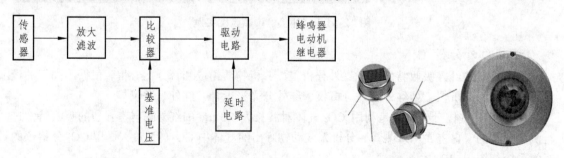

图 12-13　人体探测电路框图　　　　　　　图 12-14　热释电探测器

222

（五）自动门控制电路

自动门控制电路如图 12-15 所示，其中Ⅰ、Ⅱ为热释电人体探测电路，主要用于公共场所自动门人员进出的自动开关控制。

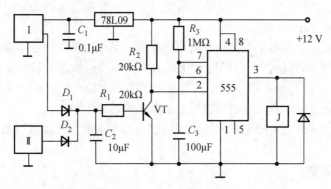

图 12-15　自动门控制电路

单元二　激光传感器

激光技术是近代科学技术发展的重要成果之一，目前已被成功地应用于精密计量、军事、宇航、医学、生物、气象等各领域。激光传感器具有精度高、量程范围宽、反应迅速、非接触、抗干扰能力强和易于数字化等一系列优点，应用极为广泛。激光传感器具有不同的类型，都是将外来的能量（电能、热能、光能等）转化为一定波长的光，并以光的形式发射出来。本单元内容包括激光的特性、激光传感器的类型及激光传感器的应用，应用部分侧重介绍在铁路大型养路机械中应用的激光准直系统。

一、激光特性概述

"激光"一词在英文里是"LASER"，意为"受激发射的辐射光放大"。1964 年按照我国著名科学家钱学森建议将"光受激发射"改称"激光"。早在 1917 年爱因斯坦就预言受激辐射的存在和光放大的可能，继而建立了激光的基本理论。1954 年 GordonJP-TownesCH 根据爱因斯坦的理论制成了受激辐射光放大器，1960 年梅曼（MaimanTH）制成了世界上第一台激光器——红宝石激光，一种完全新颖的光源诞生了。激光是在有理论准备和生产实践迫切需要的背景下应运而生的，它一问世就获得了异乎寻常的飞快发展，激光的发展不仅使古老的光学科学和光学技术获得了新生，而且导致一门新兴产业的出现。激光可使人们有效地利用前所未有的先进方法和手段，去获得空前的效益和成果，从而促进了生产力的发展。

激光虽带有"光"字，然而，它却和普通的光截然不同。

（1）激光是一种颜色最单纯的光。太阳光和电灯光看起来似乎是白色的，但当让它通过一块三棱镜的时候，就可以看到红、橙、黄、绿、蓝、青、紫 7 种颜色的光，其实，还含有我们看不见的红外光和紫外光。激光的颜色非常单纯，而且只向着一个方向发光，亮度极高。

（2）激光的方向性好。在发射方向的空间内光能量高度集中，所以激光的亮度比普通光的亮度高千万倍，甚至亿万倍。而且，由于激光可以控制，使光能量不仅在空间上高度集中，同时在时间上也高度集中，因而可以在一瞬间产生出巨大的光热，成为无坚不摧的强大光束。激光在传播中始终像一条笔直的细线，发散的角度极小，一束激光射到 38 万 km 外的月球上，光圈的直径充其量只有 2 km 左右。

（3）激光亮度最高。太阳是人类共有的自然光源，整个世界沐浴在明亮的阳光之下。太阳表面的亮度比蜡烛大 30 万倍，比白炽灯大几百倍。一台普通的激光器的输出亮度，比太阳表面的亮度大 10 亿倍。激光的出现，更是光源亮度上的一次惊人的飞跃。从地球照到月亮上再反射回来也不成问题。可见激光是当今世界上最高亮度的光源。

（4）激光还可以具有很大的能量，用它可以容易地在钢板上打洞或切割。

二、激光的形成

激光是媒质的粒子受激辐射产生的，但它必须具备下述的条件才能得到。

（一）粒子数反转

为了形成受激辐射，必须设法使某一高能级的原子数多于低能级的原子数。原子数的这种分布称为粒子数反转。能形成粒子数反转分布的工作介质叫增益介质。

图 12-16（a）表示媒质中粒子能级的正常分布，媒质中大部分粒子处在低能级（以黑点表示），只有少数粒子处于高能级(以圆圈表示)。而图 12-16（b）表示在外界激发的条件下形成了粒子数反转。

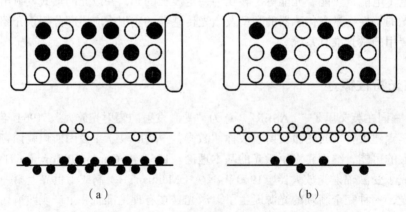

（a）　　　　　　　　　　　　　（b）

图 12-16　媒质中粒子能级的正常分布和粒子数反转示意图

（二）激光器的光振荡放大

要想产生激光，单靠外界激发而得到的初级受激辐射是不行的。实际的激光器都是由一个粒子数反转的粒子系统(叫工作物质)和一个光学共振腔组成。光学共振腔由两端为各种形状的曲面反射镜构成。最简单的光学共振腔是两面相互平行的平面反射镜，镜面对光有很高的反射率，而工作物质封装在有两个反射镜的封闭体中。

当工作物质产生受激辐射时，受激辐射光在两反射镜之间作一定次数的往返反射，而每次返回时都经过建立了粒子数反转分布的工作物质，这样使受激辐射一次又一次地加强，如图 12-17 所示。

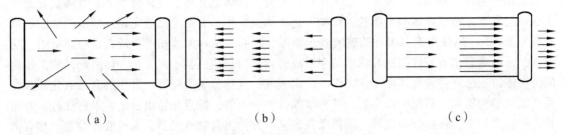

（a）　　　　　　　　（b）　　　　　　　　（c）

图 12-17　激光振荡器的工作过程

这样几十次、几百次的往返，直至能获得单方向的强度非常集中的激光输出为止。我们把激光在共振腔内往返放大的过程叫作振荡放大。被激发的工作物质中的某些原子受激辐射而放出光子，如果发射方向正好和腔轴线平行，则可能在腔内起放大作用。

一部分偏离轴线方向的光子则跑出腔外而成为一种损耗，如图 12-17（a）所示。若光在来回反射过程中，放大作用克服了各种衰减作用(如共振腔的透射、工作物质对光的散射和吸收等)，就形成稳定的光振荡而产生激光，以很好的方向沿轴向输出，如图 12-17（b）、（c）所示。

在实际应用中，激光器发出的光按受激方法不同，有连续激光器和脉冲激光器之分。前者的激光输出是连续光，如氦氖气体激光器；后者的激光输出是脉冲式的，如固体红宝石激光器，它的持续时间为 1～2 ms，由脉冲氙灯激励。

（三）激光输出

激光光束在激光器的共振腔内往返振荡放大，那么怎样输出呢?共振腔内反射镜起着反射光束并使其往返振荡的作用，从光放大角度看，反射率越高，光损失越小，放大效果越好。在实际设计中，将一侧反射镜设计得尽量使它对激光波长的反射率接近 100%，而另一侧反射镜则稍低一些，这一端的透镜将有激光穿透，这一端即为激光的输出端。

对于输出端透镜的反射率要适当选择，如果反射率太低，虽然透光能力强了，但对腔内光束损失太大，就会影响振荡器放大倍数，这样输出必然减弱。目前，最佳反射率一般在给定激光条件下由实验来确定。

（四）产生激光的条件

（1）外界光子能形成受激辐射光源。

（2）受激光在增益介质中多次重复放大。

（3）受激光的光能密度不断增加。

（4）受激光沿某一方向传播。

激光传感器是利用激光技术进行测量的传感器。它由激光器、激光检测器和测量电路组成。激光传感器是新型测量仪表，它的优点是能实现无接触远距离测量，速度快，精度高，量程大，抗光、电干扰能力强等。激光传感器工作时，先由激光发射二极管对准目标发射激光脉冲。经目标反射后激光向各方向散射。部分散射光返回到传感器接收器，被光学系统接收后成像到雪崩光电二极管上。雪崩光电二极管是一种内部具有放大功能的光学传感器，因此它能检测极其微弱的光信号，并将其转化为相应的电信号。

三、激光传感器的类型及测量原理

激光器的种类有很多，激光器按工作物质可分为固体激光器、气体激光器、液体激光器和半导体激光器4种。固体激光器的工作物质是固体，常用的有红宝石激光器、掺钕的钇铝石榴石激光器（即 YAG 激光器）和钕玻璃激光器等，它们的结构大致相同，特点是小而坚固、功率高，钕玻璃激光器是目前脉冲输出功率最高的器件，已达到数十兆瓦。气体激光器的工作物质为气体，现已有各种气体原子、离子、金属蒸气、气体分子激光器。常用的有二氧化碳激光器、氦氖激光器和一氧化碳激光器，其形状如普通放电管，特点是输出稳定，单色性好，寿命长，但功率较小，转换效率较低。液体激光器又可分为螯合物激光器、无机液体激光器和有机染料激光器，其中最重要的是有机染料激光器，它的最大特点是波长连续可调。半导体激光器是较年轻的一种激光器，其中较成熟的是砷化镓激光器，特点是效率高、体积小、质量轻、结构简单，适宜于在飞机、军舰、坦克上以及步兵随身携带，可制成测距仪和瞄准器，但输出功率较小、定向性较差、受环境温度影响较大。

大型养路机械的激光准直测量系统采用的是气体激光器和半导体激光器。下面重点介绍气体激光器、半导体激光器和固体激光器。

（一）气体激光器

这是一类以气体为工作物质的激光器。气体可以是纯气体，也可以是混合气体；可以是原子气体，也可以是分子气体；还可以是离子气体、金属蒸气等。最常见的有氦-氖激光器、氩离子激光器、二氧化碳激光器、氦-镉激光器和铜蒸气激光器等。氦-氖激光器是最早出现也是最为常见的气体激光器之一，1961 年由在美国贝尔实验室从事研究工作的伊朗籍学者佳万(Javan)博士及其同事们发明，工作物质为氦、氖两种气体按一定比例的混合物。根据工作条件的不同，可以输出 5 种不同波长的激光，而最常用的则是波长为 632.8 nm 的红光。输出功率在 0.5～100 mW 之间，具有非常好的光束质量。氦-氖激光器是当前应用最为广泛的激光器之一，可用于外科医疗、激光美容、建筑测量、准直指示、照排印刷、激光陀螺等。

比氦-氖激光器晚 3 年由帕特尔（Patel）发明的二氧化碳激光器是一种能量转换效率较高和输出最强的气体激光器。目前准连续输出已有 400 kW 的报道，微秒级脉冲的能量则达到 10 kJ，经适当聚焦，可以产生 1 013 W/m^2 的功率密度。这些特性使二氧化碳激光器在众多领域得到广泛应用。工业上用于多种材料的加工，包括打孔、切割、焊接、退火、熔合、改性、涂覆等；医学上用于各种外科手术；军事上用于激光测距、激光雷达，乃至定向能武器。

与发明二氧化碳激光器同年，还发明了几种惰性气体离子激光器，其中最常见的是氩离子激光器。它以离子态的氩为工作物质，大多数器件以连续方式工作，但也有少量脉冲运转。氩离子激光器可以有 35 条以上谱线，其中 25 条是波长在 408.9～686.1 nm 范围的可见光，10 条以上是 275～363.8 nm 范围的紫外辐射，并以 488.0 nm 和 514.5 nm 的两条谱线为最强，连续输出功率可达 100 W。氩离子激光器的主要应用领域包括眼疾治疗、血细胞计数、平版印刷及作为染料激光器的泵浦源。

1968 年发明的氦-镉激光器以镉金属蒸气为发光物质，主要有两条连续谱线，即波长为 325.0 nm 的紫外辐射和 441.6 nm 的蓝光，典型输出功率分别为 1～25 mW 和 1～100 mW。主要应用领域包括活字印刷、血细胞计数、集成电路芯片检验及激光诱导荧光实验等。

另一种常见的金属蒸气激光器是 1966 年发明的铜蒸气激光器。一般通过电子碰撞激励，两条主要的工作谱线是波长 510.5 nm 的绿光和 578.2 nm 的黄光，典型脉冲宽度 10 ~ 50 ns，重复频率可达 100 kHz。当前水平一个脉冲的能量为 1 mJ 左右。这就是说，平均功率可达 100 W，而峰值功率则高达 100 kW。铜蒸气激光器发明后过了 15 年才进入商品化阶段，其主要应用领域为染料激光器的泵浦源。此外，还可用于高速闪光照相、大屏幕投影电视及材料加工等。

与固体、液体比较，气体的光学均匀性好，因此，气体激光器的输出光束具有较好的方向性、单色性和较高的频率稳定性。而气体的密度小，不易得到高的激发粒子浓度，因此，气体激光器输出的能量密度一般比固体激光器小。氦氖激光器是应用最广泛的气体激光器，激光器的常见结构如图 12-18 所示，在放电管内充有一定气压和一定氦氖混合比的气体。氦氖激光器的转换效率较低，输出功率一般为毫瓦级。在充有 He-Ne 气体的激光谐振腔电极两端加上 9 000 ~ 10 000 V 电压，使气体电离放电，He-Ne 气体成为激活介质。在激活介质中产生的高能量级原子，发射出的光子在谐振腔两端平行的反射镜之间来回反射，形成光子的振荡。光子在激活介质中来回振荡的过程中获得光子束的雪崩式放大，当光子束积累到一定能量时，光束就会穿透反射镜射出去，从而获得激光输出。He-Ne 激光器输出波长为 632.8 nm 的红色激光。

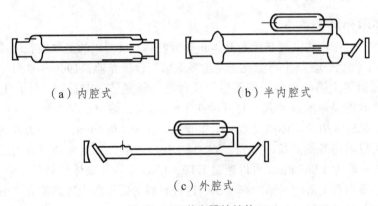

（a）内腔式 　　　　　　　　（b）半内腔式

（c）外腔式

图 12-18　激光器的结构

He-Ne 激光器结构原理如图 12-19 所示，它的优点是光束输出幅度较稳定、结构简单、输出的激光束为直径 1 mm 的可见红光、光束平行度极好。缺点是电光转换效率低、工作电压高、工作电流较大、激光管体积大。

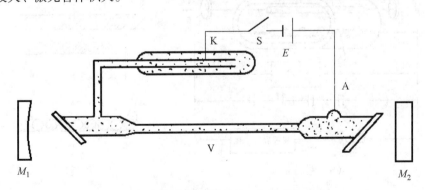

图 12-19　氦氖激光器结构示意图

（二）半导体激光器

在半导体材料砷化镓（GaAs）PN 结的电极两端加上适当电压时，在 PN 结产生被激发的高能量光子，在平行反射面所构成的光学谐振腔内反复振荡放大，形成激光束输出。半导体激光器如图 12-20 所示，红光半导体激光器的输出波长为 635～680 nm。

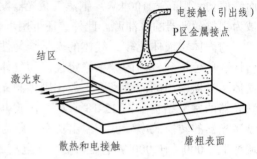

图 12-20　半导体激光器

半导体激光器是目前用途最广泛的激光器，具有体积小、质量轻、寿命长、电光转换效率高、工作电压电流小等优点，在许多激光应用领域正在取代 He-Ne 激光器。但也有缺点，如耐高温性能较差（最高工作温度 50 ℃）、输出光束的光斑成像不规则，这是远距离应用的一大难题。半导体激光器本身只有针孔那么大，长度还不到 1 mm，将它装在一个晶体管模样的外壳内或在它的两面安装上电极，其质量不超过 2 g，使用起来十分方便。它可以做成小型激光通信机，或做成装在飞机上的激光测距仪，还可装在人造卫星和宇宙飞船上作为精密跟踪和导航用激光雷达。

（三）固体激光器

固体激光器的工作物质主要是掺杂晶体和掺杂玻璃，最常用的是红宝石(掺铬)、钕玻璃(掺钕)、钇铝石榴石（掺钕）。红宝石激光器是世界上第一台激光器，1960 年 7 月 7 日，美国青年科学家梅曼宣布世界上第一台激光器诞生，这台激光器就是红宝石激光器，工作波长一般为 6 943 nm，工作状态是单次脉冲式，每脉冲在 1 ms 量级，输出能量为焦耳数量级。YAG（掺钕钇铝石榴石）是最常用的固体激光器，工作波长一般为 1 064 nm，这一波长为四能级系统，还有其他能级可以输出其他波长的激光。YVO4（掺钕钒酸钇）是低功率应用最广泛的固体激光器，工作波长一般为 1 064 nm，可以通过 KTP，LBO 非线性晶体倍频后产生 532 nm 绿光。YAG（掺镱钇铝石榴石）适用于高功率输出，这种材料的碟片激光器在激光工业加工领域有很强优势。钛蓝宝石激光器具有较宽的波长调节范围（670～1 200 nm）。

红宝石激光器是在椭圆形聚光器内密封红宝石棒和脉冲氙灯，红宝石棒的基质为 Al_2O_3，掺入质量比约 0.05% 的铬离子 Cr^{3+}，作为增益介质，以形成受激辐射，工作原理如图 12-21 所示。

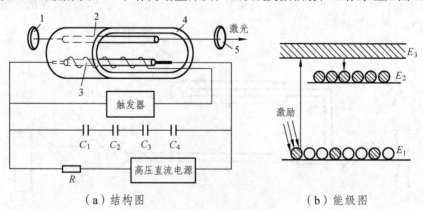

（a）结构图　　　　　　　　　　（b）能级图

图 12-21 红宝石激光器的原理

1—全反射镜；2—红宝石棒；3—脉冲氙灯；4—聚光器；5—部分反射镜

四、激光传感器的应用

利用激光的高方向性、高单色性和高亮度等特点可实现无接触远距离测量。激光传感器常用于长度、距离、振动、速度、方位等物理量的测量，还可用于探伤和大气污染物的监测等。激光传感器在粉尘比较重的场合容易失效，不能测水面，其他场合都能进行比较好的测量。在工业生产中，利用激光高亮度特点已成功地进行了激光打孔、切割和焊接。在医学上，利用激光的高能量可使剥离视网膜凝结和进行外科手术。在测绘方面，可以进行地球到月球之间距离的测量和卫星大地测量。在军事领域，激光能量提高，可以制成摧毁敌机和导弹的光武器。

（一）激光测长

精密测量长度是精密机械制造工业和光学加工工业的关键技术之一。现代长度计量多是利用光波的干涉现象来进行的，其精度主要取决于光的单色性的好坏。激光是最理想的光源，它比以往最好的单色光源（氪-86 灯）还纯 10 万倍。因此激光测长的量程大、精度高。由光学原理可知单色光的最大可测长度 L 与波长 λ 和谱线宽度 δ 之间的关系是 $L = \lambda / \delta$。用氪-86 灯可测最大长度为 38.5 cm，对于较长物体就需分段测量而使精度降低。若用氦氖气体激光器，则最大可测几十千米。一般测量数米之内的长度，其精度可达 0.1 μm。激光干涉测长仪的工作原理如图 12-22 所示。

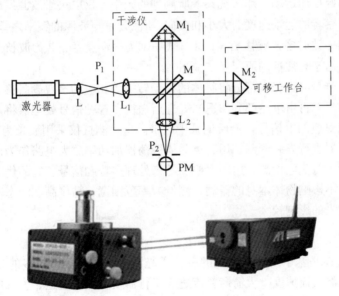

图 12-22　激光干涉测长仪原理

（二）激光测距

激光测距的原理与无线电雷达相同，将激光对准目标发射出去后，测量它的往返时间，再乘以光速即得到往返距离。由于激光具有高方向性、高单色性和高功率等优点，这些对于测远距离、判定目标方位、提高接收系统的信噪比、保证测量精度等都是很关键的，因此激光测距仪日益受到重视。在激光测距仪基础上发展起来的激光雷达不仅能测距，而且还可以测目标方位、运行速度和加速度等，已成功地用于人造卫星的测距和跟踪，例如采用红宝石激光器的激光雷达，测距范围为 500 ~ 2 000 km，误差仅几米。目前已研制出的 LDM 系列测距传感器，可以在数千米测量范围内的精度可以达到微米级别。图 12-23 所示为激光测距仪和激光雷达实物图。常采用红宝石激光器、钕玻璃激光器、二氧化碳激光器以及砷化镓激光器作为激光测距仪的光源。

图 12-23　激光测距仪和激光雷达

（三）激光测振

激光测振基于多普勒原理测量物体的振动速度。多普勒原理是指：若波源或接收波的观察者相对于传播波的媒质而运动，那么观察者所测到的频率不仅取决于波源发出的振动频率而且还取决于波源或观察者的运动速度的大小和方向。所测频率与波源的频率之差称为多普勒频移。在振动方向与方向一致时多普频移 $f_d = v/\lambda$，式中 v 为振动速度、λ 为波长。在激光多普勒振动速度测量仪中，由于光往返的原因，$f_d = 2v/\lambda$。

这种测振仪在测量时由光学部分将物体的振动转换为相应的多普勒频移，并由光检测器将此频移转换为电信号，再由电路部分作适当处理后送往多普勒信号处理器将多普勒频移信号变换为与振动速度相对应的电信号，最后记录于磁带。这种测振仪采用波长为 6 328 Å 的氦氖激光器，用声光调制器进行光频调制，用石英晶体振荡器加功率放大电路作为声光调制器的驱动源，用光电倍增管进行光电检测，用频率跟踪器来处理多普勒信号。它的优点是使用方便，不需要固定参考系，不影响物体本身的振动，测量频率范围宽、精度高、动态范围大，缺点是测量过程受其他杂散光的影响较大。

（四）激光车速测量仪

激光车速测量仪是基于多普勒原理的一种激光测速方法，用得较多的是激光多普勒流速计，它可以测量风洞气流速度、火箭燃料流速、飞行器喷射气流流速、大气风速和化学反应中粒子的大小及汇聚速度等。利用激光的高方向性制成的车速测量仪，是公路车辆速度监测常用的仪器，车速测量仪采用小型半导体砷化镓（GaAs）激光器，工作原理如图 12-24 所示，该仪器有两套完全相同的光学系统，光学系统的作用是把激光束经发射透镜、光栅和接收透镜后，准确地投射在光敏元件上。

为了保证测量精度，在发射镜前放一个宽 2 mm 的狭缝光栅，其测速的基本原理如下：当汽车行走的速度为 v，行走的时间为 t 时，则其行走的距离 $S = vt$。现选取 $S = 100$ m，使车行走时先后切割相距 100 m 的两束激光，测得时间间隔，即可算出速度。

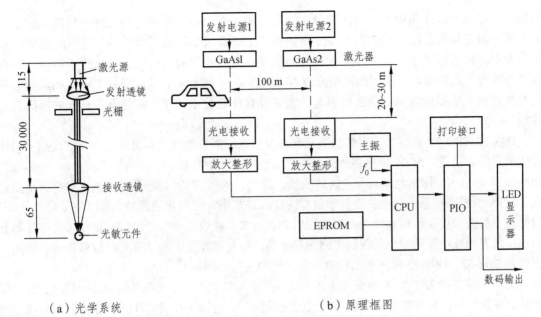

（a）光学系统   （b）原理框图

图 12-24　激光车速测量仪原理

（五）激光扫描传感器

激光扫描传感器的工作是基于光学三角测量原理。如图 12-25 所示为 ZLDS200 二维扫描传感器，半导体激光发生器 1 发出的光，经透镜 2 形成 X 平面光幕，并在物体 7 上形成一条轮廓线 3，镜片 4 收集被物体反射回来的光并将其投影到一个二维 CMOS 阵列 5，这样形成的目标物体剖面图形被信号处理器 6 分析处理，轮廓线的长度用 X 轴计量，轮廓线的高低用 Z 轴计量。

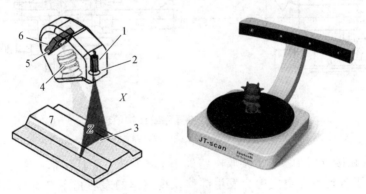

图 12-25　激光扫描传感器

nxSensor-I 是美国 nextWare 公司最新推出的获取三维空间中不透明物体表面形状的新型三维扫描传感器，是世界上最为精确的激光图像传感器之一，可广泛用于三坐标测量、逆向工程、产品设计、仿形、修改和模具制造等领域。

（六）激光准直测量系统

铁路第六次提速，从本质上提高了旅客列车平稳性和舒适度等级，要求轨道有更高的几何精度。过去可以用捣固车自身的测量钢弦所完成的起、拨道作业，现在感到精度不够了，需要采用激光导向系统。2007年12月，全国铁路工务会议上铁道部运输局领导再次强调："要用足大型养路机械功能，充分发挥大型养路机械现有先进装置的潜能，确保作业质量。长直线线路进行大机作业时，必须使用激光准直系统作业。"因此，各铁路局的工务机械段和工程局机械化施工队都应该认真掌握捣固车的激光准直作业技术，使先进的设备充分发挥应有的作用。

D08-32、D09-32捣固车上安装的激光准直控制系统能有效地提高捣固车在长直线路上的作业效率和作业质量。JZTA传感器是激光准直系统中的关键部件，它的精度直接影响D08-32、D09-32捣固车在使用激光准直作业时的质量，因此，提高JZTA传感器的检测水平具有重要意义。JZTA激光准直系统是由铁道科学研究院铁道建筑研究所开发的产品，可以完全替代08-32捣固车上的进口设备。该系统是由激光发射装置、激光接收装置及激光跟踪接收装置等几部分组成。激光跟踪小车所测出的线路方向偏移量是由激光跟踪架上的JZTA型位移传感器测出，再送入D08-32、D09-32捣固车的模拟控制系统中进行处理。

捣固车装备的JZT型A型激光准直系统，基本工作原理是"光电接收-机械跟踪"；激光接收器只在水平方向自动跟踪（称作"一维激光系统"），适用于在长直线路引导捣固车实现自动拨道作业。该系统最大工作距离600~800 m，主要由4部分组成，如图12-26所示。定位于前方轨道中心的激光发射器，向捣固车前端的激光接收器射出一束扇形激光束，接收器会自动跟踪激光束，使接收器中央始终处于激光束的中心。在左右跟踪过程中发生的位移量转换成相应的电信号，经控制电路处理后，指导捣固车的拨道机构进行拨道作业。

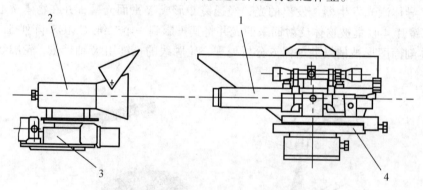

图 12-26 激光准直系统结构原理图

1—激光发射器；2—激光接收器；3—接收跟踪架；4—发射调整架

当激光束落在接收器中央时，接收电路处于平衡状态，无任何信号输出。中位指示灯亮（远距离时，由于激光束在空气中会发生漂移，捣固车的左右指示灯有节奏地交替闪烁）。08-475、09-3X型捣固车装备的激光准直系统，采用"电荷耦合器件"（CCD传感器）为接收元件。激光器发出圆形点光斑，经接收器的透镜会聚成焦点，投射在"CCD传感器"上，激光束的位置偏差量可直接读出，经过信号采集系统的处理，直接转换成水平和垂直方向的偏差量。

这种激光准直系统称作"二维激光系统"，适用于捣固车在长平直线段作业时，引导捣固车实现自动起道、拨道作业。该系统主要由激光发射器、发射电池箱、发射调整架、激光接收器等组成，最大工作距离150 m，如图12-27所示。D08-32、D09-32捣固车是我国从奥地利Plasser

公司引进的具有起道、拨道、抄平功能的高效能捣固车。该车应用了机械、液压和气动等多种学科的技术成果，是集模拟控制系统、计算机控制系统和激光准直控制系统于一体的线路施工机械，该车已成功地实现了国产化，并已批量生产，广泛应用于全国工务系统，为我国铁路线路提速和实现铁路现代化做出了重要贡献。

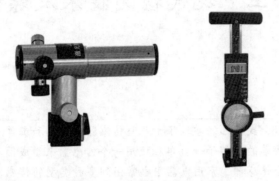

图 12-27　二维激光准直系统

课后思考与练习

12-1　红外线有哪些特性？常见的红外探测器有哪两类？

12-2　请简述红外测温仪的测温原理，查阅资料列出红外测温仪的型号、技术参数及应用场合。

12-3　简述热释电红外探测器用于人体检测、报警的测量原理，并根据自己的奇思妙想，结合其他电路设想出更加优秀的新产品。

12-4　请开发思维、查阅资料，结合热释电传感器的特性设想在房间无人时会自动停机的空调机、电视机能判断无人观看或观众已经睡觉后自动关机、摄影机或数码照相机自动记录动物或人的活动等如何实现其智能化功能？

12-5　请根据所学红外传感器非接触式测量温度的内容，说明你对铁路红外线轴温探测系统的理解。

12-6　激光是怎样形成的？它具有哪些特点？

12-7　激光器有几种？各自的特点是什么？

12-8　请用激光传感器设计一台激光测量汽车速度的装置（画出示意图），并论述其测速的基本工作原理。

12-9　产生激光必须满足哪几个条件？

12-10　激光传感器都可以应用在哪些领域（场合）？请举例说明。

12-11　综合作业：课后查阅有关"铁路大型养路机械用激光准直系统"的相关资料，简述激光准直系统的结构、工作原理、设备操作规程及其在大型养路机械作业过程中的重要作用。

模块十三　现代检测技术及综合应用

典型应用

　　通过本课程的学习，我们已经学习过了十几种传感器的结构和工作原理，但在实际应用的检测系统并不像各模块举的小例子一样单独使用一个传感器来组成简单的仪表。例如一部小汽车里就配置了几十个传感器，家用电器中也常用到多种类型的传感器。本模块先简单介绍现代检测系统的基本知识，包括检测系统特点及功能、检测系统工作流程、检测系统需要的部件等，再列举3个实例介绍传感检测技术的综合应用。分别介绍传感器在现代汽车中的应用、传感器在机器人中的应用及传感器在数控机床中的应用。

　　在学习过程中应注意结合课程前面所学各类传感器，分清传感器测量物理量及特性，学会简单检测系统中传感器的选型。在日常生活中要善于观察、注重理论联系实际。学会根据现有典型检测系统，分析用到的传感器类型、安装位置、所起作用等，为在实际应用中运用传感检测技术奠定基础。

单元一　现代检测技术概述

　　检测技术与自动化装置是将自动化、电子、计算机、控制工程、信息处理、机械等多种学科、多种技术融合为一体并综合运用的复合技术，广泛应用于交通、电力、冶金、化工、建材等各领域自动化装备及生产自动化过程。检测技术与自动化装置的研究与应用，不仅具有重要的理论意义，符合当前及今后相当长时期内我国科技发展的战略，而且紧密结合国民经济的实际情况，对促进企业技术进步、传统工业技术改造和铁路技术装备的现代化有着重要的意义。

　　现代检测技术研究以自动化、电子、计算机、控制工程、信息处理为研究对象，以现代控制理论、传感技术与应用、计算机控制等为技术基础，以检测技术、测控系统设计、人工智能、工业计算机集散控制系统等技术为专业基础，同时与自动化、计算机、控制工程、电子与信息、机械等学科相互渗透，主要从事以检测技术与自动化装置研究领域为主体的，与控制、信息科学、机械等领域相关的理论与技术方面的研究。掌握本科学领域坚实的理论基础和系统的专门知识是检测技术与自动化装置学科及其工程应用的重要基础和核心内容之一。

　　随着国民经济各行业及科学技术的迅速发展，以及本学科专业理论和技术水平的提高，检测技术与自动化装置学科的研究内容越来越丰富，应用范围也越来越广阔。检测技术与自动化装置的应用基础是扎实的理论基础以及科研和工程实践过程中不断积累的新技术使用技能和知识。随着自动化系统规模和新技术应用范围的不断扩大，加上学科基础理论和光、机、电结合新技术的迅速发展，越来越促进了检测技术与自动化装置学科的迅速发展。

一、现代检测系统的 3 种基本结构体系

现代检测系统可分为智能仪器结构、个人仪器结构和自动测试系统结构等 3 种基本结构体系。

（一）智能仪器

智能仪器是将微处理器、存储器、接口芯片、人机对话设备以及传感器有机地融合在一起组成的检测系统。它有专用的小键盘、开关、按键及显示器（如数码管或点阵液晶屏）等，多使用汇编语言，体积小，专用性强。图 13-1 所示为智能仪器的典型硬件结构图。

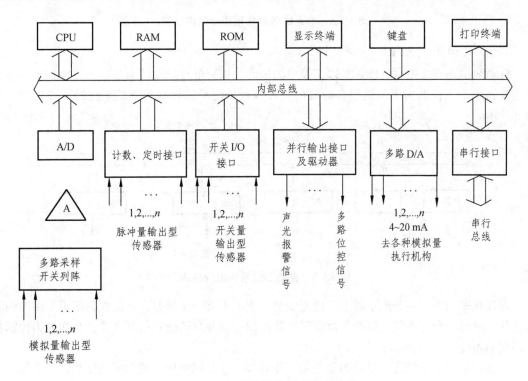

图 13-1　智能仪器典型硬件结构图

（二）个人仪器

个人仪器简称 PI，又称个人计算机仪器系统。它是以个人计算机（必须符合工控要求）配以适当的硬件电路与传感器组合而成的检测系统。由于它是基于个人计算机基础上的仪器，所以称为个人仪器。个人仪器的典型硬件结构框图如图 13-2 所示。

组装个人仪器时，将传感器信号接到相应的接口板上，再将接口板插到工控机的 USB 接口上或总线扩展槽中，配以相应的软件，就可以完成自动检测功能。

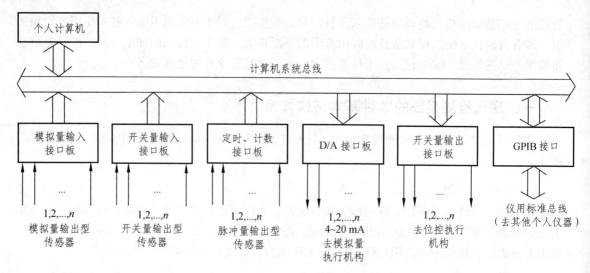

图 13-2　个人仪器的典型硬件结构框图

（三）自动测试系统

自动测试系统（缩写 ATS）是以工控机为核心，以标准接口总线为基础，以可程控的多台智能仪器或个人仪器为下位机组合而成的一种现代检测系统。自动测试系统的原理框图如图 13-3 所示。

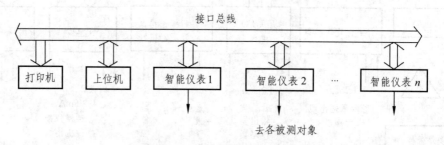

图 13-3　自动测试系统原理框图

现代化车间中，一条流水线上往往要安装几十、上百个传感器，上位机利用预先编程的测试软件，对每一台智能仪器进行参数设置、数据读写，并且还能利用其计算、判断能力控制整个系统的运行。

许多自动测试系统还可以作为服务器工作站加入互联网络中，成为网络化测试子系统，实现远程监测、远程控制、远程实时调试。

二、现代检测系统的特点及功能

（1）设计灵活性高。只需更改少数硬件接口，通过修改软件就可以显著改变功能，从而使产品按需要发展成不同的系列，降低研制费用，缩短研制周期。

（2）操作方便。使用人员可通过键盘来控制系统的运行。系统通常还配有 CRT 屏幕显示，因此可以进行人机对话，在屏幕上用图表、曲线的形式显示系统的重要参数、报警信号，有时还可用彩色图形来模拟系统的运行状况。

（3）具有记忆功能。在断电时，能长时间保存断电前的重要参数。

（4）有自校准功能。自校准包括自动零位校准和自动量程校准，能提高测量准确度

（5）具有自动故障诊断功能。所谓自动故障诊断就是当系统出现故障无法正常工作时，只要计算机本身能继续运行，它就转而执行故障诊断程序，按预定的顺序搜索故障部位，并在屏幕上显示出来，从而大大缩短了检修周期。

三、检测系统中的几种重要硬件

（一）采样开关

采样开关用于接通或断开输入信号。工业中，对采样开关的要求是速度快、体积小，所以不能采用电工继电器。常用的采样开关主要有两种，一是干簧继电器，二是CMOS模拟采样开关。

（二）放大器

检测系统对放大器的主要要求是准确度高、温漂小、共模抑制比高、频带宽的直流放大器。目前常用的放大器有以下几种形式：

（1）高精度、低漂移的双极型放大器，如OP-07等。

（2）隔离放大器。它带有线性光电隔离器，有很高的抗共模干扰能力。

（3）专用的"仪用放大器"成品。它的各项技术指标均能符合工业检测系统的要求，但价格较昂贵。

单元二　传感器在机器人中的应用

机器人是由计算机控制的复杂机器，它具有类似人的肢体及感官功能；动作程序灵活；有一定程度的智能；在工作时可以不依赖人的操纵。机器人传感器在机器人的控制中起了非常重要的作用，正因为有了传感器，机器人才具备了类似人类的知觉功能和反应能力。

为了检测作业对象及环境或机器人与它们的关系，在机器人上安装了触觉传感器、视觉传感器、力觉传感器、接近觉传感器、超声波传感器和听觉传感器，大大改善了机器人工作状况，使其能够更充分地完成复杂的工作。

一、机器人传感器分类

根据检测对象的不同可分为内部传感器和外部传感器。

内部传感器是用来检测机器人本身状态（如手臂间角度）的传感器，多为检测位置和角度的传感器。外部传感器是用来检测机器人所处环境（如是什么物体，离物体的距离有多远等）及状况（如抓取的物体是否滑落）的传感器。机器人传感器有物体识别传感器、接近觉传感器、距离传感器、力觉传感器及听觉传感器等。

（一）明暗觉

检测内容：是否有光，亮度多少。

应用目的：判断有无对象，并得到定量结果。

传感器件：光敏管、光电断续器。

（二）色 觉

检测内容：对象的色彩及浓度。

应用目的：利用颜色识别对象的场合。

传感器件：彩色摄像机、滤波器、彩色 CCD。

（三）位置觉

检测内容：物体的位置、角度、距离。

应用目的：物体空间位置、判断物体移动。

传感器件：光敏阵列、CCD 等。

（四）形状觉

检测内容：物体的外形。

应用目的：提取物体轮廓及固有特征，识别物体。

传感器件：光敏阵列、CCD 等。

（五）接触觉

检测内容：与对象是否接触，接触的位置。

应用目的：确定对象位置，识别对象形态，控制速度，安全保障，异常停止，寻径。

传感器件：光电传感器、微动开关、压敏高分子材料。

（六）压 觉

检测内容：对物体的压力、握力、压力分布。

应用目的：控制握力，识别握持物，测量物体弹性。

传感器件：压电元件、导电橡胶、压敏高分子材料。

（七）力 觉

检测内容：机器人有关部件（如手指）所受外力及转矩。

应用目的：控制手腕移动，伺服控制，正解完成作业。

传感器件：应变片、导电橡胶。

（八）接近觉

检测内容：对象物是否接近，接近距离，对象面的倾斜。

应用目的：控制位置，寻径，安全保障，异常停止。

传感器件：光传感器、气压传感器、超声波传感器、电涡流传感器、霍尔传感器。

（九）滑 觉

检测内容：垂直握持面方向物体的位移，重力引起的变形。

应用目的：修正握力，防止打滑，判断物体重量及表面状态。

传感器件：球形接点式、光电旋转传感器、角编码器、振动检测器。

二、机器人主要的传感器

机器人视觉传感器在 20 世纪 50 年代后期出现，发展十分迅速，是机器人中最重要的传感器之一。机器视觉从 20 世纪 60 年代开始首先处理积木世界，后来发展到处理室外的现实世界。20 世纪 70 年代以后，实用性的视觉系统出现了。视觉一般包括 3 个过程：图像获取、图像处理和图像理解。相对而言，图像理解技术还很落后。

机器人力传感器就安装部位来讲，可以分为关节力传感器、腕力传感器和指力传感器。国际上对腕力传感器的研究是从 20 世纪 70 年代开始的，主要研究单位有美国的 DRAPER 实验室、SRI 研究所、IBM 公司和日本的日立公司、东京大学等单位。

作为视觉的补充，触觉能感知目标物体的表面性能和物理特性：柔软性、硬度、弹性、粗糙度和导热性等。触觉研究从 20 世纪 80 年代初开始，到 20 世纪 90 年代初已取得了大量的成果。研究它的目的是使机器人在移动或操作过程中获知目标（障碍）物的接近程度，移动机器人可以实现避障，操作机器人可避免手爪对目标物由于接近速度过快造成的冲击。

（一）机器人听觉识别系统

1. 特定人的语音识别系统

特定人语音识别方法是将事先指定的人的声音中的每一个字音的特征矩阵存储起来，形成一个标准模板（或叫模板），然后再进行匹配。它首先要记忆一个或几个语音特征，而且被指定人讲话的内容也必须是事先规定好的有限的几句话。特定人语音识别系统可以识别讲话的人是否是事先指定的人，讲的是哪一句话。

2. 非特定人的语音识别系统

非特定人的语音识别系统大致可以分为语言识别系统，单词识别系统及数字音（0~9）识别系统。非特定人的语音识别方法则需要对一组有代表性的人的语音进行训练，找出同一词音的共性，这种训练往往是开放式的，能对系统进行不断的修正。在系统工作时，将接收到的声音信号用同样的办法求出它们的特征矩阵，再与标准模式相比较。看它与哪个模板相同或相近，从而识别该信号的含义。

由于外部传感器为集多种学科于一身的产品，有些方面还在探索之中，随着外部传感器的进一步完善，机器人的功能越来越强大，将在许多领域为人类做出更大贡献。

（二）机器人触觉传感器

机器人触觉可分为压觉、力觉、滑觉和接触觉等几种：

1. 压觉传感器

压觉传感器位于手指握持面上，用来检测机器人手指握持面上承受的压力大小和分布。硅电容压觉传感器阵列由若干个电容器均匀地排列成一个简单的电容器阵列。当手指握持物体时，传感器受到外力的作用，作用力通过表皮层和垫片层传到电容极板上，从而引起电容 C_x 的变化，其变化量随作用力的大小而变，经转换电路输出电压反馈给计算机，经与标准值比较后输出指令给执行机构，使手指保持适当握紧力。

2. 滑觉传感器

机器人的手爪要抓住属性未知的物体，必须对物体作用最佳大小的握持力，以保证既能握住物体不产生滑动，而又不使被抓物滑落，还不至于因用力过大而使物体产生变形面损坏。在手爪间安装滑觉传感器就能检测出手爪与物体接触面之间相对运动（滑动）的大小和方向。

光电式滑觉传感器只能感知一个方向的滑觉（称一维滑觉），若要感知二维滑觉，则可采用球形滑觉传感器，该传感器有一个可自由滚动的球，球的表面是用导体和绝缘体按一定规格布置的网格，在球表面安装有接触器。当球与被握持物体相接触时，如果物体滑动，将带动球随之滚动，接触器与球的导电区交替接触从而发出一系列的脉冲信号以，脉冲信号的个数及频率与滑动的速度有关。球形滑觉传感器所测量的滑动不受滑动方向的限制，能检测全方位滑动。在这种滑觉传感器中，也可将两个接触器改用光电传感器代替，滚球表面制成反光和不反光的网格，可提高可靠性，减少磨损。

3. PVDF 接触觉传感器

有机高分子聚二氟乙烯(PVDF)是一种具有压电效应和热释电效应的敏感材料，利用前面介绍过的 PVDF 制成接触觉、滑觉、热觉的传感器，是人们用来研制仿生皮肤的主要材料。PVDF 薄膜厚度只有几十微米，具有优良的柔性及压电特性。

当机器人的手爪表面开始接触物体时，接触时的瞬时压力使 PVDF 因压电效应产生电荷，经电荷放大器产生脉冲信号，该脉冲信号就是接触觉信号。当物体相对于手爪表面滑动时引起 PVDF 表层的颤动，导致 PVDF 产生交变信号，这个交变信号就是滑觉信号。当手爪抓住物体时，由于物体与 PVDF 表层有温差存在，产生热能的传递，PVDF 的热释电效应使 PVDF 极化，而产生相应数量的电荷，从而有电压信号输出，这个信号就是热觉信号。

（三）接近觉传感器

接近觉传感器用于感知一定距离内的场景状况，所感应的距离范围一般为几毫米至几十毫米，也有可达几米。接近觉为机器人的后续动作提供必要的信息，供机器人决定以怎样的速度逼近或避让该对象。常用的接近觉传感器有电磁式、光电式、电容式、超声波式、红外式、微波式等多种类型。

1. 电磁式接近觉传感器

电磁式接近觉传感器有本书介绍过的电涡流传感器以及霍尔传感器。这类传感器用以感知近距离的、静止物体的接近情况，电涡流式对非金属材料构成的物体无法感知、霍尔式对非磁性材料构成的物体无法感知，选用时可根据具体要求而定。

2. 光电式接近觉传感器

光电式接近觉传感器采用发射-反射式原理，在模块八有所介绍。这种传感器适合于判断有无物体接近，而难于感知物体距离的数值。另一个不足之处是物体表面的反射率等因素对传感器的灵敏度有较大的影响。

3. 超声波接近觉传感器

超声波接近觉传感器可以用一个超声波换能器兼做发射和接收器件；也可以用两只超声波换能器，一只作为发射器，另一只作为接收器。超声波接近觉传感器除了能感知物体有无外，还能感知物体的远近距离，类似于模块十介绍的超声波测距原理。超声波接近觉传感器最大的优点是不受环境因素（如背景光）的影响，也不受物体材料、表面特性等限制，因此适用范围较大。

（四）视觉传感器

机器人也需要具备类似人的视觉功能。带有视觉系统的机器人可以完成许多工作，如判断亮光、火焰、识别机械零件、进行装配作业、安装修理作业、精细加工等。在图像处理技术方面已经经由一维信息处理发展到二维、三维复杂图像的处理。将景物转换成电信号的设备是光电检测器，最常用的光电检测器是固态图像传感器。固态图像传感器包括线阵 CCD 图像传感器和面阵 CCD 图像传感器。

判别物体的位置和形状包含的信息有距离信息、明暗信息和色彩信息，前两个信息是主要的，只有当景物是彩色的或者必须对彩色信号进行处理时，才考虑彩色信息。安装有视觉传感器的机器人可应用到喷漆机器人的视觉系统中，能使末端执行器——喷漆枪跟随物体表面形状的起伏不断变换姿态，提高喷漆质量和效率。距离信息的获得还有立体图像摄影等方法，请读者参考有关书籍。

单元三　传感器在现代汽车中的应用

车用传感器是汽车计算机系统的输入装置，它把汽车运行中各种工况信息，如车速、各种介质的温度、发动机运转工况等，转化成电信号输给计算机，以便发动机处于最佳工作状态。车用传感器很多，判断传感器出现的故障时，不应只考虑传感器本身，而应考虑出现故障的整个电路。因此，在查找故障时，除了检查传感器之外，还要检查线束、插接件以及传感器与电控单元之间的有关电路。

现代汽车技术发展特征之一就是越来越多的部件采用电子控制。根据传感器的作用，可以分类为测量温度、压力、流量、位置、气体浓度、速度、光亮度、干湿度、距离等功能的传感器，它们各司其职，一旦某个传感器失灵，对应的装置工作就会不正常甚至不工作。

汽车传感器过去单纯用于发动机上，现在已扩展到底盘、车身和灯光电气系统上了。这些系统采用的传感器有 100 多种。

一、汽车传感器概述

（一）传感器在发动机上的应用

发动机控制系统用传感器是整个汽车传感器的核心，种类很多，包括温度传感器、压力传感器、位置和转速传感器、流量传感器、气体浓度传感器和爆震传感器等。这些传感器向发动机的电子控制单元（ECU）提供发动机的工作状况信息，供 ECU 对发动机工作状况进行精确控制，以提高发动机的动力性、降低油耗、减少废气排放和进行故障检测。

由于发动机工作在高温（发动机表面温度可达 150 ℃、排气管可达 650 ℃）、振动（加速度 30g）、冲击（加速度 50g）、潮湿（100%RH，−40 ~ 120 ℃）以及蒸汽、盐雾、腐蚀和油泥污染的恶劣环境中，因此发动机控制系统用传感器耐恶劣环境的技术指标要比一般工业用传感器高 1 ~ 2 个数量级，其中最关键的是测量精度和可靠性。否则，由传感器带来的测量误差将最终导致发动机控制系统难以正常工作或产生故障。

1. 温度传感器

温度传感器主要用于检测发动机温度、吸入气体温度、冷却水温度、燃油温度以及催化温度等。温度传感器有线绕电阻式、热敏电阻式和热电偶式 3 种主要类型。3 种类型传感器各有特点，其应用场合也略有区别。线绕电阻式温度传感器的精度高，但响应特性差；热敏电阻式温度传感器灵敏度高，响应特性较好，但线性差，适应温度较低；热电偶式温度传感器的精度高，测量温度范围宽，但需要配合放大器和冷端处理一起使用。

已实用化的产品有热敏电阻式温度传感器（通用型 – 50 ~ 130 ℃，精度 1.5%，响应时间 10 ms；高温型 600 ~ 1 000 ℃，精度 5%，响应时间 10 ms）、铁氧体式温度传感器（ON/OFF型，– 40 ~ 120 ℃，精度 2.0%）、金属或半导体膜空气温度传感器（– 40 ~ 150 ℃，精度 2.0%、5%，响应时间 20 ms）等。

2. 压力传感器

压力传感器主要用于检测气缸负压、大气压、涡轮发动机的升压比、气缸内压、油压等。吸气负压式传感器主要用于吸气压、负压、油压检测。汽车用压力传感器应用较多的有电容式、压阻式、差动变压器式、表面弹性波式（SAW）。

电容式压力传感器主要用于检测负压、液压、气压，测量范围 20 ~ 100 kPa，具有输入能量高、动态响应特性好、环境适应性好等特点；压阻式压力传感器受温度影响较大，需要另设温度补偿电路，但适应于大量生产；差动变压器式压力传感器有较大的输出，易于数字输出，但抗干扰性差；SAW 式压力传感器具有体积小、质量轻、功耗低、可靠性高、灵敏度高、分辨力高、数字输出等特点，用于汽车吸气阀压力检测，能在高温下稳定地工作，是一种较为理想的传感器。

3. 流量传感器

流量传感器主要用于发动机空气流量和燃料流量的测量。空气流量的测量用于发动机控制系统确定燃烧条件、控制空燃比、起动、点火等。空气流量传感器有旋转翼片式（叶片式）、卡门涡旋式、热线式、热膜式等 4 种类型。旋转翼片式（叶片式）空气流量计结构简单，测量精度较低，测得的空气流量需要进行温度补偿；卡门涡旋式空气流量计无可动部件，反应灵敏，精度较高，也需要进行温度补偿；热线式空气流量计测量精度高，无须温度补偿，但易受气体脉动的影响，易断丝；热膜式空气流量计和热线式空气流量计测量原理一样，但体积小，适合大批量生产，成本低。空气流量传感器的主要技术指标为：工作范围 0.11 ~ 103 m³/min，工作温度 – 40 ~ 120 ℃，精度 ≤1%。

燃料流量传感器用于检测燃料流量，主要有水轮式和循环球式，其动态范围 0 ~ 60 kg/h，工作温度 – 40 ~ 120 ℃，精度 1%，响应时间 < 10 ms。

4. 位置和转速传感器

位置和转速传感器主要用于检测曲轴转角、发动机转速、节气门的开度、车速等。目前，汽车使用的位置和转速传感器主要有交流发电机式、磁阻式、霍尔效应式、簧片开关式、光学式、半导体磁性晶体管式等，其测量范围 0 ~ 360°，精度 0.5° 以下，测弯曲角达 0.1°。

车速传感器种类繁多，有敏感车轮旋转的，也有敏感动力传动轴转动的，还有敏感差速从动轴转动的。当车速高于 100 km/h 时，一般测量方法误差较大，需采用非接触式光电速度传感器，测速范围 0.5～250 km/h，重复精度 0.1%，距离测量误差优于 0.3%。

5. 气体浓度传感器

气体浓度传感器主要用于检测车体内气体和废气排放。其中，最主要的是氧传感器，实用化的有氧化锆传感器（使用温度 -40～900 ℃，精度 1%）、氧化锆浓差电池型气体传感器（使用温度 300～800 ℃）、固体电解质式氧化锆气体传感器（使用温度 0～400 ℃，精度 0.5%），另外还有二氧化钛氧传感器。和氧化锆传感器相比，二氧化钛氧传感器具有结构简单、轻巧、便宜，且抗铅污染能力强的特点。

6. 爆震传感器

爆震传感器用于检测发动机的振动，通过调整点火提前角控制和避免发动机发生爆震。可以通过检测气缸压力、发动机机体振动和燃烧噪声等 3 种方法来检测爆震。爆震传感器有磁致伸缩式和压电式。磁致伸缩式爆震传感器的使用温度为 -40～125 ℃，频率范围为 5～10 kHz；压电式爆震传感器在中心频率 5.417 kHz 处，其灵敏度可达 200 mV/g，在振幅为 0.1～10 g 范围内具有良好线性度。

（二）传感器在车身上的应用

车身控制用传感器主要用于提高汽车的安全性、可靠性和舒适性等。由于其工作条件不像发动机和底盘那么恶劣，一般工业用传感器稍加改进就可以应用。主要有用于自动空调系统的温度传感器、湿度传感器、风量传感器、日照传感器等；用于安全气囊系统中的加速度传感器；用于门锁控制中的车速传感器；用于亮度自动控制中的光传感器；用于倒车控制中的超声波传感器或激光传感器；用于保持车距的距离传感器；用于消除驾驶员盲区的图像传感器等。

在车身上应用的各种传感器：有防撞加速度传感器、超声近距离目标传感器和红外热成像传感器，毫米波雷达和环境气体电化学传感器。新型的传感器有超声阵列反向传感器、侧面路面偏距报警和红外热成像夜视传感器。

（三）传感器在底盘上的应用

底盘控制用传感器是指用于变速器控制系统的车速传感器、加速踏板位置传感器、加速度传感器、节气门位置传感器、发动机转速传感器、水温传感器、油温传感器等；悬架控制系统应用的传感器有车速传感器、节气门位置传感器、加速度传感器、车身高度传感器、方向盘转角传感器等；动力转向系统应用的传感器主要有车速传感器、发动机转速传感器、转矩传感器、油压传感器等。

（四）传感器在控制系统中的应用

发动机控制系统用传感器主要有温度传感器、压力传感器、位置和转速传感器、流量传感器、气体浓度传感器和爆震传感器等。这些传感器向发动机的电子控制单元（ECU）提供发动机的工作状况信息，以提高发动机的动力性、降低油耗、减少废气排放和进行故障检测。

汽车控制系统应用的主要传感器类型，即旋转位移传感器、压力传感器和温度传感器。在北美，这 3 种传感器的销售数量分别占第一、第二和第四位。目前大概有 40 余种不同的汽车传感器，其中有 8 种压力传感器，4 种温度传感器和 4 种旋转位移传感器。近年来研制的新型传感器是气缸压力传感器，踏板加速计位置传感器和油质量传感器。

（五）其他系统用传感器

随着基于 GPS/GIS（全球定位系统和地理信息系统）的导航系统在汽车上的应用，导航用传感器这几年得到迅速发展。导航系统用传感器主要有：确定汽车行驶方向的罗盘传感器、陀螺仪和车速传感器、方向盘转角传感器等。

自动变速器系统用传感器主要有：车速传感器、加速踏板位置传感器、加速度传感器、节气门位置传感器、发动机转速传感器、水温传感器、油温传感器等。制动防抱死系统用传感器主要有：轮速传感器、车速传感器。悬架系统用传感器主要有：车速传感器、节气门位置传感器、加速度传感器、车身高度传感器、方向盘转角传感器等。动力转向系统用传感器主要有：车速传感器、发动机转速传感器、转矩传感器、油压传感器等。

二、汽车传感器市场状况

在 20 世纪 60 年代，汽车上仅有机油压力传感器、油量传感器和水温传感器，它们与仪表或指示灯连接。进入 70 年代后，为了治理排放，又增加了一些传感器来帮助控制汽车的动力系统，因为同期出现的催化转换器、电子点火和燃油喷射装置需要这些传感器来维持一定的空燃比以控制排放。80 年代，防抱死制动装置和气囊提高了汽车安全性。

现在，有用来测定各种流体温度和压力（如进气温度、气道压力、冷却水温和燃油喷射压力等）的传感器；有用来确定各部分速度和位置的传感器（如车速、节气门开度、凸轮轴、曲轴、变速器的角度和速度、排气再循环阀（EGR）的位置等）；还有用于测量发动机负荷、爆震、断火及废气中含氧量的传感器；确定座椅位置的传感器；在防抱死制动系统和悬架控制装置中测定车轮转速、路面高差和轮胎气压的传感器；保护前排乘员的气囊，需要较多的碰撞传感器和加速度传感器。面对制造商提供的测量、顶置式气囊以及更精巧的侧置头部气囊，还要增加传感器。随着研究人员用防撞传感器（测距雷达或其他测距传感器）来判断和控制汽车的侧向加速度、每个车轮的瞬时速度及所需的转矩，使制动系统成为汽车稳定性控制系统的一个组成部分。

传感器在汽车上的应用不断扩大，它们在汽车电子稳定性控制系统（包括轮速传感器、陀螺仪以及刹车处理器）、车道偏离警告系统和盲点探测系统（包括雷达、红外线或者光学传感器）各个方面都得到了使用。

2005 年，美国 ABI 研究公司公布了一份专门针对传感器市场的研究报告。这份名为《汽车传感器：加速计、陀螺仪、霍尔效应、光学、压力、雷达以及超音速传感器》的报告，对 2012 年前主要传感器的地区性使用前景做了预测。报告讨论了使用传感技术的许多先进安全系统，并提供了主要 40 家生产厂家的详细资料，以及 100 多家生产厂家名录。这家调查公司的一位资深分析师认为，是主动式安全系统推动了传感器被越来越多地使用。在汽车业，安全系统成为传感器的最大市场。

根据"全球信息公司"的调查报告，全球轻型汽车传感器 OEM 市场年均增长率 7.4%，到 2010 年将达到 140 亿美元的规模，其增长幅度远远超出汽车本身的年均增长率。在发达国家，随着汽车电子系统日益完善，电子传感新技术快速发展，但已经成熟的传感器产品的增长将趋缓甚至可能下降；在发展中国家，基本的汽车传感器主要用于汽车发动机、安全、防盗、排放控制系统，增长量十分可观。汽车传感器供应商面临严峻挑战：一方面要扩大产能产量，另一方面要不断减低成本，这种发展趋势未来将不可能改变。

三、汽车传感器国内发展状况

汽车传感器作为汽车电子控制系统的信息源，是汽车电子控制系统的关键部件，也是汽车电子技术领域研究的核心内容之一。汽车传感器对温度、压力、位置、转速、加速度和振动等各种信息进行实时、准确的测量和控制。衡量现代高级轿车控制系统水平的关键就在于其传感器的数量和水平。当前，一辆国内普通家用轿车上大约安装了近百个传感器，而豪华轿车上的传感器数量多达 200 只。

近年来，从半导体集成电路技术发展而来的微电子机械系统（MEMS）技术日渐成熟，利用这一技术可以制作各种能敏感和检测力学量、磁学量、热学量、化学量和生物量的微型传感器，这些传感器的体积和能耗小，可实现许多全新的功能，便于大批量和高精度生产，单件成本低，易构成大规模和多功能阵列，非常适合在汽车上应用。

微型传感器的大规模应用将不仅限于发动机燃烧控制和安全气囊，在未来 5~7 年内，包括发动机运行管理、废气与空气质量控制、ABS、车辆动力的控制、自适应导航、车辆行驶安全系统在内的应用，将为 MEMS 技术提供广阔的市场。

自 20 世纪 80 年代以来，国内汽车仪表行业引进国外的先进技术及与之相配套的传感器生产技术，基本满足了国内小批量、低水平车型的配套需求。由于起步较晚，还没有形成系列化、配套化，尚未形成独立的产业，仍然依附于汽车仪表企业。

许多传感器厂家为了增强产品的竞争力，采用与国外同行业进行合资经营的方式，消化吸收国外先进的传感器技术，使产品升级换代，从而逐步发展壮大，有的已成为几大"电喷"系统厂家的下游供应商。但绝大多数企业还只是配套生产其他车用传感器，处于利润少、产品单一、产品质量和技术水平低下的状况。

伴随着国内汽车产量的迅速增长，今后几年国内汽车工业对传感器及其配套变速器和仪表的需求亦将大大增加，实现汽车传感器国产化势在必行。为适应这一形势，应重点开发新型压力、温度、流量、位移等传感器，尽快为汽车工业解决电喷系统、空调排污系统和自动驾驶系统所需的传感器是十分迫切的任务。汽车传感器对整车厂而言，是二级配套产品，必须以系统形式进入整车厂配套。一级系统配套商的实力关系到主机厂的品牌，所以必须建立系统平台，以系统带动传感器的发展。

四、汽车传感器发展趋势

未来汽车传感器技术的发展趋势是微型化、多功能化、集成化和智能化。20 世纪末期，设计技术、材料技术，特别是 Mems（微电子机械系统）技术的发展使微型传感器提高到了一个新的水平，利用微电子机械加工技术将微米级的敏感元件、信号处理器、数据处理装置封装在同一芯片上，它具有体积小、价格便宜、可靠性高等特点，并且可以明显提高系统测试精度。目前采用 Mems 技术可以制作检测力学量、磁学量、热学量、化学量和生物量的微型传感器。由于 Mems 微型传感器在降低汽车电子系统成本及提高其性能方面的优势，它们已开始逐步取代基于传统机电技术的传感器。Mems 传感器将成为世界汽车电子的重要构成部分。

汽车传感器和电子系统向着采用 Mems 传感器的方向发展。Mems 传感器成本低、可靠性好、尺寸小，可以集成在新的系统中，工作时间达到几百万个小时。Mems 器件最早的是绝压传感器和气囊加速度传感器。目前，正在研发和小批量生产的 MEMS/MST 产品有轮速旋转传感器、胎压传感器、制冷压力传感器、发动机油压传感器、刹车压力传感器和偏离速率传感器等等。随着微电子技术的发展和电子控制系统在汽车上的应用迅速增加，汽车传感器市场需求将保持高速增长，以 Mems 技术为基础的微型化、多功能化、集成化和智能化的传感器将逐步取代传统的传感器，成为汽车传感器的主流。

微机械加工技术（MEMT）和微米/纳米技术将得到高速发展，成为 21 世纪传感器领域中带有革命变化的高新技术。采用 MEMT 制作的 MEMS 产品（微传感器和微系统），具有划时代的微小体积、低成本、高可靠等独特的优点，预计由微传感器、微执行器以及信号和数据处理装置总装集成的微系统将进入商业市场。

随着新型敏感材料的加速开发，微电子、光电子、生物化学、信息处理等各学科、各种新技术的互相渗透和综合利用，可望研制出一批新颖、先进的传感器。如新一代光纤传感器、超导传感器、焦平面阵列红外探测器、生物传感器、诊断传感器、智能传感器、基因传感器以及模糊传感器等。

硅传感器的研究、生产和应用将成为主流，半导体工业将更加有力地带动传感器的设计及工艺制造技术；而微处理器和计算机将进一步带动新一代智能传感器和网络传感器的数据管理和采集。敏感元件与传感器的更新换代周期将越来越短，其应用领域将得到拓展，二次传感器和传感器系统的应用将大幅度增长，廉价传感器的比例将增大，必将促进世界传感器市场的迅速发展。

高科技在传感技术中的应用比例更加增大。传感技术涉及多学科的交叉，它的设计需要多学科综合理论分析，常规方法已难于满足，CAD 技术将得到广泛应用。如国外在 20 世纪 90 年代初就研究出了用于硅压力传感器设计的 MEMS CAD 软件，大型有限元分析软件 ANSYS，包含了力、热、声、流体、电、磁等分析模块，在 MEMS 器件的设计和模拟方面取得了成功。

传感器产业将进一步向着生产规模化、专业化和自动化方向发展。工业化大生产的平面工艺技术将是促进传感器价格大幅度降低的主要动力。而传感器制造的后工序——封装工艺和测试标定（两者的费用约占产品总成本的 50% 以上）的自动化，将成为关键生产工艺予以突破。

传感器产业的企业结构仍将呈现"大、中、小并举""集团化、专业化生产共存"的格局，集团化的大公司（含跨国集团公司）将越来越显示出它的垄断作用，而专业化生产的中、小企业因其能适应市场小批量产品的需求，仍有其生存、发展的空间和机遇。

单元四　传感器在数控机床中的应用

数控机床是机电一体化的典型产品，它是机、电、液、气和光等多学科的综合性组合，数控技术范围覆盖了机械制造、自动控制、伺服驱动、传感器及信息处理等领域。具有高准确度、高效率、高柔性的特点，以数控机床为核心的先进制造技术已成为世界各发达国家加速经济发展，提高综合国力和国家地位的重要途径。传感器在数控机床中占据重要的地位，它监视和测量着数控机床的每一步工作过程，图 13-4 所示为数控车床的外形图。

图 13-4　数控车床外形图

一、位置检测装置在进给控制中的应用

以位置检测装置为代表的传感器，在保证数控机床高准确度方面起了重要作用，数控机床很重要的一个指标就是进给运动的位置定位误差和重复定位误差，要提高位置准确度就必须采用高准确度的位置检测装置。图 13-5 所示为数控车床内部结构组成，图 13-6 所示为该车床的传动链组成。

拖板的横向运动为 Z 轴，由 Z 轴进给伺服电动机拖过 Z 轴滚珠丝杠来实现。拖板上刀架的径向运动为 X 轴，由 X 轴进给伺服电动机拖过 X 轴滚珠丝杠来实现。伺服电动机端部配有光电编码器，用于角位移测量和数字测速，角位移通过丝杠螺距能间接反映拖板或刀的直线位移。以 Z 轴为例，该轴的伺服控制框图如图 13-7 所示。

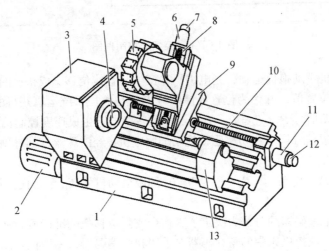

图 13-5　数控车床内部结构

1—床身；2—主轴电动机；3—主轴箱；4—主轴；5—回转刀架；6—X 轴进给伺服电动机；
7—X 轴光电编码器；8—X 轴滚珠丝杠；9—拖板；10—Z 轴滚珠丝杠；
11—Z 轴进给伺服电动机；12—Z 轴光电编码器；13—尾架

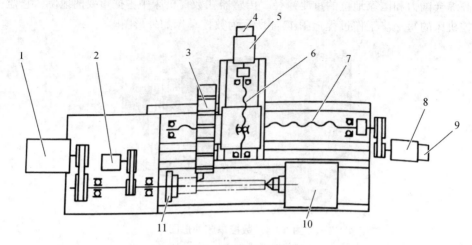

图 13-6　数控车床传动链

1—主轴电动机；2—主轴编码器；3—回转刀架；4—X 轴光电编码器；5—X 轴进给伺服电动机；
6—X 轴滚珠丝杠；7—Z 轴滚珠丝杠；8—Z 轴进给伺服电动机；
9—Z 轴光电编码器；10—尾架；11—主轴

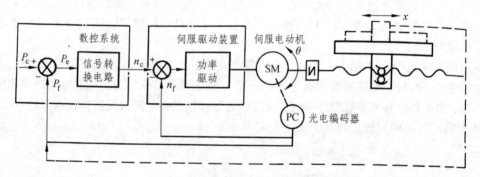

图 13-7　数控伺服控制框图

随着伺服电动机带动拖板运动，光电编码器产生与直线位移 x 成正比的脉冲信号，该信号反映了拖板的实际位置值，并作为位置反馈信号 P_f，与数控系统运算获得的位置指令 P_c 进行比较，生成位置偏差信号 P_e，$P_e = P_c - P_f$，经信号转换电路生成速度控制信号 n_c，n_c 与速度反馈信号 n_f 比较后，经信号调节和功率驱动拖动伺服电机，经滚珠丝杠螺母副带动拖板继续做直线运动。

当拖板运动至 $P_f = P_c$ 时，则 $P_e = P_c - P_f = 0$，伺服电动机停转，于是拖板就停在位置指令 P_c 所规定的位置处。

由此可见，光电编码器的分辨力决定了工作台实际位移值的准确度，从而影响到数控机床位置控制的准确度。数控机床中的角编码器多采用光电编码器，一般位置测量选用增量式，重要的测量选用绝对式。另外，与伺服电动机同轴连接的光电编码器一方面用于测量丝杠的角位移 θ，另一方面也可用于数字测速，产生速度反馈信号 n_f。

在高准确度数控机床中，位置检测装置可采用直线光栅，它的测量准确度比光电编码器高，但价格也较高。图 13-8 为光栅在数控车床 Z 轴上的安装示意图。光栅尺固定在床身上，在进给驱动中，扫描头随拖板运动，产生与直线位移成正比的脉冲信号，该信号直接反映了拖板的实际位置值。目前，数控机床用的光栅分辨力可达 1 μm，更高的可达 0.1 μm。

如果说用光电编码器作为工作台位置检测装置的伺服系统称为半闭环控制系统，用光栅作为工作台位置检测装置的伺服系统就称为全闭环控制系统。

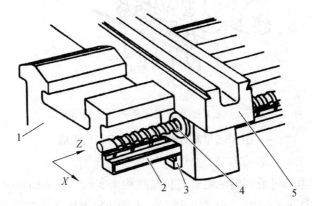

图 13-8　光栅在 Z 轴上的安装示意图

1—床身；2—光栅尺；3—扫描头；4—滚珠丝杠-螺母副；5—床鞍

另外，与主轴相连的主轴编码器也是一个光电编码器，用于车螺纹的控制。其作用是使主轴的转速与 Z 轴进给相匹配，以保证螺距的一致性。

二、接近开关在刀架选刀控制中的应用

回转刀架根据数控系统发出的刀位指令控制刀架回转，将选定的刀具定位在加工位置。刀架在回转过程中，每转过一个刀位，就发出一个信号，该信号与数控系统的刀位指令进行比较，当刀架的刀位信号与指令刀位信号相符时，表示选刀完成。图 13-9 所示为数控车床某回转刀架的组成。

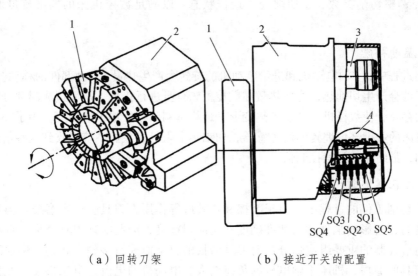

（a）回转刀架　　　　　　　　（b）接近开关的配置

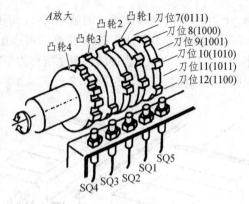

（c）选刀用接近开关及感应凸轮

图 13-9　某数控车床回转刀架的组成

1—刀架；2—壳体；3—驱动电动机

刀架回转由刀架电动机或回转油缸通过传动机构来实现，刀架回转时，与刀架同轴的感应凸轮也随之旋转。在图 6（c）中，从左边往右的 4 个凸轮组成 4 位二进制编码，共计 2^4 即 16 个刀位，每一个编码对应一个刀位。例如 1001 对应 9 号刀位，0110 对应 6 号刀位。与感应凸轮相对应的是固定在刀座上的接近开关 SQ4～SQ1，一般多选用电涡流式接近开关。当感应凸轮的凸起与接近开关相对时，接近开关输出为"1"，反之为"0"。从图（c）可以看到，凸轮 4～1 与接近开关 SQ4（最高位）～SQ1（最低位）的对应关系是 1100，由此可见，当前刀架所处的刀位是 12 号刀。最右边凸轮与接近开关 SQ5 用于奇偶校验以减少出错的可能。当编码是偶数时，SQ5 置"1"；当编码是奇数时，SQ5 置"0"。接近开关除了用在刀架选刀控制外，在数控机床中还常用作工作台、油缸及气缸活塞的行程控制。

三、在自适应控制中的应用

数控机床的自适应控制是指在切削过程中，数控系统根据切削环境的变化，适时进行补偿及监控调整切削参数，使切削处于最佳状态，以满足数控机床的高准确度和高效率的要求。

（一）温度补偿

在切削过程中，主轴电动机和进给电动机的旋转会产生热量；移动部件的移动会摩擦生热；刀具切削工件会产生切削热，这些热量在数控机床全身进行传导，从而造成温度分布不均匀。由于温差的存在，使数控机床产生了热变形，最终影响到零件加工准确度。为了补偿热变形，可在数控机床的关键部位埋置温度传感器，如铂热电阻等，数控系统接收到这些信息后，进行运算、判别，最终输出补偿控制信号。

（二）刀具磨损监控

刀具在切削工件的过程中，由于摩擦和热效应等作用，刀具会产生磨损。当刀具磨损达到一定程度时，将影响工件的尺寸准确度和表面粗糙度，因此实现刀具磨损的自动监控是数控机床自适应控制的重要组成部分。对刀具磨损的自动监控有多种方式，功率检测是其中之一。随着刀具的磨损，机床主轴电机的负荷增大，电动机的电流、电压将发生变化，导致功

率 P 改变，利用这一变化规律可实现对刀具磨损的自动监控。当功率变化到一定数值时，由功率传感器向数控系统发出报警信号，机床自动停止运转，操作者就能及时进行刀具调整或更换。电动机功率监控框图如图 13-10 所示。电流、电压以及两者的相位差 ψ、功率因数 $\cos\psi$ 等信息由霍尔电流传感器和霍尔电压传感器来获得，计算机根据计算得到电动机的输入电功率。

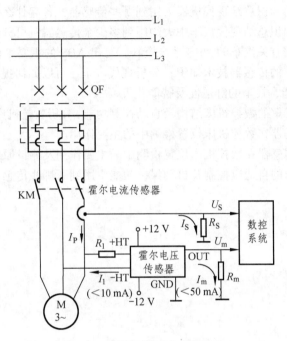

图 13-10 电动机功率监控框图

四、自动保护

数控机床涉及机、电、液、气和光等各方面技术，任何一个环节出错都会影响到数控机床的正常运行。

（一）过热保护

数控机床中，需要过热保护的部位有几十处，主要监测一些轴温、压力油温、润滑油温、冷却空气温度、各个电动机绕组温度等。比如，在主轴和进给电动机中埋设热敏电阻，当电动机过载、过热保护时，温度传感器就会发出信号，使数控系统产生过热报警信号。

（二）工件夹紧力的检测

数控机床加工前，自动将毛坯送到主轴卡盘中并夹紧，夹紧力由压力传感器检测，当夹紧力小于设定值时，将导致工件松动，这时控制系统发出报警信号，停止走刀。

（三）辅助系统状态检测

在润滑、液压、气动系统中，均安装有压力传感器、液位传感器、流量传感器等。对这些辅助系统随时监控，保证数控机床的正常运行。

13-1 简述现代检测系统的 3 种基本结构体系。

13-2 根据所学的知识总结现代机器人用到哪些传感器？各起什么作用？

13-3 根据所学知识总结现代汽车中大约用到多少个传感器？可分成多少种类型？

13-4 请上网查阅有关汽车的 ABS 系统资料，写出 ABS 的主要工作原理。

13-5 请复习所学的传感器技术知识，分析现代汽车还可以如何提高汽车的操纵性、转向性能、行驶的安全性能、乘坐的舒适性及智能化等。

13-6 根据你所了解的数控机床结构及自动控制功能，分析数控机床中用到了哪些传感器。

13-7 简述角编码器在数控机床位置检测中的主要作用。

13-8 简述光栅传感器在数控机床位置检测中的主要作用及测量原理。

13-9 在数控机床的自适应控制及自动保护功能中用到了哪些传感器？

附录一 工业热电阻分度表

工作端温度/°C	电 阻 值/Ω		工作端温度/°C	电 阻 值/Ω		工作端温度/°C	电 阻 值/Ω	
	Cu50	Pt100		Cu50	Pt100		Cu50	Pt100
-200		18.52	150	82.13	157.33	500		280.98
-190		22.83	160		161.05	510		284.30
-180		27.10	170		164.77	520		287.62
-170		31.34	180		168.48	530		290.92
-160		35.54	190		172.17	540		294.21
-150		39.72	200		175.86	550		297.49
-140		43.88	210		179.53	560		300.75
-130		48.00	220		183.19	570		304.01
-120		52.11	230		186.84	580		307.25
-110		56.19	240		190.47	590		310.49
-100		60.26	250		194.10	600		313.71
-90		64.30	260		197.71	610		316.92
-80		68.33	270		201.31	620		320.12
-70		72.33	280		204.90	630		323.30
-60		76.33	290		208.48	640		326.48
-50	39.24	80.31	300		212.05	650		329.64
-40	41.40	84.27	310		215.61	660		332.79
-30	43.56	88.22	320		219.15	670		335.93
-20	45.71	92.16	330		222.68	680		339.06
-10	47.85	96.09	340		226.21	690		342.18
0	50.00	200.00	350		229.72	700		345.28
10	52.14	103.90	360		233.21	710		348.38
20	54.29	107.79	370		236.70	720		351.46
30	56.43	111.67	380		240.18	730		354.53
40	58.57	115.54	390		243.64	740		357.59
50	60.70	119.40	400		247.09	750		360.64
60	62.84	123.24	410		250.53	760		363.67
70	64.98	127.08	420		253.96	770		366.70
80	67.12	139.90	430		257.38	780		369.71
90	69.26	134.71	440		260.78	790		372.71
100	71.40	138.51	450		264.18	800		375.70
110	73.54	142.29	460		267.56	810		378.68
120	75.69	146.07	470		270.93	820		381.65
130	77.83	149.83	480		274.29	830		384.60
140	79.98	153.58	490		277.64	840		387.55

说明：教材为节省篇幅，分度表摘录了一部分，温度间隔为 10 °C，供教学时读者练习查表用，附录二亦如此。
若需获知每 1 °C 对应的电阻值或毫伏数，可查阅有关 ITS-1990 国际温标的手册。

附录二 镍铬-镍硅（镍铝）K 型热电偶分度表（冷端温度为 0 °C）

工作端温度/°C	热电动势/mV	工作端温度/°C	热电动势/mV	工作端温度/°C	热电动势/mV	工作端温度/°C	热电动势/mV
-270	-6.458	100	4.096	470	19.366	840	34.908
-260	-6.441	110	4.509	480	19.792	850	35.313
-250	-6.404	120	4.920	490	20.218	860	35.718
-240	-6.344	130	5.328	500	20.644	870	36.121
-230	-6.262	140	5.735	510	21.071	880	36.524
-220	-6.158	150	6.138	520	21.497	890	36.925
-210	-6.035	160	6.540	530	21.924	900	37.326
-200	-5.891	170	6.941	540	22.350	910	37.725
-190	-5.730	180	7.340	550	22.776	920	38.124
-180	-5.550	190	7.739	560	23.203	930	38.522
-170	-5.354	200	8.138	570	23.629	940	38.918
-160	-5.141	210	8.539	580	24.055	950	39.314
-150	-4.913	220	8.940	590	24.480	960	39.708
-140	-4.669	230	9.343	600	24.905	970	40.101
-130	-4.411	240	9.747	610	25.330	980	40.494
-120	-4.138	250	10.153	620	25.755	990	40.885
-110	-3.852	260	10.561	630	26.179	1000	41.276
-100	-3.554	270	10.971	640	26.602	1010	41.665
-90	-3.243	280	11.382	650	27.025	1020	42.053
-80	-2.920	290	11.795	660	27.447	1030	42.440
-70	-2.587	300	12.209	670	27.869	1040	42.826
-60	-2.243	310	12.624	680	28.289	1050	43.211
-50	-1.889	320	13.040	690	28.71O	1060	43.595
-40	-1.527	330	13.457	700	29.129	1070	43.978
-30	-1.156	340	13.874	710	29.548	1080	44.359
-20	-0.778	350	14.293	720	29.965	1090	44.740
-10	-0.392	360	14.713	730	30.382	1100	45.119
0	0.000	370	15.133	740	30.798	1110	45.497
10	0.397	380	15.554	750	31.213	1120	45.873
20	0.798	390	15.975	760	31.628	1130	46.249
30	1.203	400	16.397	770	32.041	1140	46.623
40	1.612	410	16.820	780	32.453	1150	46.995
50	2.023	420	17.243	790	32.865	1160	47.367
60	2.436	430	17.667	800	33.275	1170	47.737
70	2.851	440	18.091	810	33.685	1180	48.105
80	3.267	450	18.516	820	34.093	...	...
90	3.682	460	18.941	830	34.501	1370	54.819

参考文献

[1] 梁森，王侃夫，黄杭美. 自动检测与转换技术[M]. 北京：机械工业出版社，2013.

[2] 郑丽. 检测与转换技术[M]. 北京：化学工业出版社，2009.

[3] 张洪润，傅瑾新. 传感器技术大全[M]. 北京：北京航空航天大学出版社，2007.

[4] 张洪润，傅瑾新. 传感器应用电路200例[M]. 北京：北京航空航天大学出版社，2006.

[5] 曲波. 工业常用传感器选型指南[M]. 北京：清华大学出版社，2002.

[6] 祁和义. 检测与传感器应用技术[M]. 北京：高等教育出版社，2009.

[7] 姜立标. 汽车传感器及其应用[M]. 北京：电子工业出版社，2013.

[8] 王绍纯. 自动检测技术[M]. 北京：冶金工业出版社，2001.

[9] 张俊哲. 无损检测技术及其应用[M]. 北京：科学出版社，2011.

[10] 王仲生. 无损检测诊断现场实用技术[M]. 北京：机械工业出版社，2003.

[11] 曾光宇. 光电检测技术[M]. 北京：北京航空航天出版社，2008.

[12] 李谋. 位置检测与数显技术[M]. 北京：机械工业出版社，1993.

[13] 王侃夫. 机床数控技术基础[M]. 北京：机械工业出版社，2001.

[14] 张福学. 传感器应用及其电路精选[M]. 北京：电子工业出版社，2000.

[15] 李东江. 现代汽车用传感器及其故障检修技术[M]. 北京：机械工业出版社，1999.

参考文献